分子生物学前沿技术解析

丁赛丹　富丹良　富志勇　编著

中国原子能出版社
China Atomic Energy Press

图书在版编目（CIP）数据

分子生物学前沿技术解析/丁赛丹，富丹良，富志勇编著．—— 北京：中国原子能出版社，2020.11
ISBN 978-7-5022-9007-8

Ⅰ.①分… Ⅱ.①丁… ②富… ③富… Ⅲ.①分子生物学－研究 Ⅳ.① Q7

中国版本图书馆 CIP 数据核字 (2020) 第 173638 号

内容简介

本书共 11 章，内容涉及 PCR 技术、DNA 传染、蛋白质表达与分析、蛋白质磷酸化和糖复合物分析、DNA 与蛋白质相互作用、免疫学、原位杂交和免疫组化、生物芯片、细胞培养、流式细胞术、细胞凋亡检测等技术。本书图文并茂，对各大分子生物学技术的发展简史、研究领域、技术原理、实验步骤以及应用进行了详细的介绍，并对未来的研究技术、方向、前沿动态和前景做了展望，重点阐述了在现今分子生物学发展过程中逐渐应用的新型的前沿高端技术。

分子生物学前沿技术解析

出版发行	中国原子能出版社（北京市海淀区阜成路 43 号 100048）	
策划编辑	高树超	
责任编辑	高树超	
装帧设计	河北优盛文化传播有限公司	
责任校对	冯莲凤	
责任印制	潘玉玲	
印　　刷	定州启航印刷有限公司	
开　　本	710 mm×1000 mm　1/16	
印　　张	17	
字　　数	290 千字	
版　　次	2020 年 11 月第 1 版　2020 年 11 月第 1 次印刷	
书　　号	ISBN 978-7-5022-9007-8	
定　　价	68.00 元	

前　言

　　分子生物学是 21 世纪最热门的研究生命现象的科学，它使医学科学研究提高到了分子水平，包括基因诊断、基因治疗、病理分析。随着分子生物学的发展，分子生物学的基础理论、基本知识和基本技术也在不断地发展。鉴于在科研活动中分子生物学技术的实用性和广泛性，我们编辑了此书，除详细介绍分子生物学技术经典方法外，特别增加了新的具有基础性质的理论、知识和前沿技术方法，希望读者通过阅读此书能掌握经典的分子生物学技术，通晓目前的前沿高端的技术。

　　本书综合参考众多教材，归纳了分子生物学近几年热门的所有的实验技术，全书共 11 章，内容涉及 PCR 技术、DNA 传染、蛋白质表达与分析、蛋白质磷酸化和糖复合物分析、DNA 与蛋白质相互作用、免疫学、原位杂交和免疫组化、生物芯片、细胞培养、流式细胞术、细胞凋亡检测等技术。本书通过简明的形式概括了分子生物学的核心内容，重点阐述了分子生物学的基本理论，突出介绍了学科发展的前沿动态。本书各章节中增添了相关图片和表格，以便科研爱好者和初学者能够更容易地理解并掌握各种技术。

目 录
Contents

第一章 蛋白质检测技术

第一节 免疫组织化学（ICC）技术

一、技术介绍

免疫组化（Immunohistochemistr，IHC/ Immunocytochemistry, ICC）是应用免疫学基本原理——抗原抗体反应，即抗原与抗体特异性结合的原理，通过化学反应使标记抗体的显色剂（荧光素、酶、金属离子、同位素）显色来确定组织细胞内抗原（多肽和蛋白质），对其进行定位、定性及定量的研究，称为免疫组织化学技术（Immunohistochemistry）或免疫细胞化学技术（Immunocytochemistry）。免疫组化即将组织或细胞中的某些化学物质提取出来，以其作为抗原或半抗原去免疫小鼠等实验动物，制备特异性抗体，再用这种抗体（第一抗体）作为抗原去免疫动物制备第二抗体，并用某种酶（常用辣根过氧化物酶）或生物素等处理后再与前述抗原成分结合，将抗原放大。由于抗体与抗原结合后形成的免疫复合物是无色的，抗原抗体反应部位必须借助组织化学方法显示出来（常用显色剂 DAB 显示为棕黄色颗粒）。通过抗原抗体反应及呈色反应，显示细胞或组织中的化学成分，在显微镜下可清晰看见细胞内发生的抗原抗体反应产物，从而能够在细胞或组织原位确定某些化学成分的分布、含量。组织或细胞中凡是能做抗原或半抗原的物质，如蛋白质、多肽、氨基酸、多糖、磷脂、受体、酶、激素、核酸及病原体等都可用相应的特异性抗体进行检测。

二、实验准备

（一）仪器设备

（1）18 cm 不锈钢高压锅或电炉或医用微波炉。

（2）水浴锅。

（二）试剂

（1）PBS 缓冲液（pH 7.2 ～ 7.4）：NaCl 137 mmol/L，KCl 2.7 mmol/L，Na2HPO4 4.3 mmol/L，KH2PO4 1.4 mmol/L。

（2）0.01 mol/L 柠檬酸盐缓冲液（CB，pH 6.0，1000 mL）：柠檬酸三钠 3 g，柠檬酸 0.4 g。

（3）0.5 mol/L EDTA 缓冲液（pH 8.0）：700 mL 水中溶解 186.1 g EDTA·$2H_2O$，用 10 mmol/L NaOH 溶液调至 pH 8.0，加水至 1000 mL。

（4）1 mol/L 的 TBS 缓冲液（pH 8.0）：在 800 mL 水中溶解 121 g Tris 碱，用 1 mol/L 的 HCl 调至 pH 8.0，加水至 1 000 mL。

（5）酶消化液。

①0.1% 胰蛋白酶液：用 0.1% $CaCl_2$ 溶液（pH 7.8）配制。

②0.4% 胃蛋白酶液：用 0.1 mol/L 的 HCl 配制。

（6）3% 甲醇 –H_2O_2 溶液：用 30% H_2O_2 和 80% 甲醇溶液配制。

（7）封裱剂。

①甘油和 0.5 mmol/L 碳酸盐缓冲液（pH 9.0 ～ 9.5）等量混合。

②油和 TBS（或 PBS）配制。

（8）TBS/PBS pH 9.0 ～ 9.5，适用于荧光显微镜标本；pH 7.0 ～ 7.4 适合于光学显微镜标本。

三、免疫细胞化学 ICC 检测流程

（一）一般流程

（1）用聚乙烯亚胺或多聚赖氨酸涂覆盖玻片，在室温下放置 1 h。

（2）用无菌水充分漂洗盖玻片 3 次，每次 1 h。

（3）充分干燥盖玻片，在紫外光下灭菌至少 4 h。

（4）使细胞在玻璃盖玻片上生长，或制备 Cytospin 或涂片制备物。

（5）用磷酸盐缓冲液（PBS）简单漂洗。

（二）固定

可使用以下两种方法中的一种固定细胞：

（1）室温下，在 100% 甲醇（−20 ℃ 冷冻）中孵育细胞 5 min。

（2）室温下，在 4% 多聚甲醛（溶于 PBS 中，pH 7.4）中孵育细胞 10 min。用冰 PBS 洗涤细胞 3 次。

（三）抗原修复（可选步骤）

在抗原修复缓冲液对细胞进行加热处理后，有些抗体的效果会更好。查看产品信息，了解每种一抗的使用建议。

（1）将抗原修复缓冲液（100 mmol Tris，5% [w/v] 尿素，pH 9.5）预热至 95 ℃。具体方法：将装有缓冲液的盖玻片染色缸置于水浴锅中，水浴锅的温度设为 95 ℃。

（2）用小型宽头镊子小心将盖玻片置于盖玻片染色缸内的抗原修复缓冲液中，记下长有细胞的盖玻片面。

（3）在 95 ℃下加热盖玻片 10 min。

（4）从抗原修复缓冲液中取出盖玻片，浸入 6 孔组织培养板内的 PBS 溶液中，保持长有细胞的一面朝上。

（5）用 PBS 洗涤细胞 3 次，每次 5 min。

（四）通透

如果靶蛋白位于细胞内，对细胞进行通透处理尤为关键。用甲醇固定的样品不需要进行通透处理。

（1）用 PBS（含 0.1% ~ 0.25% Triton X-100 或 100 μmol Digitonin 或 0.5% Saponin）孵育样品 10 min。TritonX-100 是用于提高抗体渗透性最常用的去垢剂。但 Triton X-100 会破坏细胞膜，因此不适用于细胞膜抗原。

（2）确定每种目标蛋白的 Triton X-100 最佳比例。

（3）用 PBS 洗涤细胞 3 次，每次 5 min。

（五）封闭与免疫染色

（1）用 1%BSA、22.52 mg/mL 甘氨酸的 PBST（PBS+0.1%Tween20）孵育细胞 30 min，封闭抗体的非特异性结合（可替代的封闭液包括 1% 明胶或来源于产生二抗的物种的 10% 血清：查看抗体数据表，了解相关建议）。

（2）室温下，用稀释抗体（溶于 1% BSA 的 PBST 中）在湿盒中孵育细胞 1 h，或 4 ℃ 过夜孵育。

（3）倒出溶液，用 PBS 洗涤细胞 3 次，每次 5 min。

（4）室温下，用二抗（溶于 1% BSA 中）避光孵育细胞 1 h。

（5）倒出二抗溶液，用 PBS 避光洗涤细胞 3 次，每次 5 min。

（六）多色染色（可选步骤）

要检测同一个样品中两种或多种抗原的共同分布情况，需要使用双重免疫荧光流程。该流程可在混合物中同时进行检测，也可逐个抗原依次进行检测。

确保抗体来源于不同物种并且这些抗体有相应的二抗。例如，抗抗原 A 的兔抗体和抗抗原 B 的鼠抗体。也可使用偶联至不同荧光团的直标一抗。

（七）同时孵育

（1）用封闭液孵育细胞 30 min。

（2）室温下，用两种一抗（溶于 1% BSA 的 PBST 中）在湿盒中孵育细胞 1 h，或 4 ℃ 过夜孵育。

（3）倒出溶液，用 PBS 洗涤细胞 3 次，每次 5 min。

（4）室温下，用两种二抗（溶于 1% BSA 中）避光孵育细胞 1 h。

（5）倒出二抗溶液，用 PBS 避光洗涤细胞 3 次，每次 5 min。

（八）依次孵育

（1）第一封闭步骤：室温下，用第一封闭液（来源于产生二抗的物种的 10% 血清）孵育细胞 30 min。

（2）室温下，用第一种一抗（溶于 1% BSA 或 1% 血清的 PBST 中）在湿盒中孵育细胞 1 h，或 4 ℃过夜孵育（一抗溶于 1% 明胶或 1% BSA 的 PBST 中）。

（3）倒出第一种一抗溶液，用 PBS 洗涤细胞 3 次，每次 5 min。

（4）室温下，用第一种二抗（溶于 1% BSA 的 PBST 中）避光孵育细胞 1 h。

（5）倒出第一种二抗溶液，用 PBS 避光洗涤细胞 3 次，每次 5 min。

（6）第二封闭步骤：室温下，用第二种血清（来源于产生二抗的物种的 10% 血清）避光孵育细胞 30 min。

（7）室温下，用第二种一抗（溶于 1% BSA 或 1% 血清的 PBST 中）在湿盒中避光孵育细胞 1 h，或 4 ℃过夜孵育。

（8）倒出第二种一抗溶液，用 PBS 避光洗涤细胞 3 次，每次 5 min。

（9）室温下，用第二种二抗（溶于 1% BSA 中）避光孵育细胞 1 h。

（10）倒出第二种二抗溶液，用 PBS 避光洗涤细胞 3 次，每次 5 min。

如需要检测两种以上的抗原，其余抗体按照步骤（1 ～ 5）继续操作。

（九）复染

（1）用 0.1 ～ 1 μg/mL Hoechst 或 DAPI（DNA 染色）孵育细胞 1 min。

（2）用 PBS 漂洗细胞。

（十）封片

（1）用一滴封片介质封闭盖玻片。

（2）用指甲油密封盖玻片，避免样品变干和在显微镜下移动。

（3）–20 ℃ 或 4 ℃下避光保存。

四、结果分析

通常采用辣根过氧化物酶系统检测。常规免疫组化显色 DAB，其敏感度高，定位清晰，易于保存。成功的染色应为组织背景清晰，定位明显，核、浆、膜着色与临床病理相符或基本相符。DAB 显色的浓度与时间对显色尤为重要。浓度过高、时间过长均造成特异性染色深或假阳性，因此建议浓度以 5 mg/mL 为宜，时间控制应以镜下控制为佳，以在 5 ～ 10 min 内显色为宜。因每次检测的标本组织来源不同，细胞分化不一，抗原含量不等而有差异，若一次切片较多，建议分批显色，这样不至于因来不及终止显色而造成染色结果不准确。苏木素复染时应彻底洗涤，充分蓝化，这样与 DAB 染色对照效果较好。

五、注意事项

（1）假阴性产生的主要原因：所选用的抗体不合适、变质、浓度不当或抗体本身达不到应有的敏感度；标本处理不当，组织自溶导致抗原扩散、减弱、丢失；操作过程中的技术失误；组织或细胞中的抗原含量少。

（2）假阳性产生的原因：抗体与多种抗原有交叉反应，特异性差，特别是应用多克隆抗血清时更易出现；抗体浓度过高导致抗体与组织产生非特异性结合，组织或细胞中内源性酶的显色；肿瘤或病变中有残留的正常组织；抗原的弥散或被瘤细胞吞噬而使抗原在不该出现的部位出现。

六、技术运用

（一）免疫组织化学技术（ICC）在肿瘤方面应用

1. 肝细胞癌

肝细胞癌可与针对细胞角蛋白（CKs），特别是低分子量的 CKs（CK8、CK18 和 CAM 5.2）以及甲胎蛋白、1- 抗胰蛋白酶、CD10、Villin 和人肝细胞石蜡 1（Hep Par1）的抗体发生反应。肝细胞癌通常与 CK7、CK20 和 AE1/AE3 呈阴性。这些免疫标记对肝细胞良性病变和恶性病变的鉴别没有帮助，对肝癌也没有特异性。更具体的例子是细胞间小管结合针对多克隆癌胚抗原（pCEA）的抗体，因为 pCEA 与胆道糖蛋白 1 交叉反应。多达 90% 的肝细胞癌患者会表现出微管状模式。单克隆癌胚抗原（mCEA）抗体未见。对于原发性肝癌，无论是 pCEA 还是白蛋白免疫反应都不是绝对的病理表现，因为肝细胞分化的恶性肿瘤（如胃癌、子宫癌），也就是所谓的肝样癌，也可以表现为小管结合 pCEA 和白蛋白的产生。此外，在肿瘤细胞具有嗜酸性粒状细胞质的许多肿瘤中，Hep Par1 可以呈阳性。

2. 纤维板层样肝癌

纤维层状 HCC 的免疫表型与通常的 HCC 相似，但与 HCC 不同的是，与通常的 HCC 相比，CK7.8 1- 抗胰蛋白酶更容易在纤维层状 HCC 中被证实。表皮生长因子受体（EGFR）在纤维层状肝癌中的强烈表达可能预示了EGFR拮抗剂治疗的反应。

3. 透明细胞肝细胞癌

透明细胞肝癌在组织学上与肾上腺皮质癌、肾细胞癌和神经内分泌癌没有区别。肾上腺皮质癌常伴有抑制素和 Melan-A 染色，通常对肝癌无反应。肾上腺皮质癌和肾细胞癌都主要由透明细胞组成，HCC 也是如此。在 HCC 中，波形蛋白通常只出现在高等级的具有梭形细胞分化的 HCC 中。

4. 胆管癌

胆管癌通常必须与转移癌区分。胆管癌几乎总是一种增生性肿瘤，常产生黏液。CCA 的免疫表型与肝外胰胆癌大体相似。几乎所有 CCAs 都与CK7、CK19、CEA 反应（单克隆和多克隆）。与其他胰胆癌相比，CCAs 更可能与 CK7 发生反应，而与 CK17、CK20 和 p53 发生反应的可能性较小。细胞角蛋白和甲状腺转录因子 1、Claudins 一样，在区分 HCC 和 CCA 方面也有作用。胆管癌也能与 CA125 发生反应，很难从 Mullerian 癌分化，尽管CCA 几乎从来没有雌激素受体阳性。16 个新的关于黏液素的研究（如黏液 4、黏液 5ac、黏液 5b、黏液 6）表明它们可能在 CCAs17 亚分类中有用，并且可能在评估预后方面有用。

5. 上皮样血管内皮瘤

上皮样血管内皮瘤的肿瘤细胞有较大的变化，有上皮样细胞、液泡状细胞和树突状细胞。它们通常被 CD31、CD34 和因子Ⅷ染色。少于 50% 会与AE1/AE3、CAM 5.2、S100 或平滑肌肌动蛋白反应。

6. 血管肌脂肪瘤

血管平滑肌脂肪瘤可发生在肝脏或从肾脏转移。当主要在平滑肌细胞，血管肌脂肪瘤可以强烈类似于肝和肾细胞癌。肌肉的平滑肌细胞通常有弱染色标记，如肌动蛋白和肌间线蛋白与黑色素瘤标记染色，包括 HMB-45 和Melan-A22,23。大多数血管平滑肌脂肪瘤还具有雌激素受体阳性。

（二）免疫组织化学技术（ICC）在妊娠疾病中的应用

VEGF 可促进蜕膜巨噬细胞聚集和 M2 极化，免疫组织化学检测 cd68 阳性子宫内膜巨噬细胞并定位。瘦素和过氧化物酶体增殖激活受体对早期妊娠的影响，可通过免疫组织化学和双免疫荧光染色研究正常妊娠、流产和葡萄胎中 PPAR、RXR、AIB3、leptin 表达的频率和分布规律。流产胎盘被确认 PPARβ/δ、RXR 和 AIB3 表达增强。关于葡萄胎则观察到 PPARβ/δ 表达增强，而 RXR 明显衰减。Ⅱ型血管紧张素 1 受体对小鼠胎盘形成的影响，免疫组化显示几乎所有改变胎盘的细胞中，针对小鼠 βhCG 抗体染色均匀，表明仍是内分泌活性的滋养细胞。巨噬细胞在蜕膜动脉粥样硬化螺旋动脉中的特性，尤其与泡沫细胞的细胞学有关。研究人员通过组织化学、免疫组织化学和电子显微镜，研究了 11 名子痫前期妇女和 15 名非子痫前期妇女胎盘床活检获得的蜕膜螺旋动脉，免疫组化显示泡沫细胞为巨噬细胞。子痫前期、宫内生长迟缓、HELLP 综合征中胎盘定位及细胞死亡因子 BNip3、Nix 的表达，可利用特异性人 BNip3/Nix 抗体进行免疫组化研究。不同临床表现和胎盘功能障碍妊娠和高血压妊娠障碍妊娠的特点是 BNip 和 Nix 的表达显著降低。

（三）免疫组织化学技术（ICC）在兽医诊断中应用

1. 兽类疾病的微生物定位

我国初期免疫组织化学技术发展迟缓，技术更新速度缓慢，难以精密地计算出有害微生物的组成成分及含量比例的结果。另外，免疫组织技术对于引发兽类疾病的微生物的具体位置的判断有着巨大的作用。例如，在犬类传染病中，狂犬病是由于狂犬病毒造成的一种最常见的急性传染病，几乎不存在有效的治愈方法，一旦发病，死亡率大概在 100% 左右。在不理想情况下，研究人员就可运用免疫组化技术精密地了解狂犬病毒所在细胞的具体的相关位置，再将 SRV 锁定在胞质膜包围的除核区外的一切半透明、胶状、颗粒状物质内，再分别进行对应的相关药物措施。免疫组化技术对狂犬病的治疗有一定的推动性的帮助并且效果显著。

2. 活体动物中有害的微生物和寄生虫的快速监测

免疫组化技术不仅可以通过组织学常规制片技术中最常见的方法对有害的微生物和寄生虫进行观察，还可以借助低温环境下让组织迅速降温到一定的硬度，然后进行切片的方法对兽类动物中的病原体进行监控。免疫组化技术最先进的一点表现在监测速度非常快。涉及的范围不仅包括微生物、寄生虫、杂交体、突变体的品种，还能完成对某些特殊病原体的监测，特殊的病原体指那些无法在相似的体外系统中繁殖和生存的病毒。

第二节　免疫荧光技术 IF

一、技术介绍

免疫荧光技术又称荧光抗体技术，是标记免疫技术中发展最早的一种免疫荧光技术。它是在免疫学、生物化学和显微镜技术的基础上建立起来的一项技术。

一直以来，一些学者试图将抗体分子与一些示踪物质结合，利用抗原抗体反应进行组织或细胞内抗原物质的定位，1941 年首次采用荧光素进行标记而获得成功。这种以荧光物质标记抗体而进行抗原定位的技术称为荧光抗体。用荧光抗体示踪或检查相应抗原的方法称荧光抗体法；用已知的荧光抗原标记物示踪或检查相应抗体的方法称荧光抗原法。这两种方法总称免疫荧光技术，因为荧光色素不但能与抗体球蛋白结合，用于检测或定位各种抗原，而且可以与其他蛋白质结合，用于检测或定位抗体，但是在实际工作中荧光抗原技术很少应用，所以人们习惯称为荧光抗体技术，或称为免疫荧光技术。用免疫荧光技术显示和检查细胞或组织内抗原或半抗原物质等的方法称为免疫荧光细胞（或组织）化学技术。该技术的主要特点是特异性强、敏感性高、速度快。其主要缺点是非特异性染色问题尚未完全解决，结果判定的客观性不足，技术程序也还比较复杂。免疫荧光技术的基本原理就是将荧光物质与待测物通过化学反应以共价键连接，通过荧光显微镜、激光共聚焦显微镜、流式细胞仪等仪器的检测，达到定位、示踪、含量测定等目的，其已被广泛地应用于生物化学、免疫学、分子生物学、病理学和诊断学等方面。

二、实验准备

（一）标本的制备

荧光抗体技术主要靠观察切片标本上荧光抗体的染色结果作为抗原的鉴定和定位。因此，标本制作的好坏直接影响检测结果。标本制作过程中应力求保持抗原的完整性，并在染色、洗涤和封埋过程中不发生溶解和变性，也不扩散至临近细胞或组织间隙中去。标本切片要求尽量薄些，以利抗原抗体接触和镜检。标本中干扰抗原抗体反应的物质要充分洗去，有传染性的标本要注意安全。常见的临床标本主要有组织、细胞和细菌三大类。按不同标本可制作涂片、印片或切片。组织材料可制备成石蜡切片或冷冻切片。石蜡切片因操作烦琐，结果不稳定，非特异反应强等已少应用。组织标本也可制成印片，方法是用洗净的玻片轻压组织切面，使玻片黏上 1 ～ 2 层组织细胞。细胞或细菌可制成涂片，涂片应薄而均匀。涂片或印片制成后应迅速吹干、封装，置于 10℃保存或立即使用。

（二）荧光抗体染色

于已固定的标本上滴加经适当稀释的荧光抗体，置湿盒内，在一定温度下温育一定时间，一般 25 ～ 37 ℃ 30 min，不耐热抗原的检测则以 4 ℃过夜为宜，用 PBS 充分洗涤，干燥。

（三）试验类型

1.直接法

直接滴加 2 ～ 4 个单位的标记抗体于标本区，使之与抗原发生特异性结合，漂洗、干燥、封载。该法操作简便，特异性高，非特异荧光染色因素少；缺点是敏感度偏低，每检查一种抗原需要制备相应的特异荧光抗体。

2.间接法

染色程序分为两步：第一步，用未知未标记的抗体（待检标本）加到已知抗原标本上，在湿盒中 37 ℃保温 30 min，使抗原抗体充分结合，然后洗涤，除去未结合的抗体；第二步，加上荧光标记的抗球蛋白抗体或抗 IgG、IgM 抗体。如果第一步发生了抗原抗体反应，标记的抗球蛋白抗体就会和已结合抗原的抗体进一步结合，从而鉴定未知抗体。该方法的优点为制备一种标记的抗体即可用于多种抗原抗体系统的检测。

三、实验流程

（一）直接染色法

这是荧光抗体技术中最简单、最基本的一种染色法。当某种荧光抗体直接与相应的被检抗原相遇时会发生特异性反应，从而使被检抗原与荧光抗体相结合形成的特异性结合物在荧光显微镜照射下发生荧光。直接染色法的优点是特异性高、操作简便、比较快速；缺点是一种标记抗体只能检查一种抗原。另外，该法的敏感性也较差。

染色步骤为取适量经适当稀释的荧光抗体滴加于抗原上（已经涂片及固定的载玻片上），使其布满整个标本区；将玻片置于带盖的搪瓷盘内（底部垫以滤纸纸，上放玻片架，加适量水使滤纸浸湿玻片。数量少时可用平皿，内置 2～3 个浸湿的棉球）；密盖放 37 ℃温箱染色 30 min 左右（温度和时间根据标本情况而定）；然后将玻片取出，以 PBS 冲去未结合的标记抗体液，再置大量 PBS 中漂洗 15 min 或直接在中性或偏碱性的自来水下冲洗 5 min，最后浸泡于 PBS 中 1 min 干燥、封片、镜检。

（二）间接染色法

本法系利用抗球蛋白试验的原理，以荧光色素标记抗球蛋白抗体鉴定未知抗原或抗体。染色程序分为两步：第一步，用已知抗体加到未知抗原上作用一定时间后水洗；第二步，加上荧光素标记的抗球蛋白抗体。如果第一步中的抗原抗体相对应互相发生了反应，则抗体被固定并与荧光素标记的抗球蛋白抗体结合发出荧光。间接染色法的优点是既能检查未知抗原又能检查未知抗体；用一种标记的抗球蛋白抗体能与在种属上相同的所有动物的抗体结合，从而检查各种未知抗原或抗体；敏感性较高，通常比直接染色法高 5～10 倍。缺点是由于参加反应的因素较多，受干扰的可能性也较大，故结果判定有时较难；操作方法比较烦琐，需要做的对照较多，时间也较长。

染色按以下步骤实施：

（1）标本（涂片或切片）经固定后用吸管吸取经适当稀释的免疫血清加于标本上（如测定待检血清中的抗体时则将适当稀释的待检血清加到已知抗原上），置染色湿盒中于 37 ℃作用 30 min。

（2）取出玻片，用 PBS 轻轻冲洗，然后顺次浸泡于三缸 PBS 中每缸 3 min，时时振荡。

（3）倒去 PBS，用吸水纸吸干余留的液体。

（4）滴加相应的抗球蛋白荧光抗体，同上步骤于 37 ℃染色 30 min。

（5）如上以 PBS 浸泡 3 次，最后用蒸馏水洗一次，以脱盐缓冲甘油封片后置荧光显微镜检查。

四、结果分析

荧光显微镜所观察到的荧光图像主要以两个指标判断结果：一是形态学特征；二是荧光的亮度。在结果判定中应将两者结合起来综合判断。荧光强度用以下符号表示：

++++：荧光闪亮呈耀眼的亮绿色。

+++：荧光明亮呈明显的绿色。

++：荧光明显呈黄绿色。

+：荧光较弱但清楚可见。

±：极弱的可疑荧光。

-：无荧光。

五、注意事项

（1）应设立对照实验以排除非特异性荧光。

（2）用荧光显微镜检查标本时，每次检查时间以 1 h 为宜，超过 15 h 高压汞灯的亮度逐渐下降，荧光减弱。此外，标本受紫外线照射 15 min 后荧光明显减弱可能是荧光色素与抗体发生暂时解离所致，所以最多不得超过 2 ～ 3 h。

（3）荧光显微镜的光源寿命有限，通常只有 200 h，反复开闭更加影响其寿命，故标本应集中检查，节省时间，保护光源。灯熄后再用时，必须待灯泡冷却后才能再开。

（4）标本染色后应立即观察，放置时间过久，荧光会逐渐减弱。若将标本放在聚乙烯塑料袋中于 4 ℃处保存，可延长荧光保存时间。

六、实验应用

采用免疫荧光技术观察 GPER 和 eNOS 在肾小叶间动脉中的定位和表达水平。免疫荧光技术显示 GPER 在肾小叶间动脉平滑肌和内皮细胞中均有表达。缺血再灌注损伤后（IR），GPER 蛋白表达增加，eNOS 蛋白表达明显下降。G 蛋白偶联雌激素受体（GPER）的活化可改善大鼠肾小叶间动脉的收缩和舒张功能，保护肾缺血再灌注损伤。

脾切除术对肝硬化患者凝血和纤溶的影响。研究人员对肝硬化患者切除的脾脏进行了免疫组学观察，采用了直接免疫荧光技术观察脾脏纤维蛋白沉积情况，进一步研究发现，脾脏重量与血浆纤维蛋白原水平呈显著负相关。综合结果表明与肝硬化相关的脾脏肿大发生了局部性血管内凝血（LIC）。

为了充分评价中性粒细胞浆抗体（ANCAs），应采用间接免疫荧光抗体进行对照和确认，以确认任何验证性试验中抗蛋白酶3和抗髓过氧化物酶的特异性抗原。ANCA细胞株显示的高度一致性，可考虑用此方法测定ANCAs并进行确证。考虑到ANCA的干扰，建议在P-ANCA阳性的情况下，采用IFI进行ANA检测，以尽量减少"假阳性"。

内皮祖细胞（EPCs）是一种骨髓造血基质细胞，在血管新生和组织修复中发挥着重要作用。细胞免疫荧光技术阳性证实内皮祖细胞正在分化。同种异体内皮祖细胞转移通过上调eNOS和VEGF对兔静脉皮瓣存活率的影响，提高皮瓣存活率。

艾灸对血管性痴呆大鼠学习记忆能力及海马BDNF/TrkB表达有影响，免疫荧光技术可用于观察BDNF/TrkB的表达。艾灸疗法是治疗血管性痴呆的有效途径。本疗法上调神经血管壁龛微环境中BDNF/TrkB蛋白表达，协同调控NSCs-EPCs偶联机制，促进神经新生，修复受损神经。髓细胞反应性的关键是其吞噬能力，这种能力可以驱动活神经元的清除或清除残损物，从而促进缺血性发病机制。小鼠大脑中动脉永久闭塞，损伤后48 h或7 d处死。缺血区用免疫荧光技术检测CD11b、髓细胞膜标志物、CD68、溶酶体标志物。研究表明，脑髓细胞的吞噬行为至少持续到缺血损伤后7 d，表现出两个不同的阶段。在第一期（48 h），溶酶体聚集在细胞膜附近，表明活性内化，而在第二期（7 d），溶酶体分散在细胞质中进行最终消化。溶酶体定位协调细胞对环境变化的代谢反应。缺血早期观察到的溶酶体膜聚集可能表明巨噬细胞处于活跃的代谢状态，其向厌氧生物转化的能力保证了其在缺血区域的生存和摄取功能。

第三节　免疫共沉淀技术 Co-IP

一、原理

蛋白质间的相互作用控制着大量的细胞活动事件，如细胞的增殖、分化和死亡。蛋白质间的相互作用可改变细胞内蛋白质的动力学特征，如底物结合特性、催化活性，也可产生新的结合位点，改变蛋白质对底物的特异性，还可失活其他蛋白质，调控其他基因表达。因此，只有使蛋白质间相互作用顺利进行，细胞的正常生命活动过程才有保障。细胞裂解物中加入抗体，这样可与已知抗原形成特异的免疫复合物，若存在与已知抗原相互作用的蛋白质，则免疫复合物中还应包含这种蛋白质；经过洗脱，收集免疫复合物，然后分离该蛋白质，对该蛋白质进行 N 端氨基酸序列分析，推断出相应的核苷酸序列。将包含活性物质的组织或细胞构建成 cDNA 文库，以上述核苷酸序列为探针从 cDNA 文库中分离出 cDNA 克隆。免疫共沉淀（Co-Immunoprecipitation）是以抗体和抗原之间的专一性作用为基础的用于研究蛋白质相互作用的经典方法，是确定两种蛋白质在完整细胞内生理性相互作用的有效方法。当细胞在非变性条件下被裂解时，完整细胞内存在的许多蛋白质—蛋白质间的相互作用被保留了下来。当用预先固化在 argarose beads 上的蛋白质 A 的抗体免疫沉淀 A 蛋白，那么与 A 蛋白在体内结合的蛋白质 B 也能一起沉淀下来。再通过蛋白变性分离，对 B 蛋白进行检测，进而证明两者的相互作用。这种方法得到的目的蛋白是在细胞内与兴趣蛋白天然结合的，符合体内实际情况，得到的结果可信度高。这种方法常用于测定两种目标蛋白质是否在体内结合，也可用于确定一种特定蛋白质的新的作用搭档。

二、实验准备

实验材料：蛋白质。

试剂、试剂盒：RIPA、Buffer、PBS、Protein A agarose、琼脂糖、考马斯亮蓝染色液。

仪器、耗材：离心机、摇床、EP 管、细胞刮子、离心管、培养板、电泳仪、电泳槽、高效液相色谱仪。

三、实验流程

（1）转染后 24 ～ 48 h 可收获细胞，加入适量细胞裂解缓冲液（含蛋白酶抑制剂），冰上裂解 30 min，细胞裂解液于 4 ℃、最大转速离心 30 min 后取上清。

（2）取少量裂解液以备 Western blot 分析，剩余裂解液加 1 μg 相应的抗体到细胞裂解液，4 ℃缓慢摇晃孵育过夜。

（3）取 10 μL protein A 琼脂糖珠，用适量裂解缓冲液洗 3 次，每次 3000 r/min 离心 3 min。

（4）将预处理过的 10 μL protein A 琼脂糖珠加入和抗体孵育过夜的细胞裂解液中 4 ℃缓慢摇晃孵育 2 ~ 4 h，使抗体与 protein A 琼脂糖珠偶联。

（5）免疫沉淀反应后，在 4 ℃以 3000 r/min 速度离心 3 min，将琼脂糖珠离心至管底；将上清小心吸去，琼脂糖珠用 1 mL 裂解缓冲液洗 3 ~ 4 次；最后加入 15 μL 的 2×SDS 上样缓冲液，沸水煮 5 min。

（6）SDS-PAGE, Western blotting 或质谱仪分析。

四、结果分析

具体蛋白质与蛋白质相互作用检测分析。

五、注意事项

（1）细胞裂解采用温和的裂解条件，不能破坏细胞内存在的所有蛋白质—蛋白质相互作用，多采用非离子变性剂（NP40 或 Triton X-100）。每种细胞的裂解条件是不一样的。不能用高浓度的变性剂（0.2% SDS），细胞裂解液中要加各种酶抑制剂，如商品化的 cocktailer。

（2）使用明确的抗体，可以将几种抗体共同使用。

（3）使用对照抗体。

单克隆抗体：正常小鼠的 IgG 或另一类单抗。

兔多克隆抗体：正常兔 IgG。

在免疫共沉淀实验中要保证实验结果的真实性，应注意以下几点：

（1）确保共沉淀的蛋白是由所加入的抗体沉淀得到的，而并非外源非特异蛋白，单克隆抗体的使用有助于避免污染的发生。

（2）要确保抗体的特异性，即在不表达抗原的细胞溶解物中添加抗体后不会引起共沉淀。

（3）确定蛋白间的相互作用是发生在细胞中，而不是由于细胞的溶解才发生的，这就需要进行蛋白质的定位。

六、实验运用

免疫共沉淀技术可用于以下几方面：①测定两种目标蛋白质是否在体

内结合；②确定一种特定蛋白质的新的作用搭档；③分离得到天然状态的相互作用蛋白复合物。免疫共沉淀是一种相对经典的探讨蛋白质与蛋白质相互作用的技术，可以应用于蛋白复合物的研究。它可验证蛋白复合物的存在，进而发现新的蛋白复合物。免疫共沉淀技术也可应用于低丰度蛋白的富集和浓缩。

真核细胞翻译延伸因子 1A（eEF1A）显示间接同源特异性对 HIV-1 逆转录的影响，它有两个细胞类型特异性的间接同源：eEF1A1 和 eEF1A2。之前研究已经证明了 eEF1A1 直接与 HIV-1RT 相互作用并支持高效的逆转录，而在免疫沉淀实验研究中，发现 RT 与 eEF1A1 的相互作用强于与 eEF1A2 的相互作用，综合发现只有 A1 同源与逆转录效率相关。

卡波西肉瘤相关疱疹病毒（KSHV）与卡波西肉瘤、原发性积液淋巴瘤（PEL）和多中心 Castleman 病有因果关系。IFIT 蛋白家族可抑制某些病毒的复制，但其对 KSHV 裂解的影响尚不清楚。研究发现，人类 IFIT 蛋白质抑制 KSHV 的裂解复制，KSHV 裂解复制诱导上皮细胞 IFIT 表达。IFIT 免疫共沉淀显示 IFIT1 与病毒 mRNA 和细胞帽状 mRNA 结合，但与未帽状 RNA 或三甲基化 RNA 不结合，提示 IFIT1 也可能通过直接结合抑制病毒 mRNA 的表达。

米托醌通过 Nrf2/PHB2/OPA1 通路减轻大鼠蛛网膜下腔出血后血脑屏障的破坏，通过免疫共沉淀技术进一步证实了 Nrf2 和 PHB2 相互作用。

第四节　免疫胶体金技术（ICG）

一、技术介绍

胶体金是由氯金酸（HAuCl4）在还原剂，如白磷、抗坏血酸、枸橼酸钠、鞣酸等作用下，可聚合成一定大小的金颗粒，并由于静电作用成为一种稳定的胶体状态，形成带负电的疏水胶溶液，由于静电作用而成为稳定的胶体状态，故称胶体金。胶体金在弱碱环境下带负电荷，可与蛋白质分子的正电荷基团形成牢固的结合。这种结合是静电结合，所以不影响蛋白质的生物特性。胶体金除了与蛋白质结合以外，还可以与许多生物大分子结合，如 SPA、PHA、ConA 等。胶体金的一些物理性状，如高电子密度、颗粒大小、形状及颜色反应，加上结合物的免疫和生物学特性，使其广泛地应用于免疫学、组织学、病理学和细胞生物学等领域。胶体金标记实质上是蛋白质等高分子被吸附到胶体金颗粒表面的包被过程。吸附机理可能是胶体金颗粒表面负电荷与蛋白质的正电荷基团因静电吸附而牢固结合。还原法可以方便地从氯金酸制备各种不同粒径也就是不同颜色的胶体金颗粒。这种球形的粒子对蛋白质有很强的吸附功能，可以与葡萄球菌A蛋白、免疫球蛋白、毒素、糖蛋白、酶、抗生素、激素、牛血清白蛋白多肽缀合物等非共价结合，因而在基础研究和临床实验中成为非常有用的工具。免疫金标记技术（Immunogold labelling techique）主要利用了金颗粒具有高电子密度的特性，在金标蛋白结合处，在显微镜下可见黑褐色颗粒，当这些标记物在相应的配体处大量聚集时，肉眼可见红色或粉红色斑点，因而用于定性或半定量的快速免疫检测方法中。这一反应也可以通过银颗粒的沉积被放大，即免疫金银染色。

二、实验准备

（一）胶体金的制备

一般采用还原法，即将氯金酸或四氯化金与适当的还原剂作用而使其还原成胶体金。常用的还原剂有柠檬酸三钠、鞣酸、抗坏血酸钠、白磷和硼氢化钠等。根据需要可通过加入不同种类和剂量的还原剂来调节胶体金颗粒的大小。将纯化好的胶体金用 0.02 mol/L TBs 缓冲液 1∶20 稀释，测 OD（520 nm）值。

（二）免疫胶体金的制备

胶体金颗粒在电解质中不稳定，制备后应立即用大分子（如蛋白质）进行标记。胶体金溶液的 pH 要调到稍高于标记用蛋白质的 PI 值。标记前需要将蛋白质先用双蒸水透析，以除去影响标记的电解质，接着经微孔滤膜过滤或超速离心以除去细小颗粒，然后通过系列稀释法找出能使胶体金稳定的蛋白质溶液的最低浓度，在此基础上再加 10%～20%，即达最佳标记量。标记好的免疫胶体金溶液还应加入聚乙二醇20000（PEG20000）至终浓度为 0.05% 或牛血清白蛋白（BSA）至终浓度为 1% 作为稳定剂。标记好的免疫胶体金溶液可 4 ℃保存数月。

（三）胶体金 pH 的调节

胶体金标记蛋白质的成功与否，关键取决于 pH。一般只有在蛋白质等电点（PI）稍偏碱的条件下，两者才能牢固结合，因此标记之前必须将胶体金溶液的 pH 调到与待标记的蛋白质的等电点稍偏碱。需要调高胶体金的 pH 时可用 0.1 mol/L K_2CO_3，需要降低胶体金的 pH 时可用 0.1 mol/L HCl 或 0.1 mol/L HAc。特别需要提醒的是，测定胶体金溶液的 pH 可能会损害 pH 测定仪的探头，只要用精密的 pH 试纸测定其 pH 即可。

（四）免疫胶体金的纯化

免疫胶体金主要是除去其中未标记的蛋白质、未充分标记的胶体金以及在标记中可能形成的各种聚合物。纯化方法有离心法和凝胶过滤法等。可根据不同颗粒大小的胶体金溶液选择不同转速，高速或超速离心、洗涤、过滤除菌，以较高浓度 4 ℃保存免疫胶体金备用。如有非特异性凝集，则不能再使用。

三、实验流程

（一）免疫胶体金光镜染色法

细胞悬液涂片或组织切片可用胶体金标记的抗体进行染色，也可在胶体金标记的基础上，以银显影液增强标记，使被还原的银原子沉积于已标记的金颗粒表面，增强胶体金标记的敏感性。

（二）免疫胶体金电镜染色法

可用胶体金标记的抗体或抗抗体与负染病毒样本或组织超薄切片结合，然后进行负染，可用于病毒形态的观察和病毒检测。

（三）斑点免疫金渗滤法

一微孔滤膜（如膜）作为载体，先将抗原或抗体点于膜上，封闭后加待检样本，洗涤后用胶体金标记的抗体检测相应的抗原或抗体。

（四）胶体金免疫层析法

将特异性的抗原或抗体以条带状固定在膜上，胶体金标记试剂（抗体或单克隆抗体）吸附在结合垫上，当待检样本加到试纸条一端的样本垫上后，通过毛细作用向前移动，溶解结合垫上的胶体金标记试剂后相互反应，再移动至固定的抗原或抗体的区域时，待检物与金标试剂的结合物又与之发生特异性结合而被截留，聚集在检测带上，可通过肉眼观察到显色结果。该法现已发展成为诊断试纸条，使用十分方便。

四、结果分析

由于使用胶体金产品的工作人员分布在不同的层次、不同的部门，判定结果时有很大的随意性，判定时间不统一，特别是在工作环境、温度、湿度的影响下，根据标志线的显色时间随意判定结果，而忽略了厂家制定的有效时间。因此，工作人员在检测时应能及时分辨出实验结果出现的假阳性、假阴性现象及异常条带，能在查找原因后复检或结合相关的检测方法重新检测，进行比对和确认，避免漏检和错检。

五、注意事项

（1）蛋白质的预处理。蛋白质应先对低离子强度的水透析，去除盐类成分。用微孔滤膜或超速离心除去蛋白质溶液中的细小微粒。

（2）低盐浓度的缓冲液。过量盐可使金颗粒发生凝集。

（3）pH接近蛋白质等电点或略偏碱性。蛋白质所处溶解状态最适合偶联，蛋白质分子在金颗粒表面的吸附量最大。

（4）蛋白质最适用量的选择。能使胶体金稳定的最适蛋白量再加10%即最佳标记蛋白量。

（5）胶体金与蛋白质偶联后，加入稳定剂，以避免产生凝集。一般选用PEG（分子量为20 000）和牛血清白蛋白作为稳定剂。

六、技术应用

（一）免疫胶体金技术在电镜上的应用

20 世纪，人们将电镜技术与免疫学方法相结合，逐步形成了免疫电镜检查术。随着胶体金标记技术的发展，该技术逐渐被引入免疫电镜技术中。胶体金是用于免疫电镜的最佳标记物。它呈球形，非常致密，在电镜下具有强烈反差，容易追踪在电镜下检出抗原抗体复合物。胶体金免疫电镜技术是目前最常用的免疫细胞化学方法之一，它具有灵敏度高、特异性强、定位精确等优点，同时可以对抗原进行定性、定量、定位的分析与观察，应用免疫金双重或多重标记法，可将形态、功能和结构的研究融为一体，这有助于了解同一组织或细胞内不同分子间的相互关系，以及它们的合成、分泌、转运等代谢过程。刘霓红等以免疫胶体金电镜检测技术检测犬细小病毒，提高了CPV 检出率和特异性。

（二）免疫胶体金技术在生物传感器上的应用

近年来，金标记被引入生物传感器中的应用研究增多。已有许多致力信号放大免疫传感器的研制报道，其中应用较多的是通过阻抗信号的变化来检测抗原（抗体）的含量，通过交流电导检测在叉指电极上的金标记的免疫凝集，从而实现了胶体金免疫层析反应的灵敏度，也用基于胶体金表面等离子共振效应的电感受器测定胃蛋白酶的亲和常数。

（三）免疫胶体金快速诊断技术

免疫胶体金快速诊断技术由于方便快捷、特异性敏感、稳定性强，不需要特殊设备和试剂，结果判断直观，并可保存实验结果等优点，已在医学、动植物检疫、食品安全监督等各领域得到日益广泛的应用。免疫胶体金可用于评价人外周血淋巴细胞亚群。该方法操作简单，灵敏度高，与免疫荧光技术兼容。双标记允许在每个淋巴细胞亚群中检测 b-2 巨球蛋白阳性细胞。目前，免疫胶体金技术已经广泛应用于寄生虫病的辅助诊断。禽白血病病毒（ALV）是一种禽源性逆转录病毒，可诱导鸡类白血病样养殖性疾病，胶体金试纸方法可用于家禽养殖场根除 ALV。HpaXm 是一种由棉花叶枯病菌黄单胞菌亚属中分离得到的新型类竖琴蛋白。利用免疫胶体金检测技术，发现 HpaXm 蛋白被转移到细胞质、细胞膜、细胞器，如叶绿体、线粒体、细胞核以及细胞壁。在转基因烟草植株中，HpaXm 信号肽样片段与细胞壁的结合是必需的。该研究鉴定了一个新的基因（C1ORF109），这个基因编码了 CK2 的一个底物，并分析该基因的调控模式，预测蛋白在细胞中的表达模式和亚细胞定位，采用免疫胶体金技术检测 C1ORF109 的亚细胞定位以及它在细胞增殖和细胞周期调控中的作用。C1ORF109 可能是蛋白激酶 CK2 的下游靶点，参与调控癌细胞的增殖。

第五节　其他常用的蛋白质检测技术

其他常用的蛋白质检测技术主要包括质谱信号放大技术。

通过在金纳米粒子上修饰大量的质量标签分子，利用 LDI-TOF MS 检测质量标签分子代替蛋白质分子，以实现对 LDI-TOF MS 技术的信号放大，从而达到对疾病标志物等低含量蛋白质超高灵敏、高特异性分子检测的目的。在这一方法中，将质量标签分子和蛋白质连接分子固定在金纳米粒子上，再在金基底和金纳米粒子特异性结合。通过标记不同的质量标签分子，可以实现对多种标志物的同时检测。实验中，选取了上皮细胞黏附分子（EpCAM）和细胞角蛋白（CK19）作为目标蛋白质来验证这一方法的可行性。用该方法分别检测上皮细胞黏附分子（EpCAM）和细胞角蛋白（CK19），检出限均可达到 2 zmole（1200 个左右分子）。除此，将这新一技术用于上皮细胞黏附分子（EpCAM）和细胞角蛋白（CK19）的同时检测，检出限低至 20 zmole。鉴于该方法具有超高灵敏度和较好特异性的优势，它在单细胞水平上蛋白质标志物的痕量分析方面具有重要意义。通过增加该方法所使用的质量标签分子的种类，还可实现更多标志物的同时检测，因此它在疾病早期诊断方面具有潜在的应用价值。

参考文献：

[1] 冯静洁，吴玉玉，齐晓薇，等. 免疫组化技术应用中的影响因素分析 [J]. 淮海医药 , 2006, 24(4): 284–285.

[2] GELLER S A, DHALL D, ALSABEHR. Application of immunohistochemistry to liver and gastrointestinal neoplasms: liver, stomach, colon, and pancreas[J]. Archives of Pathology & Laboratory Medicine, 2008, 132(3): 490–499.

[3] WHEELER K C, JENA M K, PRADHAN B S, et al. VEGF may contribute to macrophage recruitment and M2 polarization in the decidua[J]. PLoS ONE, 2018, 13(1): e0191040.

[4] TOTH B, BASTUG M, SCHOLZC, et al. Leptin and peroxisome proliferator–activated receptors: impact on normal and disturbed first trimester human pregnancy[J]. Histology and Histopathology, 2008, 23(12): 1465–1475.

[5] WALTHER T, JANK A, HERINGER–WALTHER S, et al. Angiotensin Ⅱ type 1 receptor has impact on murine placentation[J]. Placenta, 2008, 29(10): 905–909.

[6] HIDETAKA K, SAYURI Y, TAKASHI O, et al. Characterization of macrophages in the decidual atherotic spiral artery with special reference to the cytology of foam cells[J]. Medical Electron Microscopy , 2003, 36(4): 253–262.

[7] STEPAN H, LEO C, PURZ S, et al. Placental localization and expression of the cell death factors BNip3 and Nix in preeclampsia, intrauterine growth retardation and HELLP syndrome[J]. European Journal of Obstetrics& Gynecology and Reproductive Biology, 2005, 122(2): 172–176.

[8] 韩俊伟，杜海燕. 免疫荧光技术原理及应用 [J]. 河南畜牧兽医 : 综合版 , 2014, 35(11): 9–10.

[9] Z D, CAO J, ZHONG Q,et al. Long noncoding RNA PCAT–1 promotes invasion and metastasis via the miR–129–5p–HMGB1 signaling pathway in hepatocellular carcinoma[J]. Biomedicine & Pharmacotherapy, 2017, 95: 1187–1193.

[10] RUDNIK–SCHöNRBORN S, ZERRES K. Spinale Muskelatrophien[J]. Medizinische Genetik, 2009, 21(3): 349–357.

[11] CUEVAS–ORTA, E, PEDRO–,ARTÍNEZ Á J, RAMÍREZ–RONDRÍGUEZ C R, et al, Homologies and heterogeneity between Rheumatology Congresses: Mexican, American College of Rheumatology and European League Against Rheumatism[J] .Reumatología Clinica (English Edition), 2020, 16(2): 87–91.

[12] KIYOSHI M, SHUNSUKE Y. Frontalis suspension with fascia lata for severe congenital blepharoptosis using enhanced involuntary reflex contraction of the frontalis muscle[J].Journal of Plastic, Reconstuctive&Aethetic Surgery: JPRAS, 2009, 62(4): 480–487.

[13] BROWN G C, NEHER J J. Eaten alive! Cell death by primary phagocytosis: "phagoptosis" [J]. Trends in Biochemical Sciences, 2012. 37(8): 325–332.

[14] GIUNTI D, PARODI B, CORDANO C, et al. Can we switch microglia's phenotype to foster neuroprotection? Focus on multiple sclerosis[J]. Immunology, 2014, 141(3): 328–339.

[15] KOROLCHUNK V I, SHINJI S, LICHITENBERG, et al. Lysosomal positioning coordinates cellular nutrient responses[J]. Nature Cell Biology, 2011, 13(4): 453–460.

[16] FUMAGALLI S, PEREGO C, PISCHHIUTTA F, et al. The ischemic environment drives microglia and macrophage function[J]. Frontiers in Neurology, 2015, 6:81.

[17] 李昊, 李义, 高建梅. 免疫共沉淀技术的研究进展 [J]. 内蒙古医学杂志, 2008, 40(4): 452–454.

[18] ANDERSON J L, HOPE T J. APOBEC3G restricts early HIV–1 replication in the cytoplasm of target cells[J]. Virology, 2008, 375(1): 1–12.

[19] KYRKJEEIDE M O, HASSL K, FLATBERG K I, et al. Long–distance dispersal and barriers shape genetic structure of peatmosses Sphagnum across the Northern Hemisphere[J]. Journal of Biogeography, 2016, 43(6): 1215–1226.

[20] WEI R, ZHANG L, HU W, et al. Long non–coding RNA AK038897 aggravates cerebral ischemia/reperfusion injury via acting as a ceRNA for miR–26a–5p to target DAPK1[J]. Experimental Neurology, 2019(314): 100–110.

[21] 孔繁德, 黄印尧, 赖清金. 免疫胶体金技术及其发展前景 [J]. 福建畜牧兽医, 2002, 24(z1): 42–43, 45.

[22] 张付贤, 王兴龙. 免疫胶体金技术影响因素分析 [J]. 中国畜牧兽医, 2009, 36(5): 199–202.

[23] ZHABIN S G, ZORIN N A, MUSATOV M I. The use of colloidal gold for the immunocytochemical analysis of subpopulations of immunocompetent cells[J]. Klinicheskaia Laboratornaia Diagnostika, 1993(6): 62–64.

[24] YU, M, BAP Y, WANG M, et al. Development and application of a colloidal gold test strip for detection of avian leukosis virus[J]. Applied Microbiology and Biotechnology, 2019(103):427–435.

[25] LI J, WANG Q, LUAN H, et al. Effects of L–carnitine against oxidative stress in human hepatocytes: involvement of peroxisome proliferator–activated receptor alpha[J]. Joural of Biomedical Science, 2012, 19(1): 32.

[26] 王宇宁, 杜睿君, 乔亮, 等. 质谱信号放大技术超灵敏检测蛋白质标志物 [C]// 三届全国质谱分析学术报告会摘要集—分会场 1: 新仪器新技术. 北京 : 中国化学会, 2017.

[27] 郑景生, 吕蓓. PCR 技术及实用方法 [J]. 分子植物育种, 2003. 1(3): 381–394.

[28] WATZINGER F, SUDA M, PREUNER S, et al. Real–rime quantitative PCR assays for detection and monitoring of pathogenic human viruses in immunosuppressed pediatric patients[J]. Journal of Clinical Microbiology, 2004. 42(11): 5189–5198.

[29] JÄRVINEN A K, LAAKSO S, PIIPRAINEN P, et al. Rapid identification of bacterial pathogens using a PCR– and microarray–based assay[J]. BMC Microbiology, 2009, 9(1): 161.

[30] WEISS J B. DNA probes and PCR for diagnosis of parasitic infections[J]. Clinical Microbiology Reviews, 1995, 8(1): 113–130.

[31] KHOT P D, FREDRICKS D N. PCR–based diagnosis of human fungal infections[J]. Expert Review of Anti–infective Therapy, 2009, 7(10): 1201–1221.

[32] MCCARTHY M W, WALSH T J. PCR methodology and applications for the detection of human fungal pathogens[J]. Expert Review of Molecular Diagnostics, 2016, 16(9):1025–1036.

[33] ABDEL–MAWGOUD, A M, LéPINE F, and Déziel E. Rhamnolipids: diversity of structures, microbial origins and roles[J]. European Journal of Surgical Oncology(EJSO), 2010, 86(5): 1323–1336.

[34] BUCHHEIDT D, REUNWALD M, HOFMAV W K, et al. Evaluating the use of PCR for diagnosing invasive aspergillosis[J]. Expert Review of Molecular Diagnostics, 2017, 17(6): 603–610.

[35] POTTER S, HOLCOMBE C, BLAZEBY J. Response to: Gschwantler–Kaulich et al(2016)Mesh versus acellular dermal matrix in immediate implant–based breast reconstruction – A prospective randomized trial doi:10.1016/j.ejso.2016.02.007[J]. European Joirnal of Surgical Oncology(EJSO), 2016, 42(11): 1767–1768.

[36] GHOSSEIN R A, ROSAI J. Polymerase chain reaction in the detection of micrometastases and circulating tumor cells[J]. Cancer, 1996, 78(1): 10–16.

[37] 杨畅, 方福德, 基因芯片数据分析 [J]. 生命科学, 2004, 16(1): 41–48.

[38] 张诗武, 张永亮, 魏焕萍, 等, 组织芯片技术及其应用 [J]. 武警医学院学报, 2002, 11(2): 125–127.

[39] COOK M B,WILD C P, FORMAN D. A systematic review and meta–analysis of the sex ratio for Barrett's esophagus, erosive reflux disease, and nonerosive reflux disease [J]. American Journal of Epidemiology, 2005, 162(11): 1050–1061.

[40] DEVIERE J. Barrett's oesophagus: the new endoscopic modalities have a future [J]. Gut, 2005, 54 (SUPPL. 1) : i33–i37.

[41] XU Y, SELARU F M, YIN J, et al. Artificial neural networks and gene filtering distinguish between global gene expression profiles of Barrett's esophagus and esophageal cancer [J]. Cancer Research, 2002, 62(12): 3493–3497.

[42] LAGARDE S M, KATE F T, RICHEL D J, et al. Molecular prognostic factors in adenocarcinoma of the esophagus and gastroesophageal junction [J]. Annals of Surgical Oncology, 2007, 14(2): 977–991.

[43] WANG X, GAO H, FANG D. Advances in gene chip technique in Barrett's metaplasia and adenocarcinoma [J]. Journal of Digestive Diseases, 2008, 9(2): 68–71.

[44] LUO Y, DU J, ZHAN Z, et al. A diagnostic gene chip for hereditary spastic paraplegias [J]. Brain Research Bulletin, 2013, 97(8): 112–118.

[45] CHARVAT J, CHLUMSKY J, SZABO M, et al. The association of masked hypertension in treated type 2 diabetic patients with carotid artery IMT [J]. Diabetes Research and Clinical Practice, 2010, 89(3): 239–242.

[46] 贾文睿, 张月, 郭骐影, 等. 近 15 年来基因芯片技术在针灸研究中的应用 [J]. 中国针灸, 2017, 37(12): 1358–1362.

[47] 陈启龙. RACE 技术的研究进展及其应用 [J]. 黄山学院学报, 2006, 8(3): 95–98.

[48] WETTSTEIN R, BODAK M, CIAUDO C. Generation of a knockout mouse embryonic stem cell line using a paired CRISPR/Cas9 genome engineering tool [J]. Methods in Molecular Biology, 2016, 1341: 321–343.

[49] ERICSSON L E. Flow Pulsations on Concave Conic Forebodies [J]. Journal of Spacecraft and Rockets, 1978, 15(5): 287–292.

[50] 郭纯. 免疫共沉淀技术的研究进展 [J]. 中医药导报, 2007, 13(12): 86–89.

[51] KIM I C, ASCOLI M, SEGALOFF D L. Immunoprecipitation of the lutropin/choriogonadotropin receptor from biosynthetically labeled Leydig tumor cells. A 92–kDa Glycoprotein [J]. Journal of Biological Chemistry, 1987, 262(1): 470–477.

[52] ONO, MASAO K, TOSHIHIKO K, et al. Purification of immunoglobulin heavy chain messenger RNA by immunoprecipitation from the mouse myeloma tumor, MOPC–31C [J]. The Journal of Biochemistry, 1977, 81(4): 949–954.

[53] POLLWEIN P, WAGNER S, KNIPPERS R. Application of an immunoprecipitation procedure to the study of SV40 tumor antigen interaction with mouse genomic DNA sequences [J]. Nucleic Acids Research, 1987, 15(23): 9741–9759.

[54] SEMLER B L, ANDERSON C W, HANECAK R, et al. A membrane–associated precursor to poliovirus VPg identified by immunoprecipitation with antibodies directed against a synthetic heptapeptide [J]. Cell, 1982, 28(2): 405–412.

[55] XIONG C, MULLER S, LEBEURIER G, et al. Identification by immunoprecipitation of cauliflower mosaic virus in vitro major translation product with a specific serum against viroplasm protein [J]. The EMBO Journal, 1982, 1(8): 971–976.

[56] MUELLER–LANTZSCH N, Fan H. Monospecific immunoprecipitation of murine leukemia virus polyribosomes: identification of p30 protein–specific messenger RNA [J]. Cell, 1976, 9(4Ptl): 579–588.

[57] BERNSTEIN J M, HRUSKA J F. Respiratory syncytial virus proteins: identification by immunoprecipitation [J]. Journal of Virology, 1981, 38(1): 278–285.

[58] MUELLER-LANTZSCH N, NAOKI Y, HAUSEN H Z. Analysis of early and late Epstein-Barr virus associated polypeptides by immunoprecipitation [J]. Virology, 1979, 97(2): 378-387.

[59] LETCHWORTH G J, WHYARD T C. Characterization of African swine fever virus antigenic proteins by immunoprecipitation [J]. Archives of Virology, 1984, 80(4): 265-274.

[60] SEFTON B M. Labeling cultured cells with 32P(i)and preparing cell lysates for immunoprecipitation [J]. Current Protocols in Molecular Biology, 1997, 40(1): 18.2.1-18.2.8.

[61] ANDREWS B J, BJORVATN B. Immunoprecipitation studies with biotinylated Entamoeba histolytica antigens [J]. Parasite Immunology, 1991, 13(1): 95-103.

[62] KNOPF P M, BROWN G V, HOWARD R J, et al. Immunoprecipitation of biosynthetically-labeled products in the identification of antigens of murine red cells infected with the protozoan parasite Plasmodium berghei [J]. Australian Journal of Experimental Bidogy & Medical Science, 1979, 57(6): 603-615.

[63] SEXTON J L, MILNER A R, CAMPBELL N J. Fasciola hepatica: immunoprecipitation analysis of biosynthetically labelled antigens using sera from infected sheep [J]. Parasite Immunology, 1991, 13(1): 105-108.

[64] BHISUTTHIBHAN J, MESHNICK S R. Immunoprecipitation of [(3)H] dihydroartemisinin translationally controlled tumor protein(TCTP)adducts from Plasmodium falciparum-infected erythrocytes by using anti-TCTP antibodies [J]. Antimicrobial Agents and Chemotherapy, 2001, 45(8): 2397-2399.

[65] LOPEZ-RUBIO J J, SIEGEL T N, SCHERF A. Genome-wide chromatin immunoprecipitation-sequencing in plasmodium [J]. Methods in Molecular Biology, 2013, 923: 321-333.

[66] 李先昆, 聂智毅, 曾日中. 酵母双杂交技术研究与应用进展 [J]. 安徽农业科学, 2009, 37(7): 2867-2869, 2926.

[67] YANG M, WU Z, FIELDS S. Protein-peptide interactions analyzed with the yeast two-hybrid system [J]. Nucleic Acids Research, 1995, 23(7): 1152-1156.

[68] SATO T, HANADA M, BODRUG S, et al. Interactions among members of the Bcl-2 protein family analyzed with a yeast two-hybrid system [J]. Proceedings of the National Academy of Sciences of the United States of America, 1994, 91(20): 9238-9242.

[69] STAUDINGER J, ZHOU J, BURGESS R, et al. PICK1: a perinuclear binding protein and substrate for protein kinase C isolated by the yeast two-hybrid system [J]. Journal of Cell Biology, 1995, 128(3): 263-271.

[70] WANKER E E, ROVIRA C, SCHERZINGER E, et al. HIP-I: a huntingtin interacting protein isolated by the yeast two-hybrid system [J]. Human Molecular Genetics, 1997, 6(3): 487-495.

[71] WALHOUT A J M, VIDAL M. High-throughput yeast two-hybrid assays for large-scale protein interaction mapping [J]. Methods, 2001, 24(3): 297-306.

[72] MILLER J, STAGLJAR I. Using the yeast two-hybrid system to identify interacting proteins [J]. Methods in Molecular Biology, 2004, 261: 247-262.

[73] KURSCHNER C, MORGAN J I. The cellular prion protein(PrP) selectively binds to Bcl-2 in the yeast two-hybrid system [J]. Molecular Brain Research, 1995, 30(1): 165-168.

[74] FERRO E, BALDINI E, TRABALZINI L. Use of the yeast two-hybrid technology to isolate molecular interactions of Ras GTPases [J]. Methods in Molecular Biology, 2014, 1120: 97-120.

[75] FROMONT-RACINE M, RAIN J C, LEGRAIN P Toward a functional analysis of the yeast genome through exhaustive two-hybrid screens [J]. Nature Genetics, 1997, 16(3): 277-282.

[76] WALHOUT A J M, SORDELLA R, LUX, et al. Protein interaction mapping in C. elegans using proteins involved in vulval development [J]. Science, 2000, 287(5450): 116-122.

[77] WANG X, JIANG X, CHEN X, et al. Seek protein which can interact with hepatitis B virus X protein from human liver cDNA library by yeast two-hybrid system [J]. World Journal of Gastroenterology, 2002, 8(1): 95-98.

[78] KALPANA G V, GOFF S P. Genetic analysis of homomeric interactions of human immunodeficiency virus type 1 integrase using the yeast two-hybrid system [J]. Proceedings of the National Academy of Sciences of the United States of America, 1993, 90(22): 10593-10597.

[79] O' REILLY E K, PAUL J D, KAO C C. Analysis of the interaction of viral RNA

replication proteins by using the yeast two–hybrid assay [J]. Journal of Virology, 1997, 71(10): 7526–7532.

[80] ZHANG L, VILLA N Y, RAHMAN M M, et al. Analysis of vaccinia virus–host protein–protein interactions: validations of yeast two–hybrid screenings [J]. Journal of Proteome Research, 2009, 8(9): 4311–4318.

[81] LAHIRI S K, QADEER S. Verifying properties of well–founded linked lists [J]. ACM SIGPLAN Notices, 2006, 41(1): 115–126.

[82] MARTINEZ–ARGUDO I, CONTRERAS A. PII T–loop mutations affecting signal transduction to NtrB also abolish yeast two–hybrid interactions [J]. Journal of Bacteriology, 2002, 184(13): 3746–3748.

[83] KARIMOVA G, PIDOUX J, ULLMAN A, et al. A bacterial two–hybrid system based on a reconstituted signal transduction pathway [J]. Proceedings of the National Academy of Sciences of the United States of America, 1998, 95(10): 5752–5756.

[84] KLAMMT J, BARNIKOL–OETTLER A, KIESS W. Mutational analysis of the interaction between insulin receptor and IGF–I receptor with c–Crk and Crk–L in a yeast two–hybrid system [J]. Biochemical and Biophysical Research Communications, 2004, 325(1): 183–190.

[85] ZHANG Y, SLEDGE M K, BOUTON J H. Genome mapping of white clover (Trifolium repens L.) and comparative analysis within the Trifolieae using cross–species SSR markers [J]. Theoretical and Applied Genetics, 2007, 114(8): 1367–1378.

[86] 芦方茹, 马云, 徐永杰, 等. 基于双向电泳技术的家畜蛋白质组学研究进展 [J]. 家畜生态学报, 2014, 35(1): 1–4.

[87] 谭伟, 黄莉, 谢芝勋. 蛋白质组学研究方法及应用的研究进展 [J]. 中国畜牧兽医, 2014, 41(9): 40–46.

[88] BASS J J, WILKINSON D J, RANKIN D, et al. An overview of technical considerations for Western blotting applications to physiological research [J]. Scandinavian Journal of Medicine & Science in Sports, 2017. 27(1): 4–25.

[89] ESPINA, VIRGINIA. Antibody Validation by Western Blotting [J]. Methods in Molecular Biology: Molecular Profiling, 2017, 1606: 51–70.

[90] DESOUBEAUX G, PANTIN A, PESCHKE R, et al. Application of Western blot analysis for the diagnosis of Encephalitozoon cuniculi infection in rabbits: example of a quantitative approach [J]. Parasitology Research, 2017, 116(2): 743–750.

[91] BRUNELLE E, LE A M, HUYNH C, et al. Coomassie brilliant blue G–250 dye: an application for forensic fingerprint analysis [J]. Analytical Chemistry, 2017, 89(7): 4314–4319.

[92] 邱方洲，申辛欣，冯志山，等 . 数字 PCR 在病毒检测中的应用及发展趋势 [J]. 中华实验和临床病毒学杂志 , 2018, 32(6): 664–668.

[93] 薛彦峰，王秀奎，侯信，等 . 糖芯片研究 [J]. 化学进展 , 2008, 20(1): 148–154.

[94] WAKAO M, WATANABE S, KURAHASHI Y, et al. Optical fiber–type sugar chip using localized surface plasmon resonance [J]. Analytical Chemistry, 2016, 89(2):1086–1091.

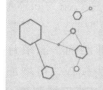

第二章　核酸检测技术

第一节　PCR 技术

一、原理

PCR 技术的原理：DNA 聚合酶以单链 DNA 为模板，借助一小段双链 DNA 来启动合成，通过一个或两个人工合成的寡核苷酸引物与单链 DNA 模板中的一段互补序列结合，形成部分双链。在适宜的温度和环境下，DNA 聚合酶将脱氧单核苷酸加到引物 3'-OH 末端，并以此为起始点，沿模板 5 → '3' 方向延伸，合成一条新的 DNA 互补链。PCR 反应的基本成分包括模板 DNA（待扩增 DNA）、引物、4 种脱氧核苷酸（dNTPs）、DNA 聚合酶和适宜的缓冲液。在 PCR 反应中，双链 DNA 的高温变性（denat uration）、引物与模板的低温退火（annealing）和适温延伸（extension）这三步反应反复循环，且每一循环中所合成的新链又可作为下一循环中的模板。PCR 合成的特定的 DNA 序列产量随着循环次数呈指数增加，从而达到迅速大量扩增的目的。

二、实验准备

（一）模板 DNA

PCR 反应的模板可以是单链或双链 DNA，可以是基因组 DNA 或 cDNA，

mRNA 也可作为 PCR 的模板，只需要用逆转录酶把 mRNA 逆转录为 cDNA 即可。由于 PCR 反应的特异性由寡聚核苷酸引物决定，模板 DNA 不需要高度纯化，但应避免任何蛋白酶、核酸酶、DNA 聚合酶抑制剂、能结合 DNA 的蛋白质及多糖类物质的污染。选用纯化的 DNA 作为模板，可增加模板分子的浓度，除去可能抑制 PCR 反应的杂质，如 SDS 会严重抑制 TaC DNA 聚合酶的活性，显著提高 PCR 扩增的有效性。通常，模板 DNA 保存于 10 mmol/L Tris−HCl（pH 7.6）、0.1 mmol/L EDTA（pH 8.0）缓冲液中。PCR 所需模板 DNA 的量极微（通常在纳克级范围内），通常适宜的模板 DNA 浓度为 30 ~ 50 ng，不到 1 ng 的基因组 DNA 序列就足以用来进行 PCR 分析，甚至用 1 个 DNA 分子就能扩增出特定的 DNA 序列。

（二）引物

PCR 引物是一段与待扩增的目标 DNA 序列侧翼片段互补的寡核苷酸片段，长度大多为 10 ~ 30 个碱基。通常，一对引物包含 5' 端与正义链互补的寡核苷酸片段和 3' 端与反义链互补的寡核苷酸片段，这两个寡核苷酸片段在模板 DNA 上的结合位置之间的距离决定 PCR 扩增片段的长度。根据统计学计算，长约 17 个碱基的寡核苷酸序列在人类基因组中可能出现的概率为 1 次。因此，只要引物不少于 16 个核苷酸，就能保证 PCR 扩增序列的特异性。引物过长往往会降低其与模板的杂交效率，从而减低 PCR 的反应效率。PCR 反应成功的关键是设计最佳的引物。引物设计的先决条件是与引物结合的靶 DNA 序列必须是已知的，与两个引物结合的序列之间的靶 DNA 序列则未必清楚。设计引物时应尽可能选择碱基随机分布的序列，尽量避免多嘌呤、多聚嘧啶或其他异常序列。两个引物中 G+C 碱基对的百分比（G +C%）应尽量相似，若待扩增序列中 GC 含量已知时，引物的 GC 含量则应与其类似。一般情况下，设计引物时，G+C 碱基对含量以 40% ~ 60% 为佳，解链温度（melting temperature，Tm）高于 55 ℃。避免引物自身形成发夹结构等二级结构，尤其是两个引物之间不应存在互补序列，特别是在引物的 3' 末端。在合成新链时，DNA 聚合酶将单核苷酸添加到引物的 3' 末端，因此引物 3' 端的 5 ~ 6 个碱基与靶 DNA 片段的配对必须精确、严格。

（三）dNTPS

dNTPS（dATP、dCTP、dGTP 和 dTTP）是 PCR 反应中靶 DNA 序列扩增的原料。在 PCR 反应中，每种脱氧核苷三磷酸的浓度以 50 ～ 200 μmol/L 为宜，不能低于 10 ～ 15 μmol/L。浓度过高易引起非特异性 PCR 产物，当 dNTP 浓度高于 50 mmol/L 时还会抑制 TaC 酶的活性；浓度过低则影响扩增产量。4 种 dNTP 的摩尔浓度应相同，不平衡的浓度会导致碱基错配率上升，降低合成速度，导致反应过早终止。在 100 μL 的标准反应体系中，浓度 50 μmol/L 和 200 μmol/L 的 dNTP 就足以分别合成 6.5 μg 和 25 μg DNA。

（四）DNA 聚合酶

在 100 μL 的 PCR 标准反应体系中，TaC DNA 聚合酶的常用浓度为 1 ～ 2.5 U，以人类基因组 DNA 为模板时，TaC DNA 聚合酶的适宜浓度范围为 1 ～ 4 U。酶量过多会导致增加非特异性 PCR 产物，反之会引起 PCR 产量不足。TaCDNA 聚合酶作用时需要 Mg2+，每次扩增反应必须确定最佳 Mg2+ 浓度。

（五）缓冲液

PCR 反应的标准缓冲液 通常含有 10 mmol/L Tris-HCl（pH 8.3），50 mmol/L KCl 和 1.5 mmol/L MgCl2。这种标准缓冲液在 72℃温育时，反应体系的 pH 值会下降 1 个多单位，使缓冲液的 pH 接近 7.2（金冬雁 等，1999），基本适用于各种模板、寡核苷酸引物，但对某种模板与引物的特定组合就不一定最佳，用时需再做适当调整。一般购买的 10×PCR 缓冲液分含 Mg2+ 和不含 Mg^{2+} 两种，不含 Mg^{2+} 的缓冲液，其 25 mmol/L MgCl$_2$ 单独包装或需要另行购买，使用时再自行配制。本实验室常用无 Mg^{2+}10×PCR 缓冲液贮备液为 0.1 mol/L Tris-HCl（pH 8.0）、0.5 mol/L KCl 及 1%Triton RX-100。

（六）Mg^{2+} 及其他成分

PCR 反应体系中 Mg^{2+} 的浓度十分重要，适宜的 Mg^{2+} 浓度为高于 dNTP 总浓度0.5 ～ 2.5 mmol/L。当 dNTP 浓度为 0.2 mmol/L 时，建议 Mg^{2+} 的浓度为 1 mmol/L。Mg^{2+} 浓度过高，容易生成非特异性扩增产物，反之，浓度过低会使 PCR 产量降低。Mg^{2+} 的有效浓度受到高浓度的螯合剂如 EDTA、高浓度的带负电荷离子基团如磷酸根的影响，它们可与 Mg^{2+} 结合，从而降低 Mg^{2+} 的有效浓度。因此，每当首次使用靶序列、引物、dNTP（含磷酸根）的新组合时，都要将 Mg^{2+} 浓度调至最佳。通常的方法是设置一组反应，每一反应的 KCL（50 mmol/L）和 Tris–HCl（10 mmol/L）浓度相同，而 $MgCl_2$ 浓度不同（0.05～5 mmol/L，每次增加 0.5 mmol/L），反应结束后，通过琼脂糖凝胶电泳或聚丙烯酰胺凝胶电泳来比较各反应扩增产物的量，从中选出最佳的 Mg^{2+} 浓度。

三、实验流程

（一）PCR 反应程序参数

1. 变性温度和时间

变性的目的是要使双链 DNA 完全解链成单链。原则上变性步骤要高温、短时，既要保证变性充分，又要保持聚合酶在整个反应中的活性。若变性不充分，DNA 双链会很快恢复，PCR 产物就会明显减少，反之，变性温度过高、时间过长，会加快酶的失活。典型的变性条件是 95 ℃，时间 30 s，对 GC 含量多的靶 DNA 序列宜用较高的变性温度。在解链温度（Tm）下，DNA 的变性仅需几秒钟。Tm 值可根据靶 DNA 中 G+C 含量，按公式 $Tm=81.5-16.61 g[Na+]+0.4l(G+C)\%-600/N$ 来计算，其中 N 为链长（金冬雁 等，1999）。模板 DNA 或 PCR 产物的变性不完全，是 PCR 反应失败最常见的一个原因。

2. 引物退火温度和时间

退火的作用是使模板 DNA 单链或上一轮的反应产物与引物相结合。退火温度是指引物与模板特异结合的最佳温度，是任何 PCR 反应最重要的参数。引物退火的温度和时间取决于引物的长度、碱基组成及其在反应成分中的浓度。通常，退火温度比引物的解链温度（T_m）低 5 ℃，一般用 37～55℃或高一点，时间 1 min。通常，退火温度越高，PCR 扩增特异性越好（陆德如 等，2002）。估算 T_m 的方法：引物为 20 个碱基以下时，$T_m=2>(A+T)+4>(G+C)$；引物为 20 个碱基以上时，$T_m=81.5+0.41(G+C)\%-600/L$，其中 L 为引物长度。如 GC 含量约 50%、长 20 个碱基的典型寡核苷酸引物的最佳退火温度为 55 ℃。

3. 引物延伸温度和时间

引物延伸是 DNA 聚合酶将脱氧单核苷酸逐一地加到引物 3'-O- 末端，依据模板序列合成一条互补新链的过程。引物延伸温度取决于 DNA 聚合酶的最适温度，如用 TaC DNA 聚合酶，一般用 70～75 ℃。在 72 ℃时，1 min 延伸时间足以合成 2 kb 的序列。延伸时间取决于靶序列的长度、浓度和延伸温度，一般为 1～3 min。靶序列越长，浓度越低，延伸温度越低，则所需的延伸时间越长，反之，所需的延伸时间越短。在相同的延伸温度下，循环早期因靶序列即酶的底物浓度低，延伸时间要长些。在循环后期，当 PCR 产物的浓度超过酶的浓度（1 nmol/L）时，酶被底物饱和，为了增加酶的周转利用，延伸时间也要长些。一般每 1 kb 碱基的序列，延伸 1 min 即可。对于扩增 100～300 个碱基的短序列片段，省去延伸温度这一步骤而采用快速简便的变性、退火双温循环也是实验中常见的。因为 TaC DNA 聚合酶即使在变性温度下仍保持很强的酶活性，而延伸过程可在退火温度转变为变性温度的过程中完成。在设定上述参数时，还应考虑所用 PCR 仪从一种温度转变到另一种温度所需的过渡时间，以及反应离心管管壁的厚薄而造成的管内温度滞后情况。

4. 循环次数

DNA 双链高温变性、引物退火和新链延伸这三个步骤反复循环的次数通常需要 25～40 个。若 PCR 反应中各项参数适宜，其适宜的循环次数主要取决于靶 DNA 的起始浓度。循环次数过多，产物相应增多，但会增加非特异性产物的量及其复杂度；循环次数过少，会降低 PCR 产量。

（二）实验方法

反应体系：

反应成分 Reaction Components	贮备液浓度 Stock Solution Concentration	终浓度 Final Concentnations	工作液配制（μL） Working Solurions Prepanation
ddH$_2$O	—	—	17.6
PCR buffer	10×PCR Buffer	1×PCR Buffer	2.5
Mg^{2+}	15 mmol/L	1.5 mmol/L	1.5
dNTPs	25 mmol/L	0.2 mmol/L	0.2

反应成分	贮备液浓度	终浓度	工作液配制（μL）
引物	3.7 mmol/L	0.15 mmol/L	1.0
Taq 酶	5 U/μL	1 U/μL	0.2
模板 DNA	7.5～12.5 ng	15～25 ng	2.0
终体积	—	—	25.0

反应程序：

step1	预变性：94 ℃	5 min
step2	变性：94 ℃	45 s
step3	退火：36 ℃或 37 ℃	60 s
step4	延伸：72 ℃	2 min
step5	2～4 步骤，45 个循环	
step6	延伸：72 ℃	7 min
step7	保温：4 ℃	1～2 h
step8	结束	

四、结果分析

应用 PCR 时，试验结果需要通过数学计算对特制目标 DNA 模板进行定域分析，因此在应用该技术时，应清楚掌握该试验技术结果分析的数学原理及其计算方法，如此才可得到精准的检测结果。

五、注意事项

（一）变性

变性对 PCR 扩增来说相当重要，如变性温度低，变性时间短，极有可能出现假阴性；退火温度过低，可致非特异性扩增而降低特异性扩增效率；退火温度过高，会影响引物与模板的结合而降低 PCR 扩增效率。必要时应使用标准的温度计，检测扩增仪或水溶锅内变性、退火和延伸温度，这些因素都有可能导致 PCR 失败。

（二）靶序列变异

靶序列发生突变或缺失，影响引物与模板特异性结合，或因靶序列某段缺失使引物与模板失去互补序列，其 PCR 扩增是不会成功的。导致假阳性出现的 PCR 扩增条带与目的靶序列条带一致，有时其条带更整齐，亮度更高。

（三）引物设计不合适

选择的扩增序列与非目的扩增序列有同源性，因而在进行 PCR 扩增时，扩增出的 PCR 产物为非目的性的序列。靶序列太短或引物太短，容易出现假阳性，需要重新设计引物。

（四）靶序列或扩增产物的交叉污染

这种污染有以下两种原因。一是整个基因组或大片段的交叉污染，导致假阳性。这种假阳性可用以下方法解决：操作时应小心轻柔，防止将靶序列吸入加样枪内或溅出离心管外。除酶及不能耐高温的物质外，所有试剂或器材均应高压消毒。应使用一次性离心管及样进枪头。必要时，在加标本前，用紫外线照射反应管和试剂，以破坏其中存在的核酸。二是空气中的小片段核酸污染。这些小片段比靶序列短，但有一定的同源性。可互相拼接，与引物互补后，可扩增出 PCR 产物，而导致假阳性的产生，可用巢式 PCR 方法来减轻或消除。

（五）出现非特异性扩增带

PCR 扩增后出现的条带与预计的大小不一致，或大或小，或者同时出现特异性扩增带与非特异性扩增带。非特异性条带出现的原因如下。一是引物与靶序列不完全互补，或引物聚合形成二聚体。二是与 Mg^{2+} 离子浓度过高、退火温度过低及 PCR 循环次数过多有关。三是与酶的质和量有关，往往一些来源的酶易出现非特异性条带而另一来源的酶不出现，酶量过多有时也会出现非特异性扩增。其对策为必要时重新设计引物；减低酶量或调换另一来源的酶。降低引物量，适当增加模板量，减少循环次数；适当提高退火温度或采用二温度点法（93 ℃变性，65 ℃左右退火与延伸）。

（六）出现片状拖带或涂抹带

PCR扩增有时出现涂抹带或片状带、地毯样带。这往往由酶量过多或酶的质量差、dNTP浓度过高、Mg^{2+}浓度过高、退火温度过低、循环次数过多引起。其对策有两个：①减少酶量，或调换另一来源的酶。②减少dNTP的浓度。适当降低Mg^{2+}浓度，增加模板量，减少循环次数。

六、实验应用

（一）诊断病原体

PCR是诊断人类病原体的重要手段。这种分子方法基于核酸扩增技术能迅速、可靠地检测广泛的感染源。采用PCR技术进行病毒检测和定量具有较高的敏感性和重现性。该技术还可以绕过基于培养的检测，加速许多细菌感染的诊断。基于培养的检测可能需要几天到几周的时间才能产生结果。PCR检测方法识别人体寄生虫时具有较高的敏感性，可直接检测不依赖患者免疫状态或临床病史的寄生虫，并能区分形态相似的生物。利用PCR诊断医学真菌病具有一定的挑战性，因为真菌细胞壁可阻碍生物体的DNA的有效溶解，最终可能导致假阳性PCR结果。PCR鉴定和真菌病原体检测之间最关键的区别是从培养或活检中鉴定需要特定的DNA提取程序，因为必须打破真菌壁以避免假阴性。相比之下，在血清或血浆中，真菌DNA是自由的，可能更容易被检测。近年来新兴起的技术，如微阵列技术、磁共振多重PCR技术、元基因组霰弹枪测序技术等，减轻了在酵母和霉菌中进行核酸扩增的技术难度，提高了基于PCR检测人类真菌病原体的敏感性和特异性。

1.厌氧菌的检测

基于PCR的厌氧氨细菌的检测和定量是一项简单、基本的技术，被广泛应用于许多环境生态位的研究中。目前，开发了功能基因PCR引物对（靶向中心厌氧氨细菌活性酶），包括肼脱氢酶（HZO）、亚硝酸盐还原酶（NirS）、肼合成酶（HZS）和细胞色素C生物发生蛋白（CCS）。基于DNA的厌氧氨细菌分子检测和定量的方法被广泛应用于环境工程、微生物生态学和生物地球化学等领域的研究中，PCR是研究厌氧氨细菌群落多样性、丰度和活性的基础工具，具有较好的应用前景。16S rRNA和功能基因的 PCR 引物被研究人员应用于实际和硅片测试中，可根据特定的样本类型或感兴趣的组氨氧化细菌选择 PCR 引物进行检测和量化。PCR 引物和 PCR 技术的有效实施将促进厌氧氨细菌检测的成功实施，从而为进一步的研究做出贡献。

2. 曲霉菌

在临床上，检测和识别血液标本中的曲霉菌，尤其是入侵高危人群肺的曲霉菌病（IPA）（如儿童的恶性血液或肿瘤疾病）有多种方法。一直以来，IPA 诊断的金标准是从培养或组织病理中分离出病原体。然而，从临床样本中培养曲霉菌耗时且不灵敏（尤其是从血液样本中），且组织病理的病原体并不特异。放射学影像，尤其是胸部 CT 扫描，对肺浸润的早期发现是敏感的，但真菌或疾病放射学特征也不特异。新型生物标志物如曲霉半乳甘露聚糖抗原（GM）、1,3-β-D-葡聚糖（BDG）或曲霉菌横向流装置（LFD）提高了 IPA 的诊断效果。然而，这些方法在临床常规中由于缺乏敏感性和特异性而显示出明显的局限性（BDG、GM）。PCR 扩增 DNA 是应用最广泛的核酸扩增检测方法，不仅用于检测病毒和细菌病原体，也用于检测其他难以培养的病原体。当鉴定和测定真菌部分基因组，特别是多拷贝目标基因序列实现后，基于 PCR 的诊断 IPA 技术随之形成。曲霉 PCR 和其他曲霉生物标志物一方面用于筛查高危人群，另一方面用于培养方法的补充，在不太明显的病例中进行明确诊断，有时也作为主要诊断方法。通过 PCR 检测临床标本的真菌基因组，结合图像监测和血清学诊断工具、其他诊断嵌合体的重要部分，PCR 能更早期诊断出血液恶性肿瘤在抗肿瘤治疗后侵袭性曲霉菌的感染。

3. 寄生虫

利什曼病可以通过临床检查和实验室诊断被发现。实验室诊断采用常规方法（镜检、培养、血清学方法）和分子方法（PCR、实时 PCR、DNA 测序、多位点微卫星分型）。虽然传统方法快速、经济、有效，但其敏感性与诊断人员的能力密切相关。分子方法，特别是 PCR 在利什曼病的诊断中具有较高的敏感性。PCR 的敏感性与扩增的基因组区域和引物的拷贝数有关。利什曼原虫的许多不同的基因组区域，如 kinetoplast DNA（kDNA）、small subunitrRNA（SSU rRNA）、internal transpacer（ITS）、ITS1、ITS2、mini exon（ME）、heat-shock protein（HSP70）等都可以作为 PCR 的靶点。

（二）肿瘤

PCR 是一种检测实体和造血恶性肿瘤中循环肿瘤细胞和微转移的高灵敏度方法，PCR 阳性会对许多癌症的治疗产生重大影响。病人可在转移瘤早期选择全身治疗。PCR 可通过改善上皮恶性肿瘤患者术前分期情况避免过度手术。此外，PCR 会监测辅助治疗的有效性、强度和持久性，做到量身定制。这种基于 PCR 的方法对临床肿瘤学的影响可能是深远的。在过去的几年里，高灵敏度 PCR 技术的出现大大促进了微小残留病（MRD）在多种癌症中的检测。PCR 在检测血液淋巴和上皮恶性肿瘤中的循环肿瘤细胞的转移方面均优于常规技术。

第二节　基因芯片技术

一、技术介绍

基因芯片（gene chip）的原型于 20 世纪 80 年代中期被提出。基因芯片的测序原理是杂交测序方法，即通过与一组已知序列的核酸探针杂交进行核酸序列测定的方法，可以快速得到所测 DNA 碎片的基因序列。基因芯片又被称为 DNA 微阵列（DNA microarray），可分为三种主要类型：①固定在聚合物基片（尼龙膜、硝酸纤维膜等）表面上的核酸探针或 cDNA 片段，通常用同位素标记的靶基因与其杂交，通过放射显影技术进行检测。这种方法的优点是所需检测设备与目前分子生物学所用的放射显影设备一致，相对比较成熟，但芯片上探针密度不高，样品和试剂的需求量大，定量检测存在较多问题。②用点样法固定在玻璃板上的 DNA 探针阵列，通过与荧光标记的靶基因杂交进行检测。这种方法大大提高了点阵密度，各个探针在表面上的结合量也比较一致，但在标准化和批量化生产方面仍有不易克服的困难。③在玻璃等硬质表面上直接合成的寡核苷酸探针阵列，与荧光标记的靶基因杂交进行检测。该方法把微电子光刻技术与 DNA 化学合成技术相结合，可以使基因芯片的探针密度大大提高，减少试剂的用量，可实现标准化和批量化大规模生产，有着十分重要的发展潜力。

二、实验准备

主要材料有玻片、CarteSian Pixsys 7500点样仪、Scan Array 3000扫描仪。

三、实验流程

（一）靶基因的 PCR 扩增

所有的 cDNA 克隆用通用引物进行 PCR 扩增。PCR 反应体系为 80 μL，其中 cNTP 终浓度为 500 μmol/L，用 1% 琼脂糖电泳观察 PCR 产物的质量与浓度。

（二）PCR 产物的荧光标记及纯化

PCR 的反应体系同上，仅 cNTP 终浓度不同，为 500 μmol/L dAGC；200 μmol/L dTTP；200 μmol/L Cy3（Cy5）-dUTP。反应完成后，通过 G-50 纯化柱除去未掺入的荧光标记单核苷酸。

（三）点样

PCR 产物用异丙醇沉淀后，溶于点样液中，并使 DNA 浓度约为 500 ng/μL，用 CarteSian Pixsys 7500 点样仪进行点样。在 DNA 固定率的测试实验中，需要加入 0.1% 的带有荧光标记的 PCR 产物进行点样。

（四）点样后处理

扫描点样后的玻片，然后经过水合、干燥，置于紫外交联仪中交联（60 m），再用 0.2% SDS 在室温下洗涤 5 min，最后用 ddH$_2$O 涮洗 2 次，每次 1 min，再进行扫描。

（五）表达谱芯片杂交组织

mRNA 的制备、标记及杂交实验采用 MarkSchena 的方法。

（六）检测与分析

检验方法可大致分为参数法和非参数法，前者受数据本身的影响较大，后者不受其影响，但是对数据变化不甚敏感。标准的参数检验是经典的 F 检验，也有许多其他针对芯片研究的特定方法，如斯坦福大学开发的基因芯片数据显著性分析（significance analysis of microarrays，SAM）软件。它常作为插件安装到 Excel 软件中。非参数分析常用的是 Ben-Dor 等开发的方法。另有一种检验方法是误分类阈值数法（the tbreshold number of misclassification，TNoM），按一定的标准对每个基因打分（score）后，以此衡量用一个简单的阈值对数据成功分组的可能性。由于芯片实验中基因数远大于样品数，计算得到的有显著意义的 P 值总是有一部分是假阳性的，这样就必须确定有意义 JP 值的比例。一种方法是确定一个日值，使任一基因的 P 值小于 q 值的可能性很小。这一 q 值由 Bonterroni 阈值确定，Bonterroni 阈值越严格，则得到的 P 值就有更多数据具有显著性。另一种方法是过剩分析法（overabundance analysis），根据无效假设理论，比较不同 P 值水平下实际基因数与预期基因数的差别，以估计特定基因分组中提供信息基因的过剩程度，有现成的软件可供使用。

四、注意事项

组织芯片适应于所有组织染色和原位免疫组化分析，其优点是体积小、信息含量高，并可以根据不同的需要进行组合和设计。它可以快速、高通量地检测一组基因的扩增和蛋白的表达情况，节约试剂和时间。由于实验条件一致，其还可以减少实验误差。但是，组织芯片的设计原理也决定了它有许多不足，它不能代替常规病理切片进行病理诊断，在典型病例的诊断中，组织的取材定位虽然有 HE 切片的指导，但是在实际操作中也有很大缺陷，并且基因的异质化问题使组织芯片的应用出现争议。此外，由于组织芯片的设计特点，其难以用于冰冻切片上的点阵设计研究。

五、实验应用

（一）癌症

巴雷斯特食道症（BE）是一种化生的柱状上皮取代正常食管远端鳞

状上皮的情况，其特征是存在分泌黏液的杯状细胞。近二十年来，在北美和欧洲，食管与胃食管交界处（GEJ）腺癌的发病率呈上升趋势。人们认为 BE 是食管腺癌（EAC）和 GEJ 中大多数腺癌的癌前病变。BE 患者中有 2%～25% 的风险发展为轻度到重度的异型增生，有 2%～25% 的风险发展为腺癌，比一般人群的风险高 30～150 倍。40%～50% 的严重异型增生患者在 5 年内出现腺癌。在当今医学研究中，生物芯片与生物信息学相结合的应用越来越广泛。各种基因表达突变和改变的积累导致癌变，微阵列技术的发展使我们能了解肿瘤发生过程中基因表达的全面变化。许多研究将该技术应用于巴雷斯特腺癌（BA）和化生，并发现了一些候选基因，作为癌症分期、复发预测、预后和个体化治疗中的生物标志物。其中，一些靶分子已被用于开发新的血清诊断标志物和治疗 BA，使患者受益。食管腺癌是一种侵袭性疾病，具有早期淋巴和血源性播散的特点。分子病理学揭示了许多与疾病预后进展相关的分子机制，其中一些因素本身可以被视为预后因素，从而更好地了解分子基础可能会带来新的范式、更好的预后、早期诊断和个性化的治疗选择。另外，还可以将基因芯片方法应用于基因表达的研究。基因表达分析可以揭示重要的预后信息，并且发现与肿瘤进展、播散相关的新基因和分子，这些将增强预后并提供辅助治疗选择。不同标本的差异表达基因可用基因芯片并行检测分析，这大大改善了传统实验中分别检测一个或几个基因表达中的每一个基因的方法，加快了识别差异表达基因和构建微表达图谱的速度。

（二）疾病的早期诊断

1. 遗传性痉挛性截瘫（HSP3）

遗传性痉挛性截瘫（HSP3）是一组临床和基因异质性的单源性神经退行性疾病。遗传性痉挛性截瘫患者的基因筛选因其异质性高而耗时费力。正如我们所知，在许多基因中有一些热点突变导致 HSPS。该方法具有良好的临床应用价值，可作为 HSP 患者早期基因筛选的一种有效方法。基因芯片的显著优点是性能高、吞吐量大。它使研究人员能快速、经济、有效地对多个单核苷酸多态性（SNPs）进行快照。遗传性痉挛性截瘫是一组临床上和基因上不一致的神经退行性疾病，有时仅凭临床表现无法与遗传性脊髓小脑共济失调、帕金森病或其他神经退行性疾病相区别。这时，基因诊断就成了金标准。然而，HSP 的高遗传性和临床异质性使基因诊断非常困难。不过，在许多基因中有一些可疑的突变热点导致了 HSP，这为诊断提供了方向。

2.妊娠糖尿病（GDM）

近年来，与传统的生物技术（如 DNA 杂交、分型和测序技术）相比，生物基因芯片代表一个重大进步和创新，涉及许多自然科学的综合方法（如生物信息学、微电子技术、计算机科学、半导体技术等）。因此，基因芯片技术在生命科学领域具有吸引力和潜在合作前景。基因芯片以许多特定的固定排列在载体上的寡核苷酸或基因片段作为探针。标记的样本 DNA 可以杂交，芯片通过共聚焦激光诱导荧光检测系统扫描。由于每个探针的荧光信号都能被检测到，因此可以快速收集大量的信息。目前，DNA 测序是确定基因序列和检测突变最可靠的方法。然而，这种方法复杂、耗时、成本高、技术难度大，而且会受到许多不确定因素的影响，从而妨碍了大规模、低成本的自动化应用。因此，基因芯片可以用于高通量的研究目的，且有利于临床应用。在孕期，及早发现妇女的早期妊娠糖尿病（GDM）是一个理想的目标，因为可以尽早地用饮食、药物和运动等措施治疗。与葡萄糖挑战试验（GCTs）相比，利用基因芯片技术作为 GDM 的筛选试验具有一定的优势。葡萄糖耐受试验重复性差，耗时长，给药不方便，使患者不舒服，常使孕妇呕吐。基因芯片技术操作简便、耐受性好、可靠、重现性好。这有助于在妊娠早期发现和治疗 GDM，从而改善妊娠不利影响。

（三）针灸

针灸作为中医学的特色疗法之一，以其显著的临床疗效在世界范围内被广泛认可。其对机体的调控具有整体性特点，可以引起机体多系统、多靶点、多功能的改变，作用机制是通过调控大量基因及其表达诱导的产物和众多信号通路构成的分子生物学网络系统发挥效应。基因芯片又称 DNA 芯片或者基因微阵列，是将大量靶基因片段或基因探针按一定的次序密集固定排列在载体介质上而制成的 DNA 分子点阵，每一个探针上都有唯一的核苷酸碱基对序列。从样本中提取出 RNA 进行扩增与荧光标记后，经由碱基互补配对杂交到含有特定互补序列的探针上。然后，使用激光共聚集荧光扫描仪进行信号检测，荧光强度与杂交到探针上的 RNA 量成正比。因此，测量到的荧光强度就代表了基因的相对表达水平或者活性。基因芯片技术具有高通量、大规模、高度平行性、快速高效、高灵敏度等特点，可以在同一时间对数以万计的基因进行分析。因此，该技术能从基因水平全面深入地探究针灸的作用机制，在基因层面较好地与针灸作用的整体性、综合性相融合，进而为针灸基础及临床研究提供指导和科学依据。基因芯片技术在针灸学领域的研究中发挥了重要作用，为针灸学与基因组学之间架起了一座桥梁，具有广阔的应用前景。随着基因芯片技术的不断深入和完善，其在揭示针灸作用机制的研究中将产生更大的影响。

第三节　RACE 技术

一、原理

cDNA 末端快速扩增技术（rapid amplification of cDNA ends，RACE）是一种基于 PCR 从低丰度的转录本中快速扩增 cDNA 的 5' 和 3' 末端的有效方法，以其简单、快速、廉价等优势受到了人们越来越多的重视。一般分 5'RSCE 和 3'RACE 两种。3'RACE 较简单，先将 mRNA 或总 RNA 用 PolyT 引物反转录，根据一般基因具有 polyA 尾巴的特点，选用特异引物（根据已知序列设计）和 PolyT 引物 PCR 即可。大多实验者反映一次 PCR 即可搞定。5'RACE 相对较难，目前流行以下几种 5'RACE。其一为加接头（传统），根据接头引物和自己设计特异引物 PCR，可以设计巢式 PCR 二次扩增。另外，有利用反向 PCR 技术，连接成环 PCR。基因有限公司 SMART RACEPCR 一种，利用反转酶末断加 C 特点，直接加上多 G 接头，转换模板，而无须用连接酶加接头。要获得 3'RACE，需要进行 3 步关键性操作。第一步，加入 oligo（dT）17 和反转录酶对 mRNA 进行反转录得到（-）cDNA。第二步，以 oligo(dT)17 和一个 35bp 的接头（dTl7-adaptor）为引物，在引物的接头中有一个在基因组 DNA 中罕见的限制酶的酶切位点。这样就在未知 cDNA 末端接上一段特殊的接头序列。再用一个基因特异性引物（3 amp）与少量第一链（-）cDNA 退火并延伸，产生互补的第二链（+）cDNA。第三步，利用 3 amp 和接头引物进行 PCR 循环即可扩增得到 cDNA 双链。扩增的特异性取决于 3 amp 的碱基只与目的 cDNA 分子互补，而用接头引物取代（dT）17-adaptor 可阻止长（dT）碱基引起的错配。5'RACE 的获得与 3'RACE 略有不同。首先，引物多设计了一个用于逆转录的基因特异引物 GSP-RT；其次，在酶促反应中增加了逆转录和加尾步骤，即先 GSP-RT 逆转录 mRNA 获得第一链（–）cDNA 后，用脱氧核糖核酸末端转移酶和 dATP 在 cDNA 5' 端加 poly（A）尾，再用锚定引物合成第二链（+）cDNA。接下来与 3'RACE 过程相同。用接头引物和位于延伸引物上游的基因特异性引物（5 amp）进行 PCR 扩增。通过 RACE 方法获得的双链 cDNA 可用限制性内切酶酶切和 soutllem 印迹分析并克隆。通常的克隆方法是一个切点位于接头序列上的限制性内切酶，一个切点位于扩增区域内的内切酶。由于大多数非特异性扩增，DNA 产物不能被后一个限制性内切酶酶切，进而也就不会被克隆，从而增加了克隆的选择效率。还可以在基因特异性引物的 5' 端掺入一个限制性内切酶的酶切位点的方法克隆。最后，从两个有相互重叠序列的 3' 和 5'RACE 产物中获得全长 cDNA，或者通过分析 RACE 产物的 3'RACE 和 5' 端序列，合成相应引物扩增 mRNA 反转录产物来获得全长 cDNA。

二、实验准备

基因特异性引物（GSPs）需要满足的条件如下：

引物长度范围 23 ～ 28 nt，既要包含 50% ～ 70% GC，又要满足 CPNA，…，RACE PCR，以获得好的结果。实验者需要根据已有的基因序列设计 5'RACE 和 3'RACE 反应的基因特异性引物（GSP1 和 GSP2）。由于两个引物的存在，PCR 的产物是特异性的。

cDNA 的合成起始于 poly（A）+RNA。如果使用其他的基因组 DNA 或总 RNA，背景会很高。

RACE PCR 的效率还取决于总的 mRNA 中目的 mRNA 的量和有不同退火和延伸温度的引物。

进行 5'RACE PCR 和 3'RACE PCR 的时候应该使用热启动。

重叠引物的设计会对全长的产生有帮助。另外，重叠的引物可以为 PCR 反应提供一个对照。利用设计的引物产生重叠片段，这并不是绝对的。

引物 GSP 中的 GC 含量应为 50% ～ 70%。这样可以使用降落 PCR。避免使用自身互补性的引物序列，否则会产生回折和形成分子内氢键。另外，避免使用与 AP1 互补的引物，尤其是在 3' 末端。

如果要用重叠片段检测设计的引物，GSP1 和 GSP2 之间至少是 100 ～ 200 碱基。只有这样，才可以用扩增的产物鉴定设计的引物是否正确。

降落 PCR 可以明显地增加 RACE PCR 产物的特异性。在最开始的循环中，退火温度高于 AP1 引物的 T_m 值，可以增加对特异性条带的扩增。随后的退火和延伸的温度降回到 AP1 的温度，可以进行随后的 PCR 循环。

验证基因特异性引物的对照，可以采用单个引物的阴性对照，如用一个引物 GSP 进行阴性对照，这样不应该产生任何的条带。如果可以看到明显的产物，应该改变循环的参数，或重新设计原始引物。利用两个 GSP 进行阳性对照（只有两个 GSP 产生重叠时才可以采用此步）。为了确定 RNA 样品中目的基因确实被表达了，利用两个 GSP 和接头连接的 cDNA 进行阳性对照，产生两个引物之间的重叠大小的片段。如果没有这个片段，应该重复 cDNA 的合成，或者使用不同的组织或细胞合成 cDNA。

制备和抽提 poly（A）+RNA 不要使用 DEPC 处理过的水。纯化完 mRNA 之后，利用琼脂糖凝胶电泳检测 mRNA 的质量。哺乳动物的 mRNA 样品是 0.5 ～ 12 kb 的拖带，其中有 1.9 kb 和 4.5 kb 的 rRNA 的条带。非哺乳动物的 mRNA 应略小。

三、实验流程

（一）cDNA 合成

cDNA 第一条链的合成：进行 cDNA 合成的对照反应，这样可以对样品的 cDNA 的合成进行鉴定。加入各种试剂之后，在气浴中 42 ℃保温一个小时。这里应注意在水浴或酒精浴中保温会减少反应体积，从而降低第一链的合成效率。将管放于冰上，以终止第一链的合成反应，直接进行第二链的合成。

cDNA 第二链的合成：第二链合成的酶混合物中含有聚合酶、RNase H 和连接酶。T4-DNA 聚合酶的功能是补平 ds-cDNA 的末端。我们建议做阳性对照，试剂盒中提供人类骨骼肌的 mRNA。cDNA 的质量取决于制备的 poly（A）+RNA 的质量。非哺乳动物样品的 mRNA 大约 0.5 ～ 3 kb。通过电泳检测 cDNA 的产量，与对照进行对比，这样有利于在以后的步骤中对 cDNA 稀释。按照程序进行连接反应，如果没有对比样品和对照的产量，利用 Tricine-EDTA Buffer 制备接头连接的 dscDNA 的 1/50 和 1/250 的稀释物，用两种稀释物进行 RACE PCR 反应，直到鉴定出哪一种稀释可以得到好的效果。

（二）PCR 扩增

进行 5' 和 3' 的 RACE PCR 扩增。利用以下的程序进行降落 PCR 反应。

（1）94 ℃ 30 s。

（2）5 个循环：① 94 ℃ 5 s；② 72 ℃ 4 min。

（3）5 个循环：① 94 ℃ 5 s；② 70 ℃ 4 min。

（4）20～25 个循环：① 94 ℃ 5 s；② 68 ℃ 4 min。

注意：使用降落 PCR 反应，要求 GSP 的 T_m 值 ≥ 70 ℃。当循环结束时，利用 1.2% 琼脂糖凝胶电泳分析每一个管中的产物（5 μL），使用适当的分子量（marker）。可以根据基因的特异性设计最理想的循环参数。如果看不到条带或者只有微弱的带，在 68 ℃ 多加 5 个循环。最佳的延伸时间取决于扩增条带的长度。如果片段的长度为 2～5 kb 时，经常使用 4 min，0.2～2 kb 时将延伸时间减到 2～3 min，对于 5～10 kb 的条带，延伸时间增加到 10 min。

四、验证片段

应该对 RACE 的片段进行验证，以此确定是否已经扩增了理想的产物。如果得到的是多条带或者研究的是多基因家族的成员，验证是非常有用的。有 3 种验证 RACE 产物的方法：①比较由 GSP 和 NGSP 获得 RACE 产物；② Southern Blot；③克隆并测序。

五、注意事项

对于 5' 末端的 RACE 产物，比较由 AP1 和 GSP1 扩增出来的产物和由 AP1 和 NGSP1 扩增出来的产物。对于 3' 末端的 RACE 产物，比较由 AP1 和 GSP2 扩增出来的产物和由 AP1 和 NGSP2 扩增出来的产物。这对于鉴定多条带是否是上一个 PCR 的特异性产物是非常有用的。如果条带是正确的，在嵌套 PCR 反应中的条带应该略微小一些。基本 PCR 和嵌套 PCR 产物的迁移率的不同取决于 cDNA 结构中 GSP1 和嵌套引物的位置。

六、实验应用

RACE 是一种用于复制和扩增低表达 RNA 全长转录本的过程。近年来，这种方法被用于识别和表征 RNA 转录本的 5' 和 3' 未翻译区域，以确定二级结构、信号序列或裂解位点。随着最近对小调控 RNA 分子研究的激增，RACE 方法在确定和测序表达的转录单位方面发挥了重要作用。此外，RACE 和引物扩增是用于识别转录起始位点的两种方法。虽然这两种方法都利用了 cDNA 合成的内部引物，但 RACE 确实有明显的优势。首先，当引物线性扩增 cDNA 时，RACE 指数放大 cDNA 产物。这意味在引物扩增基础上，使用 RACE 更容易检测到表达较少的转录本。其次，RACE 可以用来扩增 RNA 的 3' 端，使整个 RNA 分子可以从 5' 端到 3' 端进行重建和克隆。引物的延伸不可能在 3' 末端终止，因为逆转录酶只能沿 RNA 分子的 3' ～ 5' 方向合成 cDNA。因此，3' 端必须已知，引物的延伸才能扩增 cDNA。

3'RACE 是一种高通量的技术，可用于扩增正常转录本、识别 3'UTR 中的新 3'UTRs 和新基因融合。尽管出现了大量的相关测序技术，但在逐个基因的基础上，3'RACE 仍然是鉴定 PAS 和 Poly-A 尾的最简单、最经济的方法。3'RACE 的一个主要优势是通过一些微小的适应，可以将 3'RACE 的产物克隆到其他载体上，从而方便对 3'UTR 下游功能的检测，包括 miRNA 靶向、稳定性检测以及其他机制检测。这可以通过在嵌套引物序列中包含限制性内切酶位点实现。用于克隆 3'UTR 功能分析的序列可进行调整，但不包括来自 ORF 的任何序列。

参考文献：

[1] 郑景生, 吕蓓. PCR 技术及实用方法 [J]. 分子植物育种, 2003, 1(3): 381-394.

[2] WATZINGER, F, SUDA M, PREUNERS, et al. Real-time quantitative PCR assays for detection and monitoring of pathogenic human viruses in immunosuppressed pediatric patients[J]. Journal of Clinical Microbiology, 2004, 42(11): 5189-5198.

[3] LAAKSO S, PIIPARINEN P, AITTAKORPI A, et al. Rapid identification of bacterial pathogens using a PCR- and microarray-based assay[J]. BMC Microbiology, 2009, 9(1): 161.

[4] WEISS J B. DNA probes and PCR for diagnosis of parasitic infections[J]. Clinical Microbiology Reviews, 1995, 8(1): 113-130.

[5] KHOT P D, FREDRICKS D N. PCR-based diagnosis of human fungal infections[J]. Expert Rev Anti Infect Ther, 2009, 7(10): 1201-1221.

[6] MCCARTHY M W, WALSH T J. PCR methodology and applications for the detection of human fungal pathogens[J]. Expert Review of Molecular Diagnostics, 2016. 16(9): 1025-1036.

[7] ABDEL-MAWGOUD A M, Lé PINE, F, Dé ZIEL E. Rhamnolipids: diversity of structures, microbial origins and roles[J]. Applied Microbiology and Biotechnology, 2010, 86(5): 1323-1336.

[8] BUCHHEID D, REINWAID M, HOFMANN W K, et al. Evaluating the use of PCR for diagnosing invasive aspergillosis[J]. Expert Rev Mol Diagn, 2017, 17(6): 603-610.

[9] POTTER S, HOLCOMBE C, BLAZEBY J. Response to: Gschwantler-Kaulich et al(2016)Mesh versus acellular dermal matrix in immediate implant-based breast reconstruction – A prospective randomized trial doi:10.1016/j.ejso.2016.02.007[J]. Eur J Surg Oncol, 2016, 42(11): 1767-1768.

[10] GHOSSEIN R A ROSAI J. Polymerase chain reaction in the detection of micrometastases and circulating tumor cells[J]. Cancer, 1996, 78(1): 10-6.

[11] 杨畅, 方福德. 基因芯片数据分析 [J]. 生命科学, 2004, 16(1): 41-48.

[12] 张诗武, 魏焕萍, 刘静, 等. 组织芯片技术及其应用 [J]. 武警后勤学院学报, 2002, 11(2): 125-127.

[13] COOK M B, C P, WILD FORMAN D. A systematic review and meta-analysis of the sex ratio for Barrett's esophagus, erosive reflux disease, and nonerosive reflux disease[J]. Am J Epidemiol, 2005, 162(11): 1050-61.

[14] DEVIERE J. Barrett's oesophagus: the new endoscopic modalities have a future[J]. Gut, 2005, 54 (Suppl 1): i33-i37.

[15] XU Y, SELARN F M, YIN J, et al, Artificial neural networks and gene filtering distinguish between global gene expression profiles of Barrett's esophagus and esophageal cancer[J]. Cancer Res, 2002, 62(12): 3493-3497.

[16] LAGARDE S M, RICHEL D J, OFFERHAUS G J A, et al. Molecular prognostic factors in adenocarcinoma of the esophagus and gastroesophageal junction[J]. Ann Surg Oncol, 2007. 14(2): 977-991.

[17] WANG X W, GAO H J, FANG D C. Advances in gene chip technique in Barrett's metaplasia and adenocarcinoma[J]. J Dig Dis, 2008. 9(2): 68–71.

[18] LUO Y, DU J, ZHAN Z X, et al. A diagnostic gene chip for hereditary spastic paraplegias[J].Brain Reserch Bulletin, 2013, 97(8): 112–118.

[19] CHARVAT J, CHLUMSKY J, SZABO M, et al. The association of masked hypertension in treated type 2 diabetic patients with carotid artery IMT[J]. Diabetes Research & Clinical Practice,2010, 89(3): 239–242.

[20] 贾文睿, 张月, 郭骐影, 等. 近15年来基因芯片技术在针灸研究中的应用[J]. 中国针灸, 2017, 37(12): 1358–1362.

[21] 陈启龙. RACE 技术的研究进展及其应用[J]. 黄山学院学报, 2006, 8(3): 95–98.

[22] WETTSTEIN R Bodak M. Ciaudo. C. Generation of a Knockout Mouse Embryonic Stem Cell Line Using a Paired CRISPR/Cas9 Genome Engineering Tool[J]. Methods in Molecular Biology, 2015, 1341: 321–43.

[23] ERICSSON L E. Flow Pulsations on Concave Conic Forebodies[J]. Journal of Spacecraft & Rockets, 1978, 15(5): 287–292.

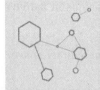
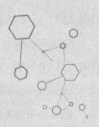

第三章 核酸干预技术

第一节 mRNA 差异显示技术

一、技术介绍

mRNA 差异显示技术（mRNA differential display PCR，mRNA DD-PCR）是由 Peng Liang 等在 1992 年建立的筛选基因差异表达的有效方法。它是一种将 mRNA 逆转录技术和 PCR 技术相结合的指纹图谱技术。每一种组织细胞（包括经过不同处理的同一组织细胞）都有其特异表达的不同于其他组织细胞的基因谱，即特异的 RNA 指纹图谱。mRNA 差异显示技术是在转录水平上对基因表达进行分析的，是通过 mRNA 3' 末端系统化扩增和 DNA 测序凝胶片段分离进行工作的，能获知细胞间基因的表达情况。成熟的 mRNA3' 端具有 poly（A）尾巴这一特性，以一系列 oligo（dT）12MN 引物中的一种（M、N 分别代表 A、C、T、G 四种碱基中的一种，M 不能为 T）锚定于两种或两种以上 mRNA，再于变性聚丙烯酰胺凝胶上分离目的片段，并就基因表达的差异对比材料的 mRNA 的 poly（A）尾部，在反转录酶的作用下，逆转录真核细胞中全部表达的 mRNA，可获得 1/12 的 CDNA，同时 5' 端设计一组随机引物，通过 PCR 扩增进行比较。最后将有差异的基因片段从凝胶上切割下来，用相同的锚定引物和随机引物对分离的片段进行二次扩增，得到差异片段后将该片段克隆、鉴定分析、测序，并同基因库的序列进行同源性比较或者将差异显示的 DNA 克隆测序后作为探针，进行斑点杂交和 Northern 印迹确认是否为真阳性结果，以进一步分析其功能。

二、技术方法

技术方法执行过程：组织样品总 RNA 的提取→去除 RNA 样品中的微量 DNA→设计引物序列→建立逆转录归类反应体系→PCR 选择性扩增→mRNA DD-PCR 产物的变性聚丙烯酰胺凝胶电泳→回收差异表达条带→回收条带的再次扩增→二次扩增产物的克隆、测序和 GenBank 查询→Northern Blot 和 Dot Blot 杂交。通常情况下，在某一细胞中或某一个关键的发育时间点上有 15 000 种以上的基因在表达。如此众多种类的 mRNA 逆转录产物经 PCR 选择性扩增后，其类型依然众多，很难用电泳系统快速准确地分离。因此，需要对逆转录产物的 cDNA 进行归类处理，减低不同 PCR 产物电泳分离的难度，提高分离的准确率。该方法具有快速、灵敏和重复性好等优点。

三、注意事项

mRNA 差异显示技术虽然已成为研究基因差异表达调控及基因克隆的强有力工具，但在实际应用中仍有一定的局限性，主要表现为以下四点。①所得特异性 cDNA 片段假阳性比例非常高。有报道认为假阳性的比例高达 85% 以上。②初步获得的 cDNA 片段较小，仅为 300 bp 左右，且往往是 3' 端的非翻译编码序列，难以检测到上游的差异表达信息。因此，这对利用 GenBank 中的已知序列比较差异 DNA 片段十分不利，并且在 Northern Blot 检测中得不到杂交信号而误认为是假阳性。③ cDNA 扩增产物的量不仅取决于 mRNA 的丰度，还取决于引物与模板之间的特定匹配情况。即便高丰度的 mRNA，若引物与之不匹配，也将使扩增产物量少于 mRNA 丰度，从而导致对基因表达差异的错误认识。④由于此项技术主要利用 PCR 技术，而 PCR 技术本身对反应条件很敏感，因此操作条件不易掌握，且有时因利用同位素而加大了安全隐患。

第二节 MicroRNA 技术

MicroRNA（miRNA）是一类内生的、长度约为 20～24 个核苷酸的小 RNA，其在细胞内具有多种重要的调节作用。它们在动植物中参与转录后基因表达调控。到目前为止，在动植物以及病毒中已经发现了 28 645 个 MicroRNA 分子。大多数 MicroRNA 基因以单拷贝、多拷贝或基因簇（Cluster）的形式存在于基因组中。每个 miRNA 可以有多个靶基因，而几个 MicroRNA 也可以调节同一个基因。这种复杂的调节网络既可以通过一个 MicroRNA 调控多个基因的表达，又可以通过几个 MicroRNA 的组合精细调控某个基因的表达。据推测，MicroRNA 调节着人类三分之一的基因。MicroRNA 存在多种形式，最原始的是 pri-miRNA，长度大约为 300 ～ 1000 个碱基。pri-miRNA 经过一次加工后，成为 pre-miRNA 即 microRNA 前体，长度大约为 70 ～ 90 个碱基。pre-miRNA 再经过 Dicer 酶酶切后，成为长约 20 ～ 24 nt 的成熟 MicroRNA。

近几年来，研究发现 MicroRNA 的双臂对成熟 MicroRNA 的形成有着十分重要的作用，所以天然的 pri-miRNA 形式越来越多地被研究者采用。

MicroRNAs（miRNAs）是一种大小约 21 ～ 23 个碱基的单链小分子 RNA，是由具有发夹结构的约 70 ～ 90 个碱基大小的单链 RNA 前体经过 Dicer 酶加工后生成，不同于 siRNA（双链），但是和 siRNA 密切相关。据推测，这些非编码小分子 RNA（miRNAs）参与调控基因表达，但其机制区别于 siRNA 介导的 mRNA 降解。第一个被确认的 MicroRNAs 是在线虫中首次发现的 lin-4 和 let-7，随后多个研究小组在包括人类、果蝇、植物等多种生物物种中鉴别出数百个 MicroRNAs。

一、技术介绍

核糖核酸酶保护实验（Ribonuclease protection assay，RPA）是近十年发展起来的一种全新的 mRNA 定量分析方法，其以灵敏、准确、高通量为特征，目前已作为 mRNA 定量分析的重要方法，在国外广泛应用于医学研究和生命科学领域。

二、实验原理

其基本原理是将标记的特异 RNA 探针（32P 或生物素）与待测的 RNA 样品液杂交，标记的特异 RNA 探针按碱基互补 088

的原则与目的基因特异性结合，形成双链 RNA；未结合的单链 RNA 经 RNA 酶 A 或 RNA 酶 T1 消化形成寡核糖核酸，而待测目的基因与特异 RNA 探针结合后形成双链 RNA，免受 RNA 酶的消化，故该方法命名为 RNA 酶保护实验。

对于 32P 标记的探针，杂交双链进行变性聚丙酰胺凝胶电泳，用放射自显影或磷屏成像系统检测被保护的探针的信号；对于生物素标记的探针，杂交双链经过变性聚丙酰胺凝胶电泳后电转移至尼龙膜，采用链霉亲和素－辣根过氧化物酶（Streptavidin-HRP）和化学发光底物与膜上 Biotin 标记的探针结合，用 X 射线胶片或化学发光图像分析仪检测杂交信号。

三、技术方法

（一）体外转录

在无菌 1.5 mL 微型离心管中，结合以下内容。

（1）4 μL 5 倍转录缓冲液。

（2）2 μL 0.1 mmol/L DTT。

（3）4 μL 2.5 mmol/L NTP（A，C，G）。

（4）0.8 RNA 酶抑制剂。

（5）RNA 酶抑制剂。

（6）100 μM 冷 UTP。

（7）1 μL/μg UL 线性 DNA 模板。

（8）5 μL 10 μCi/μl P32 UTP（800 Ci/mmol）。

（9）1 μL RNA 聚合酶 SP6，T7 或 T3。

总体积为 20 μL，在 37 ℃下孵育 1 h。

2 μL 每个转录的 DNA 酶 I，在 37 ℃孵育 20 min。

（二）探头净化

净化探头使用 QIAGEN 公司的 QIAquick 核苷酸去除试剂盒或 Boehringer 离心柱（G50 葡聚糖凝胶）。

（三）杂交

打开 heatblock 调至 95 ℃。对于在水或乙醇中的样品，干燥适当的 RNA 量，并包括一个管与 1 mL tRNA 或糖原（Sigma 公司），作为阴性对照。

每个样品应具有以下内容。

（1）24 μL 甲酰胺。

（2）2 μL 0.6 mol/L 管。

（3）2.4 μL 5 mol/L 氯化钠。

（4）0.3 μL 0.1 mol/L EDTA。

（5）2 cpm × 105 cpm 探针。

（6）5 cpm × 104 cpm 加载控制探针。

（7）DEPC 水。

总体积为 30 μL。

混合样品，加热至 95 ℃，加热 10 min。在 55 ℃以下孵育 4 h。

（四）RNase 消化

核糖核酸酶消化缓冲液包含以下内容。

（1）300 mmol/L 醋酸钠。

（2）10 mmol/L 的 TRIS。

（3）5 mmol/L EDTA

向每个样品中添加 350 μL 消化缓冲液。

加入 1 μL 4 mg/mL 核糖核酸酶 A 和 0.4 μL 10 μ/μL 核糖核酸酶 T1。

在 30 ℃下孵育 45 min 至 1 h。

（五）蛋白酶 K

向每个样品中添加 20% SDS 和 2.5 μl10 mg/mL 的蛋白酶 K，10 μL 样品在 37 ℃孵育 15 ～ 20 min。

（六）清理

提取一次 400 μL 酚 / 氯仿 / 异戊醇（25 : 24 : 1）。

将上清转移到新的试管中。加入 1000 μL100% 乙醇和 1 μL 为 10 mg/mL 的糖原，拌匀。

在 –70 ℃下孵育 30 min 在干冰 /ETOH 浴中孵育样品 10 min。

旋转离心 15 min，吸 ETOH，让小球在空气中晾干。

重悬在 8 μL 甲酰胺的装载染料，置入 RT 5 ～ 10 min，经常搅拌。

（七）聚丙烯酰胺凝胶电泳分析

加热样品至 100 ℃保持 5 min。加载到 5% polyacrylamide/7 mol/L 尿素变性凝胶 2000 cpm 的分子量标记物。运行凝胶 38 ～ 42 mA。

四、注意事项

核酸酶消化时，注意酶量的控制。

五、技术应用

（一）mRNA 丰度和稳定性分析

基因表达是一个多步骤的过程（从 DNA 到 RNA 再到蛋白质），这一过程的严格调控对整个细胞的完整性和生理稳态至关重要。信使 RNA(mRNA) 水平的调控已经成为调节基因信息表达的关键。这一过程发生的机理已得到广泛研究和更好的理解。它们包括一个复杂的通路网络，利用目标 mRNA 的内在特征，如稳定性，控制其在细胞质中的相对丰度。因此，分析 mRNA 的稳定性和丰度是正确进行基因表达研究的关键。核糖核酸酶保护试验是一种被广泛接受的对目标 mRNA 定性和定量的方法。该技术比经典的 Northern Blot 分析具有更高的敏感性，可以单独使用，也可以与定量逆转录 PCR 等其他定量方法联合使用，作为补充手段，提供更完整可靠的基因表达信息。

基因表达调控是所有细胞生物（从细菌到哺乳动物）发育和生存的关键。RNA 分子是遗传信息的中心效应因子，其相对丰度和稳定性的精确调控对亚细胞结构的正确合成、组装和定位是至关重要的。在真核生物中，基因表达始于细胞核，在那里蛋白质因子与激活或抑制 RNA 合成的 DNA 序列特异性结合。新生的转录本需要不同的蛋白质介导 RNA 多种修饰，如剪接、5'- 端加帽修饰、3'- 端加尾修饰和编辑。成熟的分子随后被输出到细胞质并定向到大分子复合物，在大分子复合物中，它们在蛋白质合成和 mRNA 转录后调控等方面发挥重要作用。RNA 分子最终通过不同的降解途径被消除。因此，基因表达研究不可避免地需要对细胞内 RNA 转录本的质量、稳定性和相对丰度进行评估。常用核糖核酸酶保护试验（RPA）分析特异性转录本。它是一种非常可靠和敏感的方法，用于检测、定量和分析复杂的总细胞 RNA 混合物中的 RNA 物种。RPA 是基于核糖核酸酶（RNases）的能力，特异地区分双链和单链 RNA 模板。在这种方法中，RNA 转录本在溶液中与放射性标记的 RNA 探针杂交，该探针与被研究分子互补。这种相互作用是在非常严格的条件下进行的，通常通过在杂交缓冲液中添加甲酰胺进行评估，这大大减少了非特异性相互作用。杂交后，核酸酶去除不作用的分子。几种单链 RNA 的特异 RNase，如 RNase T1 或 RNase A，可以单独使用，也可以组合使用。因此，非杂交 RNA 分子或不匹配的 RNA 双链在完整、完全匹配探针的情况下被降解：转录双链可以通过乙醇沉淀，并在变性聚丙烯酰胺凝胶中得到。有了这项技术，所需 RNA 的大小、数量和完整性可以在之后的自射线照相胶片或磷光成像中得到验证。理想情况下，当探针的摩尔数超过目标 RNA 时，受保护片段的信号强度与样品中互补 RNA 的数量成正比。RPA 应用广泛，它补充了从定量逆转录 PCR（qRT-PCR）中获得的信息，其优点是不需要逆转录步骤。此外，它还提供了 qRT-PCR 无法获得的额外数据，如特异转录本的大小和完整性。它也可以替代 Northern Blot 分析。由于在凝胶中无法上样大量 RNA、凝胶到印迹膜的转移效率低下、探针和目标 RNA 分子之间的交叉或非特异性杂交，使 Northern blot 分析的敏感性、特异性和分辨率常常较低。此外，RPA 溶液中的杂化有利于稀有转录本的检测。RPA 取代了其他经典的基于核酸的方法，如 S1 核酸酶分析，通常使用 DNA 探针合成双链分子。这就有可能要求重构探针双链，从而降低灵敏度。因此，仔细纯化探针链是正确分析的必要条件。

RPA 非常适合于确定 RNA 内外连接的位置，如转录起始和终止位点以及内含子 / 外显子边界。通过设计适当的探针，RPA 揭示了基因单位存在有义转录和反义转录，并对复杂病毒种群的遗传多样性进行估计。它已成功地用于评价治疗性核糖核酸蛋白复合物的稳定性和定量病毒 RNA 复制水平。RPA 还允许使用跨越不同区域的探针区分密切相关的目标，如多基因家族的成员。这些反应也可以作为多重检测同时分析多个转录本。此外，其高灵敏度和特异性已被用于检测和定量 MicroRNA。已经完善的 RPA 技术提供了其他方法无法提供的独家数据。例如，一个序列的 RPA/ 引物扩展分析已经被用来区分仅位于 5' 末端的一个核苷酸不同的杂合 MicroRNA。总之，RPA 是一种可重复的、独立的方法，为基因表达研究提供了重要信息。

（二）核糖核酸酶保护法测定胆固醇生物合成酶和 LDL 受体 mRNA 水平

核糖核酸酶保护试验（RPA）是一种快速、灵敏的 mRNA 定量分析技术。利用核糖核酸酶保护试验（RPA）可快速测定胆固醇生物合成酶和 LDL 受体 mRNA 含量。32P 标记 LDLR 基因的 cDNA 片段和体外转录制备 HMG-CoA 合成酶（HMGS）、HMG-CoA 还原酶（HMGR）、甲羟戊酸激酶（MK）、焦磷酸法尼酯合成酶（FPPS）、角鲨烯合成酶（SQS）。将 HepG2 细胞制备的总 RNA 与 cRNA 探针杂交，并在 RNase 消化下检测杂交 mRNA。在总 RNA 中测定目的 mRNA 需使用高浓度的探针，多余的探针在标准条件下使用 RNase 完全消化。当细胞培养在添加有 10% 胎牛血清（FCS）的 DMEM 培养基中，FPPS、SQS 和 LDLR 的 mRNA 水平高于 HMGS、HMGR、MK4～7 倍。在添加有 10% 缺乏脂蛋白血清（LPDS）的 DMEM 培养基中孵化 8 h，所有 mRNA 水平增加 1.5～3.5 倍。此外，当向 HMG-CoA 还原酶抑制剂康帕丁中加入 10% LPDS-DMEM 时，这些水平会进一步升高，酶与 LDLR mRNA 水平的变化似乎不同。因此，RPA 是一个有用的方法，用以确定非常少量的 mRNA 水平的胆固醇生物合成酶和 LDLR 的细胞。

第三节 QuantStudio 3D 数字 PCR 技术

一、技术介绍

QuantStudio 3D 数字 PCR 系统是一款市场上最新的 dPCR 仪器，它能对目标 DNA 分子做出绝对定量并且提供无与伦比的准确度、精密度和灵敏度。

QuantStudio 3D 数字 PCR 系统是一款基于芯片的仪器，它的第一代芯片能在每次运行中最多产生 20 000 个 0.8 nL 液滴，满足了目前大部分数字 PCR 应用的需求。此外，仪器还具有很好的可扩展性，未来的芯片容量将呈指数增长，满足不断增长的研究需求。数字 PCR 可实现灵敏且精确的绝对靶位点定量，无须使用参照或标准曲线，所以能应用于新的领域。研究人员现在不仅可以获得 CT 值，还可以实现绝对定量，包括小概率事件检测或样本中的精确靶点计数。

简单、经济实惠且规模可拓展的 QuantStudio 3D 数字 PCR 系统使所有研究人员均可使用数字 PCR。

二、技术原理

QuantStudio 3D 数字 PCR 系统主要采用当前分析化学热门研究领域中的微流控或微滴化方法，将大量稀释后的核酸溶液分散至芯片的微反应器或微滴中，每个反应器的核酸模板数少于或者等于 1 个。数字化方法可从样本中分离总 RNA 和特异性逆转录的 MicroRNA（这是 cDNA 预扩增的一个可选步骤），最后使用能特异识别目的 MicroRNA 的 FAM 探针在芯片上进行 PCR。经过 PCR 循环之后，有一个核酸分子模板的反应器就会给出荧光信号，没有模板反应器就不会发出荧光信号。根据相对比例和反应器的体积，就可以推算出原始溶液的核酸浓度。

三、技术方法

（一）试剂

1. mirVana MicroRNA 分离成分

（1）MicroRNA 洗液 1：在 MicroRNA 洗液 1 中加入 21 mL 100% 乙醇，混合均匀，并常温保存。

（2）MicroRNA 洗液 2 和 3：在 MicroRNA 洗液 2、3 中加入 40 mL 100% 乙醇，混合均匀，并常温保存。

（3）细胞裂解缓冲液：储存于 4 ℃环境。

（4）2× 变性溶液：在使用前加入 2- 巯基乙醇 375 μL，混合均匀。储存于 4 ℃环境，使用前要预热至室温。

（5）酸 – 酚氯仿：储存于 4 ℃环境。

（6）洗脱液：可保存于任何温度（20 ℃、4 ℃或室温）。

（7）收集管和过滤筒。

2. TaqMan MicroRNA 逆转录成分

需要准备 10 RT 缓冲液、dNTP 混合物 /dTTP（总共 100 mmol/L）、核糖核酸酶抑制剂（20 U/μL）、MultiScribe RT 酶（50 U/μL）以及 200 反应体系。储存在 15 ℃至 25 ℃环境。

定制 RT 引物池：准备 RT 引物池小份，在 1.5 mL 离心机中加入 5×RT 引物 25 μL。在 50 ℃ 的真空环境中干燥管子 1 h，100 μL 无核酸酶水中重新悬浮引物。

3. TaqMan MicroRNA 预扩增

需要准备 TaqMan 预放大混合物（2×）、定制预放大引物池、无核酸酶水、1× TE Buffer。

4. 数字 PCR

需要准备 QuantStudio 3D 数字 PCR 芯片 Lid v2、QuantStudio 3D 数字 PCR 样品加载叶片、QuantStudio 3D 数字 PCR 芯片 v2、浸液注射器、QuantStudio 3D 数字 PCR 混合物 v2。

（二）器材

加热器（温度为 95～100 ℃）、微型离心机（至少 10 000 g）、真空扩增仪（通过滤芯将溶液抽出）、无核酸酶的 1.5 mL 或 0.5 mL 聚丙烯微量离心管、可调吸管、无核酸酶的喷嘴、组织匀浆器（用于固体组织样本）、基因 AMPPCR 系统 9700 热循环仪、QuantStudio 3D 数字 PCR 热垫、QuantStudio 3D 数字 PCR 芯片适配器、ProFlex 2 平板 PCR 系统、QuantStudio 3D 倾斜底座、QuantStudio 3D 数字 PCR 仪、QuantStudio 3D 数字 PCR 芯片加载器以及 QuantStudio 3D 分析配套软件。

（三）RNA 提取

使用 mirVana PARIS 试剂盒从细胞或生物体液 / 血浆中提取总 RNA。

（1）选取 200 μL 生物体液 / 血浆或颗粒细胞（细胞裂解使用适量冰冷的细胞裂解缓冲液）。重要的是，5 fmol / μL 库存管（试剂盒）添加到每个样本 5 μL cel-mir-39 的样本。

（2）在室温下加入等量的 2× 变性溶液，在冰上孵育 5 min。

（3）加入一定体积的酸 - 酚：氯仿等于样品的总体积加上 2× 变性溶液。旋涡混合，然后在室温下 10 000 g 离心 5 min，将混合物分离成水相和有机相。

（4）在不干扰下相的情况下，小心地取出上相，并将其转移到一个新的管中。

（5）向水相中加入 1.25 体积的室温 100% 乙醇，充分混合。

（6）对于每个样品，将滤芯放入收集管中。吸取 700 μL 混合物在滤筒。然后，离心 30 s，在 10 000 g 下，弃上清液。然后重复，直到所有的混合物都通过过滤器。收集管留到清洗步骤。

（7）在滤芯中加 700 μL MicroRNA 洗液 1，然后 10 000 g 离心 30 s。丢弃通流滤芯，并在同一收集管中更换滤芯。

（8）取 500 μL 清洗液通过滤芯（和前面的步骤一样）。重复两次。丢弃上次清洗过的滤芯后，将滤芯更换到同一收集管中，并以 10 000 g 的速度旋转组件 1 min，以去除滤芯中的残留液体。

（9）将滤芯转移到新的收集管中。添加 50 μL 洗脱缓冲，预热至 95 ℃，10 000 g 离心 30 s 以恢复 RNA。收集洗脱液，储存在 80 ℃环境中。

（四）逆转录 PCR（RT-PCR）

利用 TaqMan MicroRNA 逆转录试剂盒和定制的 TaqMan RT 引物池，将目的 MicroRNA 转化为 cDNA，进行特异的多重逆转录反应。

（1）每个样品的成分为 3 μL 或 100 ng 的总 RNA 与 6 μL 定制 TaqMan RT 引物池，0.30 μL dNTP 混合物与 dTTP（100 mmol/L），3 μL 多筛 RT 酶（50 U/μL），1.50 μL RT 10× 缓冲液，0.19 μL 核糖核酸酶抑制剂（20 U/μL）和 2 μL ddH2O

（2）热循环条件分别为 16 ℃，30 min；42 ℃，30 min；85 ℃，5 min。

（3）用 180 μL 的水稀释 RT 产物（不用于预扩增步骤）。

（五）预扩增（可选）

cDNA 的预扩增是一个可选步骤，但对于生物体液 / 血浆或外泌体来说是必不可少的。使用 TaqMan 预放大试剂和定制的 TaqMan 预放大引物池进行预放大反应。

（1）2.5 μLcDNA 与 12.5 μLTaqMan 预扩增试剂 2× 混合，3.8 μL 定制 TaqMan 预放大引物池和 6.3 μLddH$_2$O。

（2）热循环条件分别为 95 ℃，10 min；55 ℃，2 min；72 ℃，2 min；然后在 95 ℃下 15 s 内进行 12 个循环，60 ℃下保持 4 min，最后在 99.9 ℃下放置 10 min。

（3）用 175 μL 0.1 TE 缓冲稀释预扩增产物。

（六）数字芯片 PCR

（1）2.25μL cDNA（RT 或预扩增产物）与 3.75μL 无核酸酶的水混合，7.50μL QuantStudio 3D 数字 PCR 混合，0.75μLTaqMan MicroRNA。

（2）在加载刀片上添加样品混合物（15μL），并使用 QuantStudio 3D 数字 PCR 芯片加载程序将其自动加载到芯片上。

（3）装填完毕后，慢慢加入几滴浸泡液，覆盖整个表面。

（4）加载样本后，芯片必须使用注射器注入浸泡液，并使用 QuantStudio 3D 数字 PCR 芯片盖密封。

（5）在 Proflex™2× 平板 PCR 系统上进行 PCR 反应，程序如下：96℃，10 min，然后循环 40 次（56℃下 2 min，98℃下 30 s）和最终 60℃保持 2 min。

（七）芯片分析

在 PCR 反应后，必须读取和分析 QuantSudio™ 3D 数字 PCR 20K 芯片（Thermo Fisher Scientific），才能获得目的 MicroRNA 的绝对定量。

（1）分析之前，芯片表面必须干净，因此必须使用低绒布擦拭去除任何冷凝液或浸泡液。

（2）使用 QuantStudio™ 3D 仪器执行成像，初步读取和分析芯片。

（3）通过 QuantSudio™三维分析软件执行二次分析生成绝对量化的原始成像数据结果。

四、注意事项

（1）如果 MicroRNA 洗液 1 存放时间超过 1 个月，则应在 4℃下存放。使用前达到室温。这种缓冲液含有胍硫氰酸盐，是一种潜在的危险物质，应谨慎使用。

（2）洗涤液中可能形成结晶沉淀物，因为溶液中产生了过量的 EDTA，所以推荐使用前 1 天制备。

（3）2× 变性溶液在使用前加热至 37℃。2× 变性溶液在 4℃时容易沉淀。使用前，将溶液加热到 37℃，偶尔搅拌，直到完全溶解。

（4）酸 – 酚氯仿含有苯酚，是一种刺激性毒物，使用该试剂时需要戴上手套和其他个人防护设备。

（5）合成的线虫 cel-miR-39 被用作对照组，加入具有 5 μL 血浆样品的 5 fmol/μL 储备管。

（6）要在生物体液中检测 MicroRNA，必须使用固定体积为 3 μL 的总 RNA，因为它不能使用纳米滴仪器进行精确定量。

（7）当目标已知时，确定最佳稀释度。否则，多次的分装可能会得到多重拷贝，降低对 MicroRNA 复制的准确估计。

（8）装载和密封芯片时务必戴手套，不要触摸芯片表面。

（9）在叶片上装载样品时避免产生气泡。

（10）为避免蒸发，应用芯片盖，并在加载芯片后立即注入浸泡液。

（11）为了得到精确的量化，我们建议阈值为 10 000 填充 QT 点，用来控制芯片的质量。

五、技术应用

（一）数字 PCR 技术的应用

MicroRNA（miRNA）是一种新的有前途的循环肿瘤检测生物标志物，但由于对数据归一化方法缺乏共识，因此影响了循环 MicroRNA 的诊断潜力。人们对能绝对定量 MicroRNA 的技术越来越感兴趣，这种技术有助于疾病的早期诊断。近年来，以液滴生成为主的数字 PCR 技术成为一种价格低廉的核酸精确绝对定量技术。数字 PCR 在低水平病原菌的检测和定量、罕见的遗传序列、拷贝数变异（CNVs）、单细胞基因表达和循环 MicroRNA 表达的定量等方面具有广泛的应用前景。QuantStudio 3D 数字 PCR 技术对不同类型样本（血浆、组织和细胞）中的 MicroRNA 水平进行量化，并对组成癌症的 24 种诊断特征 MicroRNA 具有潜在的实用价值，可用于不同正常或病理条件下 MicroRNA 水平的定量分析。鉴于其重现性和可靠性，可应用于其他生物样品中 MicroRNA 的鉴定和定量，如循环外泌体或蛋白复合物。

基于芯片的 dPCR 可以评估目标分子的总拷贝数，而不需要标准曲线促进定量的标准化。特别是基于芯片的数字 PCR 显示了一种检测低等位基因频率突变的合适技术，因为样本的分割减少了野生型背景信号，提高了检测的准确性。

（二）JAK2 V617F 突变的检测

2005 年在费城阴性骨髓增生性肿瘤（MPN）患者中检测到获得性突变 JAK2 V617F，包括真性红细胞增多症（PV）、原发性血小板增多症（ET）和原发性骨髓纤维化（PMF），这一发现彻底改变了 MPN 诊断方法。该突变发生在 95% 以上的 PV 病例和 50% ～ 60% 的 ET 或 PMF 患者中。因此，JAK2 V617F 突变的存在已成为世界卫生组织（WHO）对这些疾病分类的主要诊断标准。随后的研究表明，不同的 MPN 表型具有不同的突变负荷：ET 患者的等位基因负担最低（<50%），PV 和 PMF 处于中等水平，而 PV 后骨髓纤维化患者的等位基因负担最高。因此，在 MPN 诊断中，等位基因负担的测量可能有助于区分不同的 MPN 类型：当等位基因负担大于 50% 时，可能存在隐藏的 PV 或骨髓纤维化进展。JAK2 等位基因负担可能也具有预后意义，因为它与 MPN 患者的临床终点相关。

ET 或 PV 住院患者的高等位基因负担与血栓事件和骨髓纤维化转化的风险增加有关。另外，在 PMF 患者中，较低的等位基因负担（25%）与较低的生存率相关，这可能是由于白血病转化或全身感染的增加。此外，JAK2 V617F 定量被用来评估 PV 患者等位基因负担显著减少的治疗效果（聚乙二醇干扰素 α–2a 治疗）。因此，JAK2 V617F 等位基因负担的量化可作为 MPN 患者预后及药物治疗的指标。

在定量 JAK2 V617F 等位基因负担的几种技术中，人们认为等位基因特异性实时定量聚合酶链反应（AS-qPCR）是最可靠、最敏感的方法。最近，我们发现用于体外诊断的定量 JAK2 等位基因负担的 AS-qPCR 试剂盒与基于芯片的数字 PCR（dPCR）的 QuantStudio 3D 数字 PCR 系统之间有很高的相关性，该系统的灵敏度可以检测到低于 0.1% 的 JAK2 V617F 等位基因负担。通过 AS-qPCR 得到的结果的准确性和重现性在很大程度上取决于用于定量目标分子的标准。相比之下，基于芯片的 dPCR 可以评估目标分子的总拷贝数，而不需要标准曲线促进量化的标准化。特别是基于芯片的数字 PCR 是一种检测等位基因低突变率的合适技术，因为样本的分割减少了野生型背景信号，提高了检测的准确性。因此，基于芯片的 dPCR 技术非常适合于 JAK2 V617F 等位基因负担的检测。

QuantStudio 3D 数字 PCR 系统平台由 GeneAmp 9700 热循环仪（包括芯片适配器工具）、自动芯片装载机和 QuantStudio 3D 仪器组成。QuantStudio

3D 数字 PCR 20K 芯片由 2 万个独立的分区组成，每个分区都是一个用于单个 PCR 反应的腔体。基因组 DNA（gDNA）样本被稀释到一个有限的量，因此大多数 PCR 反应要么包含 0 个 DNA 分子，要么包含 1 个 DNA 分子。数字 PCR 是一种基于 75 外切酶试验的终点分析方法，使用针对突变的荧光 TaqMan 探针进行检测。目标的绝对量化由泊松统计量计算，基于不含 DNA 的负分区数。将稀释后的 gDNA 样品与预混引物、探针和 PCR 母料混合后，将 PCR 反应混合料装入芯片，芯片再放入 PCR 机中进行反应。之后，将芯片置于 QuantStudio 3D 仪器，使用 QuantStudio 3D AnalysisSuite 软件读出荧光信号并进行数据分析。我们观察到它能定量检测 JAK2 V617F 突变体的流行率低至 0.1%，达到对残留疾病监测的敏感性。重要的是，使用额外的芯片可以进一步提高灵敏度，这些数据由软件聚合在一个芯片上并进行分析。因此，基于芯片的数字 PCR 技术是检测和定量 JAK2 V617F 等位基因负担的合适技术。

第四节　LncRNA 技术

长链非编码 RNA（long non-coding RNA，lncRNA）是长度大于 200 个核苷酸的非编码 RNA。研究表明，lncRNA 在剂量补偿效应（dosage compensationeffect）、表观遗传调控、细胞周期调控和细胞分化调控等众多生命活动中发挥重要作用，成为遗传学研究热点。lncRNA 通常较长，具有 mRNA 样结构，经过剪接，具有 poly（A）尾巴与启动子结构，分化过程中有动态的表达与不同的剪接方式。lncRNA 启动子同样可以结合转录因子，如 Oct3/4、Nanog、CREB、Sp1、c-myc、Sox2 与 p53，局部染色质组蛋白同样具有特征性的修饰方式与结构特征。大多数的 lncRNA 在组织分化发育过程中都具有明显的时空表达特异性，如有人针对小鼠的 1300 个 lncRNA 进行研究，发现在脑组织中的不同部位，lncRNA 具有不同的表达模式。在肿瘤与其他疾病中有特征性的表达方式。其在序列上保守性较低，只有约 12% 的 lncRNA 可在人类之外的其他生物中找到。

第五节　RNA 结合蛋白免疫沉淀技术

一、技术介绍

RNA 结合蛋白免疫沉淀技术又被称为 RIP（RNA immunoprecipitation），其能帮助人们分析与 RNA 结合蛋白相关的核酸，是了解转录后调控网络动态过程的有力工具，也是帮助我们发现 MicroRNA 的调节靶点。RIP 这种新兴的技术运用针对目标蛋白的抗体把相应的 RNA- 蛋白复合物沉淀下来，然后经过分离纯化对结合在复合物上的 RNA 进行分析。

RIP 可以看作普遍使用的染色质免疫沉淀 ChIP 技术的类似应用，但由于研究对象是 RNA- 蛋白复合物而不是 DNA- 蛋白复合物，RIP 实验的优化条件与 ChIP 实验不太相同（如复合物不需要固定，RIP 反应体系中的试剂和抗体绝对不能含有 RNA 酶，抗体需要经 RIP 实验验证，等等）。RIP 技术下游结合 microarray 技术被称为 RIP-Chip，其可以帮助我们更高通量地了解癌症以及其他疾病整体水平的 RNA 变化。

二、实验原理

（1）用抗体或表位标记物捕获细胞核内或细胞质中内源性的 RNA 结合蛋白。

（2）防止非特异性的 RNA 的结合。

（3）免疫沉淀把 RNA 结合蛋白及其结合的 RNA 一起分离出来。

（4）结合的 RNA 序列通过 microarray（RIP-Chip）、定量 RT-PCR 或高通量测序（RIP-Seq）方法鉴定。

三、技术方法

（一）细胞裂解液获取

1. 单层细胞或者贴壁细胞处理

（1）冷 PBS 清洗培养皿或培养瓶中的细胞两次。

（2）加入冷 PBS 后用细胞刮将细胞刮下来，收集至 enpendoff 管。

（3）1500 r/min，4 ℃离心 5min，弃上清，收集细胞。

（4）用与细胞等体积的 RIP 裂解液重悬细胞，吹打均匀后于冰上静置 5 min。

（5）每管分装 200 μL 细胞裂解液，贮存于 –80 ℃。

2. 悬浮细胞处理

先收集细胞再计数，然后清洗裂解。

3. 组织样品处理

（1）冷 PBS 清洗新鲜切下的组织三次。

（2）加入冷 PBS 后，用匀浆器或其他细胞分离设备使组织分散为单个细胞，计数。

（3）1500 r/min，4 ℃离心 5 min，弃上清，收集细胞。

（4）用与细胞等体积的 RIP 裂解液重悬细胞，吹打均匀后置于冰上静置 5 min。

（5）每管分装 200 μL 细胞裂解液，贮存于 –80 ℃。

（二）磁珠的准备

1. 实验前准备

（1）准备 enpendoff 管。

（2）准备磁力架。

（3）准备冰盒，RIP Wash Buffer 置于冰上。

（4）将抗体置于冰上。

（5）准备涡旋振荡器。

（6）枪、枪头放于超净台照射 30 min，枪喷 DEPC 水。

2. 磁珠准备过程

（1）重悬磁珠。

（2）标记实验所需的 enpendoff 管，样品包括目的样品、阴性对照与阳性对照。

（3）吸取 50 μL 重悬后的磁珠悬液于每个 enpendoff 管。

（4）每管加入 500 μL RIP Wash Buffer，涡旋震荡。

（5）将 enpendoff 管置于磁力架上，并左右转动 15°，使磁珠吸附成一条直线，去上清，重复一次。

（6）用 100 μL 的 RIP Wash Buffer 重悬磁珠，加入约 5 μg 相应抗体于每个样品中。

（7）室温孵育 30 min。

（8）将 enpendoff 管置于磁力架上，弃上清。

（9）加入 500 μL RIP Wash Buffer，涡旋震荡后弃上清，重复一次。

（10）加入 500 μL RIP Wash Buffer，涡旋震荡后置于冰上。

（三）RNA 结合蛋白免疫沉淀

1. 准备工作

准备工作如下。

（1）冰盒。

（2）360° 旋转仪。

（3）RIP Wash Buffer、0.5M EDTA、RNase Inhibitor 置于冰上。

2. RNA 结合蛋白免疫沉淀实验过程

（1）准备 RIP Immunoprecipitation Buffer。

（2）将上步中 enpendoff 管放磁力架上，去上清，每管加入 900 μL RIP Immunoprecipitation Buffer。

（3）迅速解冻第一步制备的细胞裂解液，14 000 r/min，4 ℃离心 10 min。吸取 100 μL 上清液于上一步的磁珠 – 抗体复合物中，使总体积为 1 mL。

（4）4 ℃孵育 3 h 至过夜。

（5）短暂离心，将 enpendoff 管放在磁力架上，弃上清。

（6）加入 500 μLRIP Wash Buffer，涡旋震荡后将 enpendoff 管放在磁力架上，弃上清，重复清洗 6 次。

（四）RNA 纯化

1. 实验前准备

实验前需做如下准备。

（1）枪、枪头、enpendoff 管紫外照射 30 min，喷 DEPC 水以除 RNA 酶。

（2）Salt Solution Ⅰ、Salt Solution Ⅱ、RIP Wash Buffer、Proteinase K、10%SDS、Precipitate Enhancer 置于冰上。

（3）RNase-free 的乙醇、氯仿、异戊醇。

（4）DEPC 水置于冰上。

（5）离心机预冷。

（6）冰盒。

2.RNA 纯化过程

（1）准备 Proteinase K Buffer。每个样品需 150μL。

（2）用 150μL Proteinase K Buffer 重悬上述磁珠 – 抗体复合物。

（3）55 ℃孵育 30 min。

（4）孵育完之后，将 enpendoff 管置于磁力架上，将上清液吸入一新的 enpendoff 管中。

（5）于每管上清液中加入 250μL RIP Wash Buffer。

（6）于每管加入 400μL 苯酚、氯仿、异戊醇，涡旋震荡 15 s，室温下 14 000 r/min 离心 10 min。

（7）小心吸取 350μL 上层水相，吸入另一新的 enpendoff 管。

（8）于每管加入 400μL 氯仿，涡旋震荡 15 s，室温下 14 000 r/min 离心 10 min。

（9）小心吸取 300μL 上层水相，吸入另一新的 enpendoff 管。

（10）每管加入 50μLSalt Solution Ⅰ、15μLSalt Solution Ⅱ、5μLPrecipitate Enhancer，850μL无水乙醇（无 RNase），混合，–80 ℃保持 1 h 至过夜。

（11）14 000 r/min，4 ℃离心 30 min，小心去上清。

（12）用 80% 乙醇冲洗一次，14 000 r/min，4 ℃离心 15 min，小心去上清，空气中晾干。

（13）10～20μL DEPC 水溶解，–80 ℃保存，送测序。

四、注意事项

（1）防止 RNA 与蛋白非特异性结合。

（2）避免 RNA 蛋白质结合被破坏。

（3）避免外源 RNase 污染。

（4）抑制内源 RNase 的活性。

（5）选择适合做 RIP 的抗体。

（6）避免 RNA 结合蛋白的降解。

五、技术应用

近几十年来，RNA 结合蛋白在表观遗传调控中的作用受到越来越大的重视。特别是非编码 RNA 在染色质环的形成、染色质修饰剂的招募和依赖 RNA 的 DNA 甲基化中发挥了重要作用。在植物中，特异性 RNA 蛋白相互作用的鉴定正在兴起，这得益于植物组织特异性方法的发展。我们提出了一种适用于拟南芥的简单的为期一天的 RNA 免疫沉淀（RIP）方法（适用于识别与植物蛋白相关的 RNA）。RIP 用来检测 RNA 蛋白在体内的相互作用，包括目标蛋白的免疫沉淀（IP），然后纯化相关的 RNA。与染色质免疫沉淀（ChIP）不同的是，蛋白质 DNA 相互作用通常使用化学固定剂（如甲醛）进行交联，而 RIP 样品不采用化学固定。RIP 样品可以在没有任何交联（天然条件）的情况下进行处理，或者为了检测不太稳定的相互作用，获得更好的结合位点指示，可以通过 UV 交联保存 RNA 蛋白复合物。目前，从植物组织中提取仍然是一项不成熟的技术，所以进一步优化是可取的，以建立最佳的交联条件，并测试不同的交联试剂/程序与不同的植物组织。

众所周知，RNA 结合蛋白（RNA Binding protein，RBP）在真核细胞的转录起始、终止和 RNA 剪接中发挥着重要的作用。越来越多的对 RNA 蛋白相互作用的研究与基因特异性表达调控有关。近年来的研究表明，lncRNA 可参与色素修饰复合物的募集和染色质环的开放。目前，仅有少数研究探讨了 lncRNA 在植物调控特定基因表达中的作用，揭示了 lncRNA 在破坏基因循环中的作用。识别色素修饰复合物与 RNA 相互作用的一种合适方法是 RNA 免疫沉淀（RIP）。抗体应该特异地沉淀目标蛋白质。由于并不总是有足够的抗体，RIP 常常通过目标蛋白与肽标签（如 GFP）的翻译融合来实现，然后将嵌合蛋白引入相应的突变背景中，使 RIP 具有商业可用的抗体（如抗 GFP）。如果采用这种方法，则需要在 RIP 前对融合蛋白进行评估，以确认其功能完全，可以替代原蛋白。由于针对天然蛋白质的肽抗体越来越多地从不同的公司获得，RIP 在不需要产生转基因品系的情况下变得更加可能。其与 ChIP 方法的另一个重要区别是目标分子的稳定性。虽然 DNA 不易降解，但 RNases 在生物样品中普遍存在，是常见的污染物。因此，抑制 RNase 活性以保护 RNA 免受降解是本方案的关键。免疫沉淀后，RNA 必须逆转录，然后通过定量 PCR（qPCR）或高通量测序进行评估。qPCR 可用于检测特定 RNA 在免疫沉淀后是否富集，需要预先了解预期的相互作用。另外，更昂贵的高通量测序提供了与目标蛋白免疫沉淀的所有转录本的全球图像，从中可能有新的发现。在这里，我们提出了一个简单的 RIP 分析方法，可以在 1 天内执行。该方案包括组织取样、蛋白质 RNA 提取、免疫沉淀和随后的蛋白质 RNA 复合物洗脱。RNA、逆转录以及特定 RNA 的富集可以通过 qPCR 或高通量分析进行检测。

第六节　RNA pull-down 实验技术

一、技术介绍

RNA pull-down 是检测 RNA 结合蛋白与其靶 RNA 之间相互作用的主要实验手段之一。RNA pull-down 使用体外转录法标记生物素 RNA 探针，然后在胞浆蛋白提取液中孵育，形成 RNA- 蛋白质复合物。该复合物可与链亲和素标记的磁珠结合，从而与孵育液中的其他成分分离。复合物洗脱后，通过 Western Blot 实验检测特定的 RNA 结合蛋白是否与 RNA 相互作用。

二、技术原理

RNA 沉降主要是检测蛋白质与 RNA 之间的相互作用。先把已知序列的 RNA 做好标记（如 biotin），依靠这个标记将 RNA 固定到某珠子（Beads）上，再和含有蛋白质的物质，如细胞裂物共孵育，之后去掉与 RNA 作用的上清。收集从珠子上洗下来的蛋白质，如果蛋白质是未知的，则要去做质谱鉴定；如果想知道是不是某蛋白质，则要做 Western Blot 鉴定。

三、技术流程

（一）质粒转化、涂板、摇菌

（1）取 JM109 感受态细菌 80 μL，加入 1.5 mLEP 管中，用 10 μL 枪头蘸取质粒加入上述 EP 管中，混匀。

（2）冰上静置 30 min。

（3）42 ℃热休克 90 ～ 120 s。

（4）迅速移至冰上静置 2 min。

（5）在超净台内，于上述 EP 管中加入 50 μ LLB 培养基（Amp-），37 ℃，160 r/min 摇床，增菌 0.5 ～ 1 h。

（6）菌液 4000 r/min 离心 10 min，弃大部分上清，将沉淀重悬，菌液全部加入 LB 平板（Amp+）上，涂布均匀，37 ℃倒置培养（过夜 12 ～ 15 h）。

（7）将 37 ℃培养（12 ～ 16 h）平板取出，于无菌操作台中挑取单克隆放入内含 5 mL LB 培养基（Amp+）的 15 mL 离心管中，于 37 ℃、250 r/min 摇床增菌过夜 18 h，看菌液是否混浊。菌液混浊后进行质粒中提。

（二）质粒中提（TIANGEN，DP107-02）

（1）柱平衡：向吸附柱 CP3 中（吸附柱放入收集管中）加入 500 μL 的平衡液 BL，12 000 r/min 离心 1 min，尽量吸除上清。

（2）取 1.5 mL 过夜培养的菌液，加入离心管中，使用常规台式离心机，12 000 r/min 离心 1 min，尽量吸除上清。

（3）向留有菌体沉淀的离心管中加入 250 μL 溶液 P1 使用移液器彻底细菌沉淀。

（4）向离心管中加入 250 μL 溶液 P2，温和的上下翻转 6 ～ 8 次使菌体充分裂解。

（5）向离心管中加入 350 μL 溶液 P3，立即温和的上下翻转 6 ～ 8 次，充分混匀，此时将出现白色絮状沉淀，12 000 r/min，离心 10 min，此时在离心管底部形成沉淀。

（6）将上一步收集的上清液用移液器转移到吸附柱 CP3 中，12 000 r/min，离心 30 ～ 60 s，倒掉收集管中的废液，将吸附柱 CP3 放入收集管中。

（7）向吸附柱 CP3 中加入 500 μL 去蛋白液 PD，12 000 r/min 离心，离心 30 ～ 60 s，倒掉收集管中的废液，将吸附柱 CP3 重新放回收集管中。

（8）向吸附柱 CP3 中加入 600 μL 去蛋白液 PW，12 000 r/min 离心，离心 30 ～ 60 s，倒掉收集管中的废液，将吸附柱 CP3 重新放回收集管中。重复一次。

（9）将吸附柱 CP3 重新放回收集管中，12 000 r/min 离心 2 min。

（10）将吸附柱 CP3 置于一个干净的离心管中，向吸附膜的中间部位滴加 50 μL 洗脱缓冲液 EB，室温放置 2 min，12 000 r/min 离心 2 min，将质粒溶液收集到离心管中，放冰盒，测浓度。

（三）质粒线性化

本实验使用的酶为 Biolabs 的重组酶 Kpn I 。
酶切后进行跑胶。

（四）琼脂糖凝胶电泳

（1）配胶（成分：琼脂糖粉、TBE、ddH$_2$O，少量 EB）。

（2）TBE 与 H$_2$O 混合加入放好琼脂糖粉的锥形瓶中，摇匀，放入微波炉加热 1 ～ 2 min。

（3）滴加少量 EB，于锥形瓶中摇匀。

（4）倒入胶板中，插入梳子，待琼脂糖凝固。

（5）小心拔掉梳子，取 10 μL 样品加入 1 μL 的 10×LoadingBuffer 缓缓加入点样孔，并在最右边的点样孔加 5 μLDNAmaker。

（6）接通电源。

（7）电泳完毕，关闭电源。从胶模中取出琼脂糖凝胶，于紫外灯下切下目的条带。

（五）胶回收（天根，DP214-02）

（1）向吸附柱 CB2 中加入 500 μL 平衡液 BL，12 000 r/min 离心 1 min，倒掉收集管中的废液，将吸附柱重新放回收集管中。

（2）将单一的目的 DNA 条带从琼脂糖凝胶中切下放入干净的离心管中，称取重量。

（3）向胶块中加入等倍体积溶液 PC，50 ℃水浴放置 10 min 左右，其间不断地上下翻转离心管，以确保胶块充分溶解。

（4）将上一步所得溶液加入一个吸附柱 CB2 中，12 000 r/min 离心 1 min，倒掉收集管中的废液，将吸附柱 CB2 放入收集管中。

（5）向吸附柱 CB2 中加入 600 μL 漂洗液 PW，12000 r/min 离心 1 min，倒掉收集管中的废液，将吸附柱 CB2 放入收集管中。

（6）重复操作步骤（5）。

（7）将吸附柱 CB2 放入收集管中，12 000 r/min 离心 2 min，尽量除去漂洗液。将吸附柱置于室温放置数分钟，彻底晾干。

（8）将吸附柱 CB2 放入一个干净的离心管中，向吸附膜中间位置悬空滴加适量的洗脱缓冲液 EB，室温放置 2 min，12 000 r/min 离心 2 min，收集 DNA 溶液。

（六）转录以及生物素标记

（1）取无 RNA 酶管。

（2）取出孵育好的 EP 管，加入 2 μL 的 DNase I，37 ℃孵育 15 min 以除去体系中的 DNA。

（3）取出上述操作的 EP 管，加入 2 μL 0.2MEDTA（pH=8.0）终止反应。

（4）取 1 μgBiotin 标记的 RNA，加入适量 StructureBuffer，使 RNA 形成二级结构。然后将 RNA95 ℃加热 2 min，冰浴 3 min，室温静置 30 min。

（5）磁珠准备：使用 RIPWashBuffer 500 μL 冲洗磁珠 3 次。

（6）用 50 μLRIPWashBuffer 重悬磁珠，然后将其加到生物素标记并变性的 RNA 中，4 ℃过夜。

（7）过夜的混合物 3000 r/min 离心 1 min，去上清。

（8）RIPWashBuffer 冲洗 3 次，切记将液体沿壁加入或者滴加，上下缓慢翻转混匀，切勿用移液器吹打。

（9）往磁珠 –RNA 混合物中加入细胞裂解液，裂解液中加入适量 RNase 抑制剂，室温放置 1 h。

（10）将孵育好的磁珠 –RNA– 蛋白混合物低速离心，上清回收，使用 RIPWashBuffer 冲洗 3 次，1 次 1 mL。

（11）于样品中加 5×SDS 上样缓冲液，95 ℃变性 10 min，跑 SDS–PAGE 凝胶。

（12）考染：取出 SDS–PAGE 凝胶于考马斯亮蓝染色液中，摇床过夜。次日用考马斯亮蓝脱色液脱色 1 ～ 2 h，中间更换几次脱色液至条带清晰、背景低为止。

（13）将目的条带切下送测序（质谱检测）。

四、技术应用

蛋白质与 RNA 的相互作用。

RNA 结合蛋白（RNA–binding protein，RBPs）是一种与细胞中的双链或单链 RNA 结合并参与形成 RNA– 蛋白复合物的蛋白质，也是脂肪发育和功能的调节层。RBPs 可以结合多种 RNA 物种，包括 mRNA 和长链非编码 RNA（long noncoding RNAs, lncRNA），并在转录后水平发挥作用。RBPs 和 lncRNA 都是脂肪发育和功能的新型调控因子。RBP 通过影响靶 mRNA 的稳定性和翻译效率，在转录后水平的基因表达调控中发挥关键作用。RNA 下拉技术已被广泛应用于 RNA- 蛋白相互作用的研究，这对阐明 RNA- 蛋白的作用机制以及长链非编码 RNA（lncRNAs）功能具有重要意义。为了了解 RBP 和 lncRNA 介导的调控细胞通路的机制，通常有必要检测特定 RNA 分子与一个或多个 RBP 之间的相互作用，有时还需要识别 RNA 转录物的蛋白伴侣的全谱。RNA 下拉实验可用于检测 RNA 与非编码 RNA 之间的相互作用，以及 RNA 与编码 RNA 之间的相互作用。RNA 下拉实验系统沉淀 RBPs 的基础是在溶液中使用与链霉亲和素磁珠结合的生物素化 RNA 捕获相互作用的复合物，这样就可以选择性地从细胞裂解液中提取蛋白。RNA 下拉的主要优点是相对简单、易于操作。

参考文献：

[1] CRLSINA ROMERO-LÓPEZ, BARROSO-DELJESUS A, MENEDEZ P, et al. Analysis of mRNA abundance and stability by ribonuclease protection assay[J]. Methods in Molecular Biology, 2012, 809: 491-503.

[2] SHIMOKAWA T, KAWABE Y, HDNDA M, et al. Determination of mRNA levels of cholesterol biosynthesis enzymes and LDL receptor using ribonuclease protection assay[J]. Journal of Lipid Research, 1995, 36（9）: 1919-24.

[3] BORZI C, CALZOLARI L, CONTE D, et al. Detection of microRNAs Using Chip-Based QuantStudio 3D Digital PCR[J]. Methods in Molecular Biology, 2017, 1580: 239-247.

[4] DACIDE, CONTE, CARLA, et al. Novel method to detect microRNAs using chip-based QuantStudio 3D digital PCR[J]. BMC Genomics, 2015, 16: 849.

[5] KINZ E, MUENDLEIN A. Quantitation of JAK2 V617F Allele Burden by Using the QuantStudio™ 3D Digital PCR System[J]. Methods in Molecular Biology, 2018, 1768: 257-273.

[6] MERMAZ B, LIU F, SONG J. RNA Immunoprecipitation Protocol to Identify Protein-RNA Interactions in Arabidopsis thaliana[J]. Methods in Molecular Biology, 2018, 1675: 331-343.

第四章 蛋白质与蛋白质相互作用技术

第一节 免疫共沉淀技术

一、技术介绍

细胞裂解物中加入抗体，这样可与已知抗原形成特异的免疫复合物，若存在与已知抗原相互作用的蛋白质，则免疫复合物中还应包含这种蛋白质，经过洗脱，收集免疫复合物，然后分离该蛋白质，对该蛋白质进行 N 端氨基酸序列分析，推断出相应的核苷酸序列。将包含活性物质的组织或细胞构建成 cDNA 文库，以上述核苷酸序列为探针从 cDNA 文库中分离出 cDNA 克隆。

二、方法

（1）转染后 24～48 h 可收获细胞，加入适量细胞裂解缓冲液（含蛋白酶抑制剂），冰上裂解 30 min，细胞裂解液于 4 ℃，最大转速离心 30 min 后取上清。

（2）取少量裂解液以备 Western blot 分析，剩余裂解液加 1 μg 相应的抗体加到细胞裂解液中，4℃下缓慢摇晃孵育过夜。

（3）取 10 μL protein A 琼脂糖珠，用适量裂解缓冲液洗 3 次，每次 3000 r/min 离心 3 min。

（4）将预处理过的 10 μL protein A 琼脂糖珠加到和抗体孵育过夜的细

胞裂解液中，4 ℃下缓慢摇晃孵育 2～4 h，使抗体与 protein A 琼脂糖珠偶连。

（5）免疫沉淀反应后，在 4 ℃下以 3000 r/min 速度离心 3 min，将琼脂糖珠离心至管底；将上清小心吸去，琼脂糖珠用 1 mL 裂解缓冲液洗 3～4次；最后加入 15 μL 的 2×SDS 上样缓冲液，沸水煮 5 min。

（6）SDS-PAGE，Western blotting 或质谱仪分析。

三、注意事项

（1）细胞裂解采用温和的裂解条件，不能破坏细胞内存在的所有蛋白质之间的相互作用，多采用非离子变性剂（NP40 或 Triton X-100）。每种细胞的裂解条件是不一样的，需要通过经验来确定。不能用高浓度的变性剂（0.2% SDS），细胞裂解液中要加各种酶抑制剂，如商品化的 cocktailer。

（2）使用明确的抗体，可以将几种抗体共同使用。

（3）使用对照抗体：单克隆抗体，正常小鼠的 IgG 或另一类单抗；兔多克隆抗体，正常兔 IgG。

四、结果判定

（1）确保共沉淀的蛋白是由所加入的抗体沉淀得到的，而并非外源非特异蛋白，单克隆抗体的使用有助于避免污染的发生。

（2）要确保抗体的特异性，即在不表达抗原的细胞溶解物中添加抗体后不会引起共沉淀。

（3）确定蛋白间的相互作用是发生在细胞中，而不是由于细胞的溶解才发生的，这需要通过对蛋白质定位来确定。

五、免疫共沉淀技术应用

（一）肿瘤

采用免疫共沉淀的方法，从人工培养的睾丸间质瘤细胞（指定为 MA-10）中提取出 lutropin/choriogonadotropin（LH/CG）受体，对其结构进行研究。通过将人绒毛膜促性腺激素（HCG）与标记的细胞结合，使激素受体复合物溶解，凝集素层析法部分纯化复合物，并通过识别受体结合的 HCG 的抗体对复合物进行免疫沉淀。用于从免疫沉淀物中释放放射性标记受体的条件以及随后对该物质在十二烷基硫酸钠凝胶上的分析能够直接确定游离（非激素占领）LH/CG 受体的结构。对免疫球蛋白轻（L）链编码的 mRNA's 被高度纯化，用于分析 L 链中常数区和可变区的遗传表示法。在最近的报道中，建立了利用 MOPC–31C 骨髓瘤多聚体免疫沉淀产生 IgG1（k）蛋白的 L 链 mRNA 纯化方法。例如，Palmiter 所述的制备 Polysomes 的免疫沉淀和 mRNA–Polysomes 的分离。根据 Aviv 和 Leder 可从免疫沉淀的多核糖体中提取 RNA 的方法，在经过寡聚（dT）– 纤维素柱色谱法的两个循环后，通过 5% ～ 20%（w/v）蔗糖梯度沉降来分离 mRNA，合并沉淀在 16S 区域中的 RNA，并通过相同的步骤进行第二次蔗糖梯度离心。猿猴病毒 40（SV40）的大 T 抗原是一种 DNA 结合蛋白，对病毒基因组的片段具有高亲和力。为了确定 T 抗原是否也与基因组细胞 DNA 的序列结合，在严格的 DNA 结合条件下混合 T 抗原和 Sau3A 限制性小鼠 DNA，将使用 T 抗原特异性单克隆或多克隆抗体对得到的蛋白质 –DNA 复合物进行免疫沉淀，并将免疫沉淀物中的 DNA 片段克隆到质粒载体中，再选择四个质粒克隆用于插入的小鼠 DNA 片段的详细研究。

鼻咽癌细胞中 p53 相互作用蛋白质的分离与鉴定：采用免疫共沉淀与 LC2ESMS/MS 分析相结合的方法对 HNE1 细胞蛋白条带 3 鉴定的 p53 相互作用蛋白之一 HSP78 进行了验证。首次在鼻咽癌细胞中鉴定了 9 个 p53 结合蛋白，为阐明鼻咽癌中 p53 蛋白聚集及失活的机制提供了重要依据和线索。方法：在含 2 mg 细胞总蛋白的 1 mL 抽提缓冲液中，加入 1 mL 正常兔血清和 30 μLprotein G–sepherose 4B 珠子，4 ℃、振荡 2 h，9000 r/min 离心 5 min，去除珠子以消除非特异结合蛋白，保留上清液。在上清液中加入 5 μ 兔抗人 p53 抗体和 30 μLpmtein G–sepherose 4B 珠子，4 ℃，振荡过夜，9000 r/min 离心 5 min 去上清液，保留珠子。用 TBST 缓冲液洗涤含免疫复合物的珠子 4 次，每次 5 min，离心收集珠子。以 BSA 取代 p53 抗体作为对照。

人肝癌中热休克蛋白 70（HSP70）与 p53 的相互作用：用免疫组织化学染色法，从 12 例肝癌组织中筛选 HSP70 与 p53 均呈阳性表达的标本，并以免疫共沉淀法提取之，然后用 SDS–PAGE 及 Westem blot 分析双阳性标本中两种蛋白的存在形式。检测到 12 例肝癌组织中有 3 例为双阳性，用抗 HSP70 mAb 免疫共沉淀的样品，可检测到 p53 蛋白。用抗 p53 mAb 免疫共沉淀的样品也可检测到 HSP70 蛋白，证明人肝癌中 p53 与 HSP70 以复合物的形式而存在，此可为肝癌的发病机制及免疫治疗的研究提供新的思路。

（二）酶与病毒

人类 TERT（hTERT）是由 1132 个氨基酸残基组成的多肽，hTEP1 可与 p123/ Estzp 的同源蛋白 hTERT 免疫共沉淀，并和端粒酶活性有关。应用免疫共沉淀技术，验证新基因 AngRem104 和糖皮质激素受体特异延伸因子（GR—EF）蛋白在哺乳动物细胞中的相互作用，为进一步研究 AngRem104 的生理功能奠定了基础。AngRem104 是我们在血管紧张素 II 刺激人肾小球系膜细胞（MSC）增生和硬化过程中获得的上调表达新基因，全长 1690 bp，蛋白相对分子质量为 37 000，是一个多组织广泛表达的基因。肾小球系膜细胞和肾小管上皮细胞均有 AngRem104mRNA 表达。CD81 全基因序列编码蛋白可与 HBeAg 在酵母细胞中相互作用。采用体外免疫共沉淀试验测了 HBeAg 与 CD81 的相互作用，对深入了解 CD81 分子的功能及其在 HBeAg 所致肝细胞损伤上的作用奠定了基础。单克隆抗体介导的免疫沉淀蛋白质来自感染马立克氏病病毒或土耳其疱疹病毒细胞。位于感染细胞的线粒体部分中的甲病毒复制复合物 [其以 15 000 g 沉淀（P15 部分）] 用于体外合成病毒 49S 基因组 RNA，亚基因组 26S mRNA 和复制中间体（RI）。通过其体外聚合酶活性和预标记的 RI RNA 的存在鉴定的 DOC 溶解的复制复合物具有 1.25 μg/mL 的密度，大小为 20S 至 100S，并含有病毒 NSP1，NSP2，磷酸化的 NSP3、NSP4。可能还有 NSP34 蛋白。溶解结构的免疫沉淀表明非结构蛋白质复合在一起，120 kDa 的细胞蛋白质可能是复合物的一部分。

采用免疫沉淀法鉴定花椰菜花叶病毒体外的主要转译产物，用特异性血清对抗病原蛋白。针对花椰菜花叶病毒病毒脂蛋白（VmP）纯化，制备了一种高特异性的抗血清。由花椰菜花叶病毒感染萝卜叶的 19S poly（A）RNA 片段编码的一种病毒特异性体外主要翻译产物（TPmaj）被这种抗血清识别。TPmaj 的 n 端序列对应花椰菜花叶病毒基因组 VI 基因第一个同相起始密码子后的序列。VmP 和 TPmaj 都阻塞了 termini，可能是从同一个 AUG 密码子开始的。

小鼠白血病病毒多核糖体的单特异性免疫沉淀：p30 蛋白特异性人类 RNA 的鉴定。制备兔抗血清单特异性内源性结构蛋白 p30（M-MuLV），免疫沉淀在生产细胞中合成该蛋白的多核糖体。通过对纯化后的 p30 和总病毒蛋白的免疫扩散分析，判断其抗血清为 p30 蛋白的单特异性。此外，在细胞提取物存在的情况下，还可以特异性地从总病毒蛋白中析出 p30。当抗 p30 与绵羊抗兔血清联合使用时，从纯化的生产者细胞多核糖体中可沉淀出不足 1% 的 M-MuLV 特异性信使 RNA（mRNA）。然而，当抗 p30 与灭活的金黄色葡萄球菌联合使用时，病毒特异性 mRNA 会明显增多，后者具有与抗体结合的位点。当纯化的多核糖体中大约 7% 的病毒特异性 mRNA 通过免疫沉淀被恢复时，正常的血清沉淀减少了 10 倍。免疫沉淀多核糖体中的病毒特异性 mRNA 大小为 30S～35S。

呼吸合胞病毒蛋白：免疫沉淀鉴定。呼吸合胞体病毒由于其自身的不稳定性和纯化困难，其蛋白尚未得到明确的鉴定。用 [35S]- 甲硫氨酸和 [35S]- 半胱氨酸脉冲标记呼吸道合胞病毒，用聚丙烯酰胺凝胶电泳分析细胞裂解物。5 个分子量在 21 000～73 000 之间的 [35 S] 标记病毒蛋白（VP73、VP44、VP35、VP28、VP21）在背景细胞蛋白上容易识别。标记前用 0.15 mol/L 的 NaCl 处理感染细胞，抑制宿主细胞蛋白合成，使聚丙烯酰胺凝胶电泳更清晰地显示 5 种病毒蛋白。三种糖蛋白（VGP92、VGP50 和 VGP17）在标记 [3H]- 氨基葡萄糖后也被鉴定出来。其中，5 个多肽（VP51、VP44、VP35、VP28 和 VGP92）具有抗原性活性，因为在聚丙烯酰胺凝胶电泳分析之前，它们可以与新西兰白兔、棉花大鼠和人类生产的抗呼吸道合胞病毒抗体进行免疫沉淀。

免疫沉淀法分析早期和晚期 EB 病毒相关多肽。利用肿瘤启动子 TPA [12- O - 十四烷基酚 -13- 乙酸盐] 诱导 Epstein-Barr 病毒产生（人淋巴母细胞样）细胞系 P3HR-1 和 B95-8、非增殖细胞系 Raji 克隆 7 号和 NC37 号，用人血清免疫沉淀法分析早期和晚期病毒相关多肽。用 [35S]- 蛋氨酸标记生产细胞 4 天后，鉴定出 2 个分子量分别为 140 000 和 150 000 的多肽与病毒衣壳抗原（VCA+）血清反应为主。对纯化后的 Epstein-Barr 病毒的分析表明，14 万个多肽可能是包膜蛋白，而 15 万个多肽是核衣壳蛋白。在 4 h 放射性标记的生产细胞中，VCA+ 血清与另一种多肽发生免疫反应，其分子量为 130 000。免疫沉淀法从非生产细胞中提取的蛋氨酸标记细胞提取物可特异性沉淀 2 个多肽，分子量分别为 85 000 和 35 000，这 2 个多肽最有可能代表早期相关蛋白。免疫沉淀法鉴定非洲猪瘟病毒抗原蛋白。非洲猪瘟病毒是一种大型、复杂的病毒粒子，其中许多蛋白质已被生化技术鉴定。这些蛋白质很少能与从回收的猪身上提取的抗体发生反应，这导致人们猜测，某些病毒蛋白质的免疫不反应性可能解释了存活动物的免疫血清无法中和病毒，应使用放射性标记病毒蛋白的免疫沉淀来更详细地检查这些血清。梯度硫酸十二烷基钠聚丙烯酰胺凝胶电泳分析这些免疫沉淀显示，至少 37 种病毒蛋白参与了该系统的抗原 - 抗体反应。在不同的病毒分离株之间、在不同细胞中生长的同一分离株之间、适应 Vero 细胞的分离株和不适应这些细胞的分离株之间，一些免疫可沉淀蛋白的分子量存在差异。

（三）信号转导

信号转导途径可能涉及一个或多个残基的蛋白磷酸化。磷酸化的检测涉及放射性无机磷酸盐的标记、随后的免疫沉淀与适当的抗体、黏附细胞和非黏附细胞的标记条件，以及从这些细胞中制备用于免疫沉淀的裂解物。该标记方法适用于标记细胞的其他磷酸化组分，但对其检测还需要借助其他方法。例如，P（I）标记和裂解培养细胞用于后续的蛋白质免疫沉淀。该方法适用于昆虫、鸟类和哺乳动物细胞，可用于粘黏和非黏附培养。P（I）标记附着细胞或非附着细胞（如造血细胞）随后在洗涤剂缓冲液中溶解。通过免疫共沉淀证实了黑色素瘤相关抗原 MAAT1p15 与 LRP6 之间的相互作用，LRP6 为 wnt 受体的胞内区，MAAT1p15 对 Wnt 信号通路传导有协同激活作用，提示 M 从 T1p15 可能参与 Wnt 信号通路对黑色瘤的发生和转移过程的促进性调节作用。促分裂原活化蛋白激酶（mitogen—activated pmtein kinase，MAPK）在植物的胁迫反应应答方面占有重要地位。在确定 MAPK 级联途径中有关激酶的种类时，特别是在与其余相似的激酶进行区分时，免疫沉淀法是一种微量、灵敏和特异性强的检测方法，得到了广泛的应用。MAPK 性抗体是通过识别双磷酸化的苏氨酸 – 谷氨酸 – 酪氨酸三肽模体 pTEpY 而发生免疫结合的。使用某种 MAPK 的一段特异性序列制备的单一特异性抗血清可以直接鉴定这种特定的 MAPK。接头蛋白是一类只有结合域而没有酶活性的蛋白质分子。

（四）寄生虫

用生物素化的溶组织内阿米巴抗原进行免疫沉淀研究。用于寄生虫抗原的免疫沉淀研究的蛋白质抗原的生物素化，通过将 107 个寄生虫在 1 mL 磷酸盐缓冲盐水中于 37 ℃温育 20 min，最终形成浓度为 10 mmol/L N– 羟基琥珀酰亚胺基生物素（NHS–D–Biotin），最佳地标记活的无菌溶组织内阿米巴滋养体。对来自恢复期阿米巴肝脓肿患者的免疫球蛋白进行识别，由蛋白 A Sepharose 沉淀的抗原的检查显示，随着治疗后时间的推移，对阿米巴抗原的免疫应答普遍增加。除了识别先前未被人血清鉴定的抗原外，免疫沉淀抗原的组合物与其他作者使用替代技术提出的抗体一致。因此，可将生物素化作为放射性标记技术的替代方法，用于研究寄生虫抗原和针对它们的体液免疫应答。

生物合成产物的免疫沉淀在鉴定受原生动物寄生虫、疟原虫感染的小鼠红细胞的抗原中的作用。本方法采用免疫沉淀法，对宿主保护型抗血清中与抗体特异性反应的柏氏疟原虫感染血液抗原进行了优化鉴定。从受感染的血液中提取 3H-leucine 生物合成标记产品，然后与暴露于 berghei 但未受保护或未受致命感染的小鼠的血清进行反应并沉淀，结果表明，这种保护可转移到具有适当血清的单纯受体中。在还原条件下，聚丙烯酰胺凝胶电泳分析显示，免疫沉淀中检测到少量的分子，使用宿主保护血清，这些分子显然不是从非保护小鼠血清中提取的感染血液标记产物的复杂混合物中提取出来的。

肝片吸虫的鉴定利用感染绵羊血清进行免疫沉淀法合成标记抗原分析。对绵羊肝片吸虫感染 20 周后的成虫肝片吸虫体和分泌蛋白的抗原性进行了研究。在感染后 2 周，ELISA 首次检测到抗体反应，并在感染后剩余时间保持此水平。免疫沉淀法分析表明，绵羊能识别出大量的蛋白质，其中一些优势抗原分子量在 29 ～ 31 kDa 范围内。

使用抗 TCTP 抗体免疫沉淀来自恶性疟原虫感染的红细胞的 [3H]- 二氢青蒿素翻译控制的肿瘤蛋白（TCTP）复合物。青蒿素及其衍生物是含有一类独特的环状有机过氧化物的抗疟药物，它们似乎与恶性疟原虫翻译控制肿瘤蛋白（TCTP）同源物在原位形成内收体。用重组 TCTP 抗体进行免疫沉淀表明，单体和二聚体 TCTP 均可形成加合物。染色质免疫沉淀（ChIP）研究近年来被广泛应用于研究组蛋白标记、变异组蛋白等染色质因子在人类疟原虫恶性疟原虫基因表达中的功能作用。一种针对寄生虫的血液阶段形式优化的芯片测序协议被提出。在高通量测序之前对免疫沉淀的 DNA 进行处理，以减少由于寄生虫高基因组 AT 含量而导致的放大偏差。

第二节　双酵母杂交技术

一、技术介绍

酵母双杂交是目前研究蛋白—蛋白相互作用的所有方法中较为简便、灵敏和高效的一种方法。它是利用酵母遗传学方法在真核细胞体内研究蛋白质之间相互作用的非常有效的分子生物学技术，可有效地用来分离能与一种已知的靶蛋白相互作用的蛋白质的编码基因。酵母双杂交技术的可行性和有效性在验证已知蛋白质之间的相互作用或筛选与靶蛋白特异作用的诱饵蛋白的研究中已被广泛得到证实。酵母双杂交体系简称双杂交体系（Two-hybrid system），又称相互作用陷阱（Interaction trap），是 1989 年由 Fields 等在研究真核基因转录调控中提出并初步建立的。该系统是建立在人们对酵母转录因子 GAL4 的认识基础之上，完整的酵母转录因子 GAL4 分为结构上可以分开的、功能上又相互独立的两个结构域，一个是位于 N 端 1～174 位氨基酸残基区段的 DNA 结合域，另一个是位于 C 端 768～881 位氨基酸残基区段的转录激活域（Activation domain，AD）。DNA-BD 能够识别 GAL4 效应基因（GAL4 respomive gene）的上游激活序列，并与之结合，而 AD 通过与转录机器中的其他成分之间的作用，启动 UAS 下游的基因进行转录。这两个结构域通过共价或非共价连接是转录因子发挥转录功能的关键，两者单独存在的时候并不能激活下游基因的转录反应，只有两者在空间上较为接近时，才能表现完整的 GAL4 转录因子活性并激活 UAS 下游启动子，使其下游报告基因得到转录。基于酵母转录因子 GAL4 的原理，Fields 等建立了酵母双杂交系统，将可能存在相互作用的两种蛋白质，即已知蛋白 X 和待研究蛋白 Y，分别作为诱饵（bait）和猎物（prey），并分别和 BD/AD 在空间结构上重新连接为一个整体而与报告基因的上游激活序列（UAS）结合，如果 X 和 Y 之间可以形成蛋白-蛋白复合物，使 GAL4 的两个结构域 AD 和 BD 相互接近，表现出转录因子的活性从而启动转录，使 UAS 下游启动子调控的报告基因 /aeZ 得以表达。反之，如果诱饵和猎物之间不存在相互作用，BD 与 AD 就不能结合，报告基因就不能被启动表达。通过对报告基因表达进行检测，即可实现对蛋白质之间相互作用的研究。在目前通用的酵母双杂交系统中，根据 BD 来源不同可分为真核细胞中的 GAL4 系统和原核细胞中的 LexA 系统，后者因其 BD 来源于原核生物，在真核生物内缺少同源性，因此可以减少假阳性的发生。

二、技术方法

（1）将报告基因 p8op-LacZ 转化酵母 EGY48 菌株，用培养基 SD/-Ura 筛选。
（2）同时构建或扩增 DNA 文库，并纯化足够的质粒以转化酵母细胞。

（3）构建 DNA-BD/ 靶蛋白质粒 pLexA-X，作为钓饵（bait）。

（4）将上述钓饵质粒 pLexA-X 转化 EGY48（p8op-LacZ）细胞株，用 SD/-His/-Ura 筛选，并用固体诱导培养基 SD/Gal/Raf/-His/-Ura 检测此 DNA-BD/ 靶蛋白是否具有直接激活报告基因的活性，以及对酵母细胞是否具有杀伤毒性。

转化质粒	培养基	克隆生长	情况说明
pLexA-Pos SD	-His，-Ura	蓝	阳性对照
pLexA SD	-His，-Ura	白	阴性对照
PlexA-X SD	-His，-Ura	白	没有直接激活活性
PlexA-X SD	-His，-Ura	蓝	具有直接激活活性
PlexA-X SD	-His，-Ura	菌落不能生长	酵母细胞毒性

①如果 pLexA-X – 半乳糖苷酶的信号作用能够自动激活报告基因，则设法去除其激活活性部位，或者将 LacZ 报告基因整合入基因组。

②如果 pLexA-X 不会自动激活报告基因，但对酵母宿主细胞有毒性，则需要与纯化的文库 DNA 同时转化酵母。

（5）如果 pLexA-X 既不会自动激活报告基因，又不具有毒性，则可以与纯化的文库 DNA 同时或顺序转化酵母细胞，并检测质粒转化效率。

转化质粒 SD 固体培养基 LacZ 表型。

对照 1 pLexA-Pos Gal/Raf/-His/-Ura 蓝。

对照 2 pLexA-53 Gal/Raf/-His/-Trp/-Ura/-Leu 蓝 +pB42AD-T。

实 验 pLexA-X Gal/Raf/-His/-Trp/-Ura/-Leu 待测 +pB42AD- 文库。

①用 SD/-His/-Trp/-Ura 培养基选择阳性共转化子，并扩增，使宿主细胞中的质粒在诱导前达到最大拷贝数。

②上述重组子转至含 X-gal 的固体诱导培养基 SD/Gal/Raf/-His/-Trp/-Ura/-Leu，观察 LacZ 及 Leu 报告基因的表达情形，蓝色克隆即阳性。

③同时用 LacZ、Leu 两个报告基因的目的是尽可能消除实验的假阳性误差，如 AD 融合蛋白不与目标蛋白结合，而直接与启动子序列结合域结合等情况。由于两个报告基因的启动子不同，出现上述假阳性的概率就大大减少了。

④将蓝色阳性克隆进行 1 次以上的划种，尽可能分离克隆中的多种文库质粒。

（6）阳性克隆的筛选。

①随机选取 50 个阳性克隆，扩增、抽提酵母质粒，电转化 E.coli KC8 宿主菌，抽提大肠杆菌中的质粒，酶切鉴定是否具有插入片段及排除相同的

文库质粒。

②如果重复的插入序列较多，可另取 50 个阳性克隆来分析。最后得到数种片段大小不同的插入序列，再转化新的宿主细胞，检测是否仍为阳性克隆。

（7）用质粒自然分选法（Natural Segregation）筛除只含有 AD- 文库杂合子的克隆。

①将初步得到的阳性克隆接种 SD/-Trp/-Ura 液体培养基，培养 1 ～ 2 d，含有 HIS3 编码序列的 BD- 靶质粒在含有外源 His 培养基中，将以 10% ～ 20% 左右的频率随机丢失。

②将上述克隆转铺固体培养基 SD/-Trp/-Ura，30 ℃孵育 2 ～ 3 d。

③再挑取生长的单克隆，转入 SD/-Trp/-Ura 和 SD/-His/-Trp/-Ura 培养基中，筛选 His 表型缺陷的克隆，即得到只含有 AD- 文库杂合子的重组子。

④将 His 表型缺陷的克隆转化固体诱导培养基 SD/Gal/Raf/-Trp/-Ura，以验证 AD- 文库能否直接激活报告基因的表达，弃去阳性克隆，保留阴性克隆。

（8）酵母杂合试验 (Yeast Mating) 确定真阳性克隆。在酵母 EGY48 及其对应的 YM4271 宿主细胞中分别转入相应的质粒或文库 DNA，通过杂合实验确筛选 pLexA- 靶 DNA 与 pB42AD- 文库确实具有相互作用的真阳性克隆。

（9）阳性克隆的进一步筛选和确证。

①扩增初步确定的阳性克隆，抽提酵母 DNA。该 DNA 为混合成分，既含有酵母基因组 DNA，又含有 3 种转化的质粒 DNA。

②将上述 DNA 电转化 E.coli KC8 宿主菌。在大肠杆菌中，具有不同复制起始调控序列的质粒不相容；同时利用营养缺陷型筛选。因此，在 M9/SD/-Trp 培养基上，只有含有 AD- 文库质粒的转化菌才能生长，将其扩增并抽提质粒 DNA，酶切鉴定。

③用 pLexA- 靶 DNA 与 pB42AD- 库 DNA 一一对应、共转化只含有报告基因的酵母菌 EGY48 中，先到 SD/-His/-Trp/-Ura 板扩增，并与后面的诱导板形成对照，说明报告基因的表达与诱导 AD 融合蛋白的表达有关，再确证 LacZ、Leu 报告基因的表达。

④扩增与靶 DNA 相互作用的文库 DNA，进行序列分析及进一步的结构、功能研究。

（10）对双杂交系统阳性结果的进一步研究。

①用不同的双杂交系统验证。

a. 将载体 pLexA 与 pB42AD 互换后进行双杂交实验。

b. 选择不同的双杂交系统，如以 GAL4 转录激活子为基础的双杂交系统。

c. 将文库质粒移码突变后，再与靶质粒作用，报告基因是否仍能被激活。

②用试剂盒提供的引物测定插入片段的 DNA 序列，证明其编码区域。

③用其他的检测方法，如亲和色谱法或免疫共沉淀法，证明双杂交系统筛选的蛋白之间的具有相互作用。

三、注意事项

（1）相互作用是否会在细胞内自然发生，即这一对蛋白在细胞的正常生命活动中是否会在同一时间表达且定位在同一区域。

（2）某些蛋白如果是依赖遍在蛋白的蛋白酶解途径的成员，则它们具有普遍的蛋白间的相互作用的能力。

（3）一些实际上没有任何相互作用但有相同的模体（motif）（如两个亲a– 螺旋）的蛋白质间可以发生相互作用。

四、技术应用

（一）在蛋白质组研究方面的应用

酵母双杂交系统用于筛选随机融合到转录激活区域的多肽库，以识别能够与视网膜母细胞瘤蛋白（Rb）结合的多肽。7 个多肽被鉴定出来，所有的多肽都含有在 Rb 结合蛋白中发现的 leu-x-sys-x-glu 基序，尽管它们在酵母试验中的活性相差超过 40 倍。编码这些肽段中的两个 DNA 发生突变，然后在双杂交系统中进行筛选，这使除了影响与 Rb 结合的不变 Leu、Cys 和 Glu 之外，还可以描绘出残基。肽及其变体与 Rb 的结合亲和性由表面等离子体共振决定，与双杂交实验结果相关。这种方法提供了一些相对于现有技术筛查肽库更有利的特性：体内检测蛋白质肽交互、灵敏度高，以快速基因筛查的能力来识别强以及弱绑定多肽变体，并使用一个简单的试验（转录活动）来评估亲和力。用酵母双杂交系统分析 Bcl-2 蛋白家族成员之间的相互作用，利用酵母双杂交系统研究了 Bcl-2 蛋白与自身及 Bcl-2 家族其他成员的相互作用，包括 Bcl-X-L、Bcl-X-S、mcl1、Bax。融合蛋白是通过将 Bcl-2 家族蛋白与 LexA dna 结合域或 B42 反激活域连接而形成的。蛋白质—蛋白质之间的关系被表达的融合蛋白研究酿酒酵母有 lacZ（β-galactosidase）基因控制下的 LexA-dependent 算子。这种方法为 Bcl-2 蛋白均二聚提供了证据。Bcl-2 还与 Bcl-X-L 和 mcl1 及主要抑制剂 Bax 和 Bcl-X-S 相互作用。Bcl-X-L 与 Bcl-2 家族蛋白的组合相互作用模式与 Bcl-2 相同。使用缺失突变体的 Bcl-2 表明，Bcl-2homodimerization 涉及在 Bcl-2 蛋白之间的相互作用的两个截然不同的地区，由于 LexA Bcl-2 蛋白含有氨基酸83～218中转的功能，交互 B42 Bcl-2 融合蛋白含有氨基酸1～81，但没有补 B42 Bcl-2 融合蛋白含有氨基酸 83～218。与 LexA/Bcl-2 融合蛋白相比，LexA/Bax 蛋白的表达对酵母是致命的。这种细胞毒性可以通过含有 Bcl-2、Bcl-X-l 或 mcl1 的 B42 融合蛋白消除，但不包括那些含有 Bcl-X-s 的蛋白（Bcl-X 的另一种剪接形式，缺乏保存良好的63个氨基酸区域）。PICK1 是通过酵母双杂交系统分离出的蛋白激酶 C 的核周结合蛋白和底物，蛋白激酶 C（PKC）通过介导对激素和生长因子的信号转导反应，在控制多种细胞类型的增殖和分化中起重要作用。在被二酰基甘油活化后，PKC 易位至不同的亚细胞位点，在那里它使许多蛋白质磷酸化，其中大多数蛋白质是未鉴定的。使用酵母双杂交系统来鉴定与活化的 PKCot 相互作用的蛋白质。使用融合到酵母 GAL4 的 DNA 结合域的 PKC 催化区域作为"诱饵"来筛选其中 cDNA 与 GAL4 激活域融合的小鼠 T 细胞 cDNA 文库，以克隆几种与 C- 激酶相互作用的新蛋白质。这些蛋白质中的一种称为 PICK1，与 PKC 的催化结构域特异性相互作用，并且是体外和体内 PKC 磷酸化的有效底物。PICK1 定位于核周区域并且响应于 PKC 活化而磷酸化。PICK1 和其他 PICK 可能在调解 PKC 的作用中发挥着重要作用。HIP-I 是通过酵母双杂交系统分离的一种亨廷顿相互作用蛋白，在双杂交筛选和体外结合实验中发现的亨廷顿相互作用蛋白 I（HIP-I），其特异性结合人类亨廷顿蛋白的 N 末端。对于体内相互作用，蛋白质区域在亨廷顿蛋白中聚谷氨酰胺延伸的下游是必需的，通过双杂交筛选分离的 HIP1 cDNA 编码新蛋白质的 55kDa 片段，使用针对重组 HIP-1 产生的亲和纯化的多克隆抗体，116kDa 的蛋白质是通过蛋白质印迹分析在脑提取物中检测到的，HIP-1 片段的预测氨基酸序列与细胞骨架蛋白显示出显著的相似性，表明 HIP-1 和亨廷顿蛋白在细胞丝网络中起作用，HIP1 基因普遍表达在低水平的不同脑区，HIP-I 富含人脑，但也可以在其他人体组织和小鼠脑中检测到，HIP-I 和亨廷顿几乎表现为在亚细胞分级期间牙本质地，并且两种蛋白质在含有膜的成分中富集。

高通量酵母双杂交大规模蛋白质相互作用图谱分析，蛋白质—蛋白质相互作用在许多生物过程中发挥着重要作用。因此，蛋白质相互作用图谱正成为一种成熟的功能基因组学方法，用于为预测的蛋白质生成功能注释，而这些蛋白质到目前为止还没有明显的特征。酵母双杂交系统是目前最规范的蛋白质相互作用图谱技术之一。

利用酵母双杂交系统来鉴定相互作用的蛋白质。酵母双杂交系统是研究蛋白质—蛋白质相互作用的一项强有力的技术。两个蛋白分别融合到 Gal4p 转录因子的独立 DNA 结合和转录激活区域。如果这些蛋白质相互作用，它们就会重新构成激活报告基因表达的功能性 Gal4p。通过这种方式，可以测试两个单独的蛋白质相互作用的能力，并且可以测量转录读数来检测这种相互作用。此外，利用该系统可以通过筛选单个蛋白质或结构域来对抗其他蛋白质库，从而找到新的相互作用伙伴。后一种特征是能够在不知道这种蛋白质身份的情况下搜索相互作用的蛋白质，这是双杂交技术最强大的应用。在酵母双杂交系统中，细胞朊蛋白（PrP）选择性地与 Bcl-2 结合，Bcl-2 可以使神经元免于死亡，因此它可能通过与神经元特异性蛋白结合而发挥作用。以 LexA-Bcl-2 为诱饵，发现在酵母双杂交系统中，细胞朊蛋白（PrP）与 Bcl-2 相互作用，而非 Bax。由于 PrP 基因与神经退行性疾病有关，这一初步观察提示了这些疾病的潜在致病机制。

利用酵母双杂交技术分离 Ras GTPases 的分子相互作用。自酵母双杂交系统已被广泛用于从许多不同的生物体中鉴定蛋白质—蛋白质的相互作用，从而为筛选与感兴趣的蛋白质相互作用的蛋白质和鉴定两个蛋白质之间已知的相互作用提供了便捷的手段。近年来，该技术已得到改进，以克服原始分析方法的局限性，并已做出许多努力来扩大该技术并使其适应大规模研究。此外，还引入了一些变体，以扩大可通过杂交方法检测的蛋白质和间质的范围。一些研究 Ras GTPases 调控信号转导通路的分子机制的小组已经成功地利用酵母双杂交系统或相关方法分离和鉴定 Ras 蛋白新的结合伙伴。

（二）绘制蛋白质相互作用图谱

Frmxmt、Racine 等以 10 种功能已知的与 mRNA 前体剪接有关的蛋白质作起始"诱饵"，从含有约 5×106 个克隆的酿酒酵母基因组文库中进行多轮筛选，获得约 700 个阳性克隆，在这些筛选到的靶蛋白中，有 9 种是已知的 mRNA 前体剪接因子，5 种是新发现的剪接因子，8 种是与 RNA 其他加工过程有关的因子，还有 45 种与其他的功能有关。Walhout 等以线虫的生殖发育过程为研究对象，利用已知的 27 个线虫发育相关蛋白建立了一个大规模的双杂交系统，获得了 100 多个相互作用的蛋白。由此可见，酵母双杂交为绘制生物体的蛋白质相互作用的网状图谱提供了条件。

（三）酵母双杂交在病毒学中的应用

利用酵母双杂交系统从人肝脏 cDNA 文库中寻找与乙肝病毒 X 蛋白相互作用的蛋白。通过 PCR 扩增 HBV 基因的 X 区并克隆到真核表达载体 pAS2–1 中。将重构的质粒 pAS2–1X 转化到酵母细胞中，通过蛋白质印迹分析证实 X 蛋白（pX）的表达。将酵母细胞与 pAS2–1X 和正常人肝 cDNA 文库共转化，并在选择性 SC/–trp–leu–his–ade 培养基中生长，第二次筛选用 LacZ 报告基因进行。此外，进行分离分析和交配实验来消除假阳性，并选择真阳性克隆进行 PCR 和测序。重组质粒 pAS2–1X 包括预期的 X 基因片段，经自测序验证。Western Blot 分析显示重组质粒 pAS2–1X 在酵母细胞中表达 BD–X 融合蛋白。筛选了 106 个转化菌落，在选择性 SC/–trp–leu–his–ademedium 中生长了 65 个，对 β–gal 活性评分为阳性的 5 个，仅剩下的 2 个克隆通过了 segregadon 分析和交配实验。剩下只有 2 个克隆通过隔离分析和交配实验。经序列分析发现，2 个克隆含有相似的 cDNA 片段：GAACTTGCG。短肽（glutacid–leucinealanine）是 XAP 与 pX 结合的可能需要的位点。正常人肝 cDNA 文库难以在酵母细胞上表达整合的 XAP。利用酵母双杂交系统分析 I 型人免疫缺陷病毒整合酶的同源相互作用。逆转录病毒整合酶蛋白（IN）负责催化协同整合反应，其中线性病毒 DNA 的两个末端与宿主 DNA 连接。为了探测 IN 形成蛋白质多聚体的可能性，使用了酵母双杂交系统。GAL4 DNA 结合域 –IN 融合体和 GAL4 激活域 –IN 融合体的共表达一起导致 GAL4 反应性 LacZ 报告基因的成功激活。该系统用于检查各种 IN 缺失突变体。结果表明，蛋白质的中心区域是多聚化所必需的，并且 N– 末端锌指区域不重要。利用酵母双杂交法分析病毒 RNA 复制蛋白的相互作用，酵母双杂交系统已成为一种有用的工具，在遗传中评价蛋白质相互作用。然而，这些双杂交相互作用与病毒正链 RNA 复制的生物学相关性尚未得到证实。Brome Mosaic Virus（BMV）系统在遗传学和生物化学上都有广泛的特征，在 BMV 1a 螺旋酶样蛋白和 2a 聚合酶样蛋白中提供了大量的突变。通过测试野生型 1a 和 1a 的 18 个插入突变，发现在双杂交系统中，植物表型与 2a 相互作用的能力之间存在着完美的相关性。这一发现有助于进一步表征 BMV 病毒蛋白质之间的相互作用。通过双杂交实验，发现 1a 的螺旋酶样区域和 2a 的 N 端之间的相互作用是由 2a 的中心保守的聚合酶样区域的存在来稳定的。除此之外，还发现了 1a 螺旋酶样蛋白与其自身之间的一种新的相互作用。此外，在两种相关的三部分 RNA 病毒中发现了这种相互作用，如豇豆花叶病毒和黄瓜花叶病毒，说明这种蛋白质—蛋白质的相互作用是特异性的同源对的蛋白质。

牛痘病毒宿主蛋白相互作用分析通过酵母双杂交筛选的验证，牛痘病毒是一种大型双链 DNA 病毒，是正痘病毒属的原型，包括猴痘病毒和天花病毒等几种人类致病性痘病毒。在这里，我们报告了一种全面的酵母双杂交（Y2H）筛选牛痘和人类蛋白之间的蛋白质相互作用。在 33 种病毒蛋白中共检测到 109 种新的牛痘—人蛋白相互作用。为验证这些相互作用的子集，使用网关质粒克隆系统构建了牛痘病毒株 WR 的 ORFeome 文库。通过将选定的牛痘和宿主蛋白在多种表达系统中共同表达，从而发现牛痘和人类蛋白之间识别出的 Y2H hit 中至少有 17 个可以通过 GST 下拉法独立方法验证，验证率为 63%（17/27）。由于克隆的 ORFs 可以方便地从输入载体转移到各种目的表达载体中，牛痘 ORFeome 文库将成为未来高通量功能蛋白组学实验的有用资源。通过酵母双杂交等技术，很多病毒蛋白与宿主蛋白间的相互作用已被确定。SIli 等通过对 HepG2 和人肝 eDNA 文库的酵母双杂交筛选到 apoAl，这是一个高密度脂蛋白成分，与 NSSA 相互作用，提示 NS5A 参与脂代谢紊乱的病理过程，初步揭示了丙型肝炎病毒 HCV 感染后普遍存在的肝脏脂肪变性的机理。

（四）在细胞信号转导研究中的应用

影响 NtrB 信号转导的 PII T 环突变也消除了酵母双杂交相互作用。大肠杆菌 GlnB（PII）蛋白 T 环上的突变 A49P 和 Delta47–53 损害了与双组分传感器调节器 NtrB 的调控相互作用。这些突变还损害了酵母双杂交系统中 PII 和 NtrB 之间的相互作用。报道的结果强调了双杂交分析 PII 蛋白 T 环相互作用的强度。目前，有一种细菌双杂交系统，它允许体内筛选和选择两种蛋白质之间的功能性相互作用。该基因测试基于在大肠杆菌 cya 菌株中重建信号转导途径，其利用 cAMP 施加的阳性对照。两个推定的相互作用蛋白质与两个互补片段 T25 和 T18 遗传融合，构成百日咳博德特氏菌腺苷酸环化酶的催化结构域。双杂交蛋白的结合导致 T25 和 T18 片段之间的功能互补并导致 cAMP 合成。然后，环状 AMP 触发分解代谢操纵子（如乳糖或麦芽糖）的转录激活，其产生特征性表型。在该遗传测试中，信号级联的参与提供了独特的性质，即杂合蛋白之间的结合可以在空间上与转录激活读数分离。这允许对结合给定"诱饵"的配体（如在经典酵母双杂交系统中）或对阻断两种目的蛋白质之间的给定相互作用的分子或突变的筛选程序的通用设计。酵母双杂交体系中胰岛素受体与 IGF–I 受体和 c–Crk、Crk–L 相互作用的突变分析表明，Crk 家族的 SH2/SH3 适配蛋白是胰岛素或 IGF–1 受体酪氨酸激酶刺激后强有力的信号转导蛋白。我们采用酵母双杂交方法和突变分析，解剖胰岛素受体和 IGF–I 受体与 Crk 亚型直接关联的能力。胰岛素受体通过与自身的 SH2 结构域结合，以一种依赖自身磷酸化的方式稳定地招募全长 Crk。相比之下，IGF–I 受体与 Crk–IISH2 区域的相互作用只有在 Crk–II 的 c 端部分被截断时才能检测到，这表明这种相互作用是暂时的。从这些数据可以得出结论，胰岛素受体家族成员以不同的方式激活 Crk 蛋白。蛋白质间或蛋白质与其他分子间的相互作用是细胞信号转导中重要的信号传递形式。Kiston 等利用双杂交系统研究了 TNF2R 家族的细胞表面受体，发现它们存在一个由 70 ~ 80 个氨基酸构成的保守域，它是引发细胞凋亡（apoptosis）的"死亡区域"，并发现了一个新的具有"死亡区域"的 TNF2R 家族的表面受体 WSL21 蛋白（DR3/AP023）。Dortay 等利用大规模酵母双杂交技术检测出了拟南芥细胞分裂素信号途径中的大多数蛋白质成员间的 42 种新的相互作用，证明该途径中蛋白质家族之间存在明显的相互作用，而同一家族的蛋白质之间很少发生相互作用，还发现相互作用的网络中心是磷酸盐转运蛋白，它与所有其他蛋白质家族的成员都发生相互作用。

（五）筛选多肽药物和寻找药物靶标

利用双杂交系统可以确定治疗所用的多肽类药物与来源于肿瘤、细菌以及病毒的蛋白质间的相互作用。此技术已逐渐被应用于筛选新型的具有生物活性的肽类药物、诊断试剂和其他功能性多肽。能抑制 SrcSH2 结构域并能和配体相互作用的小分子已经开发并用来治疗骨质疏松症，特别是抑制破骨细胞再吸收。胡承香等通过将随机 DNA 片段与 GALA 的 AD 融合构建酵母表达载体，成功构建了一个可筛选扩增的酵母双杂交随机肽库，用于筛选和设计靶蛋白相互作用的药物多肽。

参考文献：

[1] 郭纯. 免疫共沉淀技术的研究进展 [J]. 中医药导报, 2007, 13(12): 86-89.

[2] KIM I C, ASCOLI M, SEGALOFF D L. Immunoprecipitation of the lutropin/ choriogonadotropin receptor from biosynthetically labeled Leydig tumor cells. A 92- kDa Glycoprotein[J]. Journal of Biological Chemistry, 1987, 262(1): 470-477.

[3] ONO M, KONDO T, KAWAKAMI M, et al. Purification of immunoglobulin heavy chain messenger RNA by immunoprecipitation from the mouse myeloma tumor, MOPC-31C[J]. Journal of Biochemistry, 1977, 81(4): 949-954.

[4] PETER P, SUSANNE W, ROLF K. Application of an immunoprecipitation procedure to the study of SV40 tumor antigen interaction with mouse genomic DNA sequences[J]. Nucleic Acids Research, 1987, 15(23): 9741-9759.

[5] SEMLER B L, ANDERSON S C W, HANECAK R, et al. A membrane-associated precursor to poliovirus VPg identified by immunoprecipitation with antibodies directed against a synthetic heptapeptide[J]. Cell, 1982, 28(2): 405-412.

[6] XIONG C, MULLER S, LEBURIER G, et al. Identification by immunoprecipitation of cauliflower mosaic virus in vitro major translation product with a specific serum against viroplasm protein[J]. Embo Journal, 1982, 1(8): 971-976.

[7] MUELLER-LANTZSCH N, FAN H. Monospecific immunoprecipitation of murine leukemia virus polyribosomes: identification of p30 protein-specific messenger RNA[J]. Cell, 1976, 9(4): 579-588.

[8] BERNSTEIN J M, HEUSKA J F. Respiratory syncytial virus proteins: identification by immunoprecipitation[J]. Journal of Virology, 1981, 38(1): 278-285.

[9] MUELLER-LANTZSCH N, YAMAMOTO N, HAUSEN H Z. Analysis of early and late Epstein-Barr virus associated polypeptides by immunoprecipitation[J]. Virology, 1979, 97(2): 378-387.

[10] LETCHWORTH G J, WHYARD, T C. Characterization of African swine fever virus antigenic proteins by immunoprecipitation[J]. Archives of Virology, 1984, 80(4): 265-274.

[11] SEFTON B M. Labeling cultured cells with 32P(i)and preparing cell lysates for immunoprecipitation[J]. Current Protocols in Protein Science, 2001: Chapter 13: Unit13.2.

[12] ANDREWS B J, BJORVATN B. Immunoprecipitation studies with biotinylated Entamoeba histolytica antigens[J]. Parasite Immunology, 2010, 13(1): 95–103.

[13] KNOPF P M, BROWN G V, HOWARD R J, et al. Immunoprecipitation of biosynthetically-labeled products in the identification of antigens of murine red cells infected with the protozoan parasite Plasmodium berghei[J]. Immunology & Cell Biology, 1979, 57(6): 603–615.

[14] SEXTON J L, MILNER A R, CAMPBELL N L. Fasciola hepatica: immunoprecipitation analysis of biosynthetically labelled antigens using sera from infected shee[J]. Parasite Immunology, 2010, 13(1): 105–108.

[15] BHISUTTHIBHAN J, MESHNICK S R. Immunoprecipitation of [(3)H]dihydroartemisinin translationally controlled tumor protein(TCTP)adducts from Plasmodium falciparum-infected erythrocytes by using anti-TCTP antibodies[J]. Antimicrob Agents Chemother, 2001, 45(8): 2397–2399.

[16] LOPEZ-RUBIO J J, SIEGEL T N, SCHERF A. Genome-wide Chromatin Immunoprecipitation-Sequencing in Plasmodium[J]. Methods in Mdecular Biology, 2013, 923: 321–333.

[17] 李先昆, 聂智毅, 曾日中. 酵母双杂交技术研究与应用进展 [J]. 安徽农业科学, 2009, 7(7): 2867–2869.

[18] YANG M J, WU I N, FIELD S. Protein-peptide interactions analyzed with the yeast two-hybrid system[J]. Nucleic Acids Research, 1995, 23(7): 1152.

[19] SATO T, HANADA M, BODRUG S, et al. Interactions among members of the Bcl-2 protein family analyzed with a yeast two-hybrid system[J]. Proc Natl Acad Sci USA, 1994, 91(20): 9238–9242.

[20] STAUDINGER J, ZHOU J, BURGESS R, et al. PICK1: a perinuclear binding protein and substrate for protein kinase C isolated by the yeast two-hybrid system[J]. Journal of Cell Biology, 1995, 128(3): 263–271.

[21] WANKER E E, ROVIRAC, SCHERZINGER E, et al., HIP-I: a huntingtin interacting protein isolated by the yeast two-hybrid system[J]. Human Molecular Genetics, 1997, 6(3): 487.

[22] WALHOUT A J M, VIDAL M. High-Throughput Yeast Two-Hybrid Assays for Large-Scale Protein Interaction Mapping[J]. Methods, 2001, 24(3): 297–306.

[23] MILLER J, STAGLIJAR I. Using the yeast two-hybrid system to identify interacting proteins[J]. Methods Mol Biol, 2004, 261: 247-262.

[24] KURSCHNER C, MORGAN J I. The cellular prion protein(PrP)selectively binds to Bcl-2 in the yeast two-hybrid system[J]. Molecular Brain Research, 1995, 30(1): 165-168.

[25] FERRO E, BALDINI E, TRABALZINI L, Use of the yeast two-hybrid technology to isolate molecular interactions of Ras GTPases[J]. Methods Mol Biol, 2014, 1120(1120): 97-120.

[26] FROMONT-RACINE M, RAIN J C, LEGRAIN P. Toward a functional analysis of the yeast genome through exhaustive two-hybrid screens[J]. Nature Genetics, 1997, 16(3): 277-282.

[27] WALHOUT A J. Protein Interaction Mapping in C. elegans Using Proteins Involved in Vulval Development[J]. Science, 2000, 287(5450): 116-122.

[28] WANG X Z, JIANG X R, CHEN X C, et al. Seek protein which can interact with hepatitis B virus X protein from human liver cDNA library by yeast two-hybrid system[J]. World Journal of Gastroenterology Wjg, 2002, 8(1): 95.

[29] KALPANA G V, GOFF S P. Genetic analysis of homomeric interactions of human immunodeficiency virus type 1 integrase using the yeast two-hybrid system[J]. Proc Natl Acad Sci USA, 1993, 90(22): 10593-10597.

[30] O'REILLY E K, PAUL J D, Kao C C. Analysis of the interaction of viral RNA replication proteins by using the yeast two-hybrid assay[J]. Journal of Virology, 1997, 71(10): 7526-7532.

[31] ZHANG L, VILLAN Y, RAHMAN M M, et al, Analysis of vaccinia virus-host protein-protein interactions: Validations of yeast two-hybrid screenings[J]. Journal of Proteome Research, 2009, 8(9): 4311-4318.

[32] LAHIRI S K, QADEER S. Verifying properties of well-founded linked lists[J]. Acm Sigplan Notices, 2006, 41(1): 115-126.

[33] MARTINEZ-ARGUDO I, CONTRERAS A. PII T-loop mutations affecting signal transduction to NtrB also abolish yeast two-hybrid interactions[J]. Journal of Bacteriology, 2002, 184(13): 3746.

[34] KARIMOVA G, PIDOUX J, ULLMANN A, et al., A bacterial two-hybrid system based on a reconstituted signal transduction pathway[J]. Proc Natl Acad Sci USA, 1998, 95(10): 5752-5756.

[35] JÜRGEN K, BARNIKOL-UETTLER A, KIESS W. Mutational analysis of the interaction between insulin receptor and IGF-I receptor with c-Crk and Crk-L in a yeast two-hybrid system[J]. Biochemical & Biophysical Research Communications, 2004, 325(1): 183-190.

[36] ZHANG Y, SLEDGE M K, BOUTON J H. Genome mapping of white clover(Trifolium repens L.)and comparative analysis within the Trifolieae using cross-species SSR markers[J]. Theoretical & Applied Genetics, 2007, 114(8): 1367-1378.

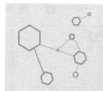

第五章　蛋白质与染色质相互作用技术

第一节　染色质免疫共沉淀

一、技术原理

在生理状态下把细胞内的 DNA 与蛋白质交联在一起，通过超声或酶处理将染色质切为小片段后，利用抗原抗体的特异性识别反应，将与目的蛋白相结合的 DNA 片段沉淀下来，以富集存在组蛋白修饰或者转录调控的 DNA 片段，再通过多种下游检测技术（定量 PCR、基因芯片、测序等）来检测此富集片段的 DNA 序列。

二、技术方法

（一）配制溶液

CHIP 实验所需溶液配制方法如表 5-1 所示。

表5-1　CHIP实验所需溶液配制方法

试剂名称	用量 /CHIP 反应
$1 \times PBS$	2.1 mL
裂解液 1	100 μL

续　表

试剂名称	用量 /CHIP 反应
裂解液 2	50 μL
微球菌酶工作液	100 μL
1×IP 稀释液	450 μL
IP 洗涤液 1	500 μL
IP 洗涤液 2	1 mL
IP 洗涤液 3	500 μL
IP 洗脱液	150 μL

（二）细胞甲醛交联、DNA 酶切及酶切效果检验、抗体孵育

（1）培养细胞至每孔含有细胞数量达到 $1×10^6$ 时，吸出培养基，每孔加入 3 mL 新鲜培养基，每孔加入 81 μL 37% 甲醛溶液，使甲醛终浓度为 1%，室温孵育 10 min，进行蛋白质与 DNA 的交联。

（2）每孔加入 300 μL 1.25 mol/L 的甘氨酸，使终浓度为 0.125 mol/L，轻轻摇匀，室温孵育 5 min，终止甲醛交联。

（3）吸出培养基，用预冷的 1×PBS 洗涤细胞两次，加入 1 mL 含有蛋白酶抑制剂的 1×PBS，用细胞刮刀小心将细胞刮下，转移至 1.5 mL 离心管中。

（4）2000 r/min 离心 5 min，弃上清，所得样品进行酶切实验。

（5）向上步所得蛋白质与 DNA 交联产物中加入 100 μL 裂解液 1，置于冰上裂解 10 min，9 000 r/min 离心 3 min，弃上清。

（6）向裂解产物中加入 100 μL 微球菌酶工作液、0.4 μL 微球菌核酸裂解酶，轻轻混匀，置于 37 ℃水浴锅中裂解 15 min，每 5 min 混匀一次。

（7）加入 10 μL 微球菌酶终止反应工作液，静置 5 min 终止酶切反应；9000 r/min 离心 5 min，弃上清。

（8）加入 60 μL 裂解液 2，置于冰上 15 min，每 5 min 轻轻混匀一次，9000 r/min 离心 5 min，取上清于新的 1.5 mL 离心管中。

（9）验证酶切效果，取上述酶切产物 10 μL，加入 90 μL 去离子水稀释，加入 4 μL 5 mol/L 的 NaCl，65 ℃处理两小时解交联，分出一半用酚 / 氯仿抽提，通过琼脂糖凝胶电泳验证酶切效果。当酶切片段大小为 150 ～ 900 bp 时，说明酶切充分，可用于下一步染色质免疫共沉淀。

（10）取 5 μL 步骤（8）所得裂解液于新的 1.5 mL 离心管中，置于 80 ℃冰箱保存，作为后续实验的 Input 组。

（11）向剩余的裂解液中加入 450 μL 1×IP 稀释液，加入对应一抗，用封口膜将管口封紧，置于四维旋转混合仪上 4 ℃孵育过夜。

（三）免疫复合物的沉淀及清洗

（1）将反应体系转移至试剂盒中提供的吸附柱中，加入 20 μL CHIP 级蛋白 A 琼脂糖，用封口膜封紧管口，于四维旋转混合仪上 4 ℃孵育 1 h。

（2）拔掉吸附柱底塞，将吸附柱置于 2 mL 离心管中，4 ℃，3000 r/min 离心 30 s，弃滤液。

（3）塞上底塞，向吸附柱中加入 500 μL IP 洗涤液 1，4 ℃旋转孵育 5 min 后拔掉底塞，将富集柱放入 2 mL 离心管中，4 ℃，3000RCF 离心 30 s，弃滤液。

（4）用 IP 洗涤液 2 重复步骤（3）两次。

（5）用 IP 洗涤液 3 重复步骤（3）一次。

（6）3000 r/min 离心 1 min，彻底去除残留洗涤液。

（7）塞上底塞，向吸附柱中加入 150 μL 1×IP 洗脱液，盖上盖子，用封口膜封紧管口，65 ℃旋转孵育 30 min。

（8）拔掉底塞，将吸附柱放入新的 1.5 mL 离心管中，6000 r/min 离心 1 min，离心结束后弃吸附柱，向离心管中加入 6 μL 5 mol/L NaCl 溶液和 2 μL 20 mg/mL 蛋白酶 K 溶液。向之前所留 Input 组混合液中加入 150 μL 1×IP 洗脱液、6 μL 5 mol/LNaCl 溶液和 2 μL 20 mg/mL 蛋白酶 K 溶液。

（9）将上述混合液轻轻混匀，65 ℃旋转解交联过夜。

（四）第三天，DNA 纯化回收和 PCR 检测

（1）将吸附柱 CB2 放入收集管中，向柱中加入 500 μL平衡液 BL，13 400 r/min 离心 1min，倒掉收集管中的废液，将吸附柱重新放回收集管中。

（2）估计解交联产物体积，加入 5 倍体积的结合液 PB，充分混匀后加入吸附柱中，室温静置 2 min，13 400 r/min 离心 1 min，倒掉收集管中的废液，将吸附柱放回收集管中。

（3）向吸附柱中加入 650 μL 漂洗液 PW，13 400 r/min 离心 1 min，倒掉

收集管中的废液，将吸附柱放回收集管中，重复该步骤一次。

（4）将吸附柱放回收集管中，13 400 r/min 离心 2 min，彻底去除漂洗液，将吸附柱置于室温静置数分钟，彻底晾干漂洗液。

（5）将吸附柱放入干净的 1.5 mL 离心管中，小心地向吸附柱中间位置悬空滴加 50 μL 去离子水，室温静置 2 min，13 400 r/min 离心 2 min，收集纯化后的 DNA 溶液，用于后续实验检测。

三、注意事项

ChIP 的灵敏度最终取决于从未结合的片段背景中分离蛋白质结合的 DNA 片段的能力，其中抗体的质量和 IP 步骤是关键。然而，蛋白质和基因组 DNA 的非特异性结合会产生不同种类的背景，这些背景能被交联捕获且不受 IP 步骤改进的影响。因为较短 DNA 片段的非特异性结合位点较少，所以非特异性结合水平会随着 DNA 片段长度的减小而降低。特异性结合主要依赖 DNA 片段的物质的量而不是长度。Fan 等研究发现，染色质片段的广泛性显著增加了蛋白质结合位点的富集倍数。

四、结果判断

PCR 验证 ChIP 结果，琼脂糖凝胶电泳显示，无模板的空白对照无扩增产物条带；模板为阴性抗体沉淀所得 DNA 的扩增产物少，电泳条带最弱；用未经抗体沉淀的 Input DNA 扩增的产物电泳条带最强；用阳性抗体沉淀所得 DNA 作为模板扩增出了预期中的目的条带。结果证实实验的 ChIP 成功，可进行下一步的分析。

五、技术应用

ChIP 方法能研究 DNA 甲基化、染色质结构、组蛋白修饰和转录因子的协同结合，或者从预测的靶基因中确定直接的靶位点。而且，与其他分子生物学技术结合，如 PCR、基因克隆，或高通量测序技术，可应用于确定转录因子和 DNA 的相互作用，或者是转录因子新的基因组靶位点。此外，还可以应用在经过转录因子和修饰后组蛋白位置等方面的研究方面，用于研究蛋白与蛋白之间的相互作用。

近年来，ChIP 技术在植物的研究上有了很大的发展，能够分析大量的控制基因。应用该技术证实：植物半胱氨酸蛋白酶作为一个 ACC 合成酶基因表达的调控因子，有双重功能；番茄转录因子 Pti4 通过 GCC box 和非 GCC box 顺式作用元件，来调控相关基因的表达；乙烯感应因子 LeERF2 通过转录调控乙烯合成相关基因的表达，控制番茄和烟草的乙烯合成。通过染色质免疫共沉淀技术，研究细长聚球藻 PCC7942 的 RpaB 启动子交互作用及其在强光胁迫下的动力学特征。

第二节　RNA 免疫共沉淀

一、原理

用抗体或表位标记物捕获细胞核内或细胞质中内源性的 RNA 结合蛋白，防止非特异性的 RNA 的结合，免疫沉淀把 RNA 结合蛋白及其结合的 RNA 一起分离出来。结合的 RNA 序列通过 microarray（RIP-Chip），定量 RT-PCR 或高通量测序（RIP-Seq）方法来鉴定。

二、技术方法

（一）RIP 裂解液准备

（1）从细胞培养箱中取出状态良好、处于对数生长期、密度约 80.90％的乳腺癌细胞。

（2）按表 5-2 中的比例配制 RIP 裂解液（100 μL 体系）。

表5-2　RIP裂解液的配制比例

试剂名称	试剂用量 / μL
RIP Lysis Buffer	100
Protease Inhibitor Cocktail	0.5
RNase Inhibitor	0.25

（3）用 10 mL 冰的 PBS 漂细胞两遍。

（4）加入 10 mL 冰的 PBS，用细胞刮将细胞刮下来并转移至离心管中。

（5）离心，5 min，40 ℃，1500 r/min，弃上清。

（6）以等体积的 RIP 裂解液重悬细胞团块，混匀，冰上孵育 5 min。孵育后可以置于 –80 ℃冰箱保存，或者继续进行下一步实验。

（二）磁珠准备

（1）用移液管颠倒混匀磁珠，使磁珠完全分散。

（2）准备 3 个 RNasa free 的 1.5 mL 的 EP 管，分别做上标记。

（3）在每个 EP 管中加入 50 μL 磁珠重悬液，再加入 0.5 mL RIP wash buffer，并涡旋混匀。

（4）将 EP 管放在磁力架上，待磁珠聚合后弃上清。

（5）将 EP 管从磁力架上移下来，加入 0.5 mL RIP wash buffer，并涡旋混匀。

（6）将 EP 管放在磁力架上，待磁珠聚合后弃上清。

（7）将 EP 管从磁力架上移下来，用 100 μL RIP wash buffer，并在每管中加入对应的抗体，在室温下旋转孵育 30 min。

（8）短暂离心后，将 EP 管放在磁力架上，待磁珠聚合后弃上清。

（9）将 EP 管从磁力架上移下来，加入 0.5 mL RIP wash buffer，并涡旋混匀。

（10）将 EP 管放在磁力架上，待磁珠聚合后弃上清。

（11）重复（9）～（10）中的步骤，再清洗一次。

（12）将 EP 管从磁力架上移下来，加入 0.5 mL RIP wash buffer，并涡旋混匀，将 EP 管放在冰上保存。

（三）RNA 结合蛋白 –RNA 复合物共沉淀

（1）按照表 5-3 中的比例配制 RIP Immunoprecipitation Buffer，每个 EP 管中应加入 900 μLRIP Immunoprecipitation Buffer。

表5-3 RIP Immunoprecipitation Buffer 的配制比例

试剂名称	试剂用量 / μL
RIP Wash Buffer	860
0.5 mol/L EDTA	35
RNase Inhibitor	5
Total	900

（2）将最终放在冰上保存的 EP 管放在磁力架上，待磁珠聚合后弃上清，然后在每管中加入 900 μL RIP Immunoprecipitation Buffer。

（3）将 RIP 裂解产物溶解，离心，10 min，0 ℃，14 000 r/min；离心结束后，移 100 μL 上清至每管含抗体、磁珠和 RIP Immunoprecipitation Buffer 的 EP 管中，此时体积共计 1 mL。

（4）离心前，移 10 μL RIP 裂解产物至一个新的 EP 管中，并标记为"Input"，放入 –80 ℃冰箱保存，直至 RNA 纯化。

（5）将含 RIP 裂解液、抗体、磁珠和 RIP Immunoprecipitation Buffer 的 EP 管放在 4 ℃旋转孵育过夜。

（6）孵育好后，将 EP 管取出放于磁力架上，待磁珠聚合后弃上清。

（7）将 EP 管从磁力架上移下来，加入 0.5 mL RIP wash buffer，并涡旋混匀。

（8）将 EP 管放于磁力架上，待磁珠聚合后弃上清。

（9）重复（7）–（8）中的步骤 5 次，总共清洗 6 次。

（四）RNA 纯化

（1）按照表 5–4 中的比例配制 Proteinase K Buffer，每个 EP 管中应加入 150 μL Proteinase K Buffer。

表5-4　Proteinase K Buffer的配制比例

试剂名称	试剂用量 / μL
RIP Wash Buffer	117
10% SDS	15
Proteinase K	18
Total	150

（2）用 150 μL Proteinase K Buffer 重悬中的沉淀物。

（3）溶解"Input"，并在其中加入 107 μL RIP Wash Buffer，15 μL 10 % SDS、18 μL Proteinase K，总体积正好是 150 mL。

（4）将所有 EP 管放于 55 ℃中孵育 30 min，孵育好之后短暂离心，并置于磁力架上，此时将上清液移至新的 EP 管中并做好标记。

（5）在含上清液的 EP 管中加入 250 μL RIP wash buffer，在加入 400 μL 苯酚：氯仿：异戊醇 =125 ：24 ：1 的混合液，涡旋 15 s 并离心，10 min，

0 ℃，14 000 r/min。

（6）移 350 μL 上层水相至新的 EP 管中并做好标记，加入 400 μL 氯仿，涡旋 15 s 并离心，10 min，0 ℃，14 000 r/min。

（7）移 300 μL 上层水相至新的 EP 管中并做好标记，并在每管中加入表 5-5 所示比例配制的混合液，加好之后 -80 ℃保存过夜。

表5-5　混合液的配制比例

试剂名称	试剂用量 / μL
Salt Solution I	50
Salt Solution II	15
Precipitate Enhancer	5
Absolute ethanol	850

（8）离心 30 min，4 ℃，14 000 r/min，离心结束后，弃去上清。

（9）用 80% 的乙醇清洗沉淀（RNA），离心，15 min，4 ℃，14 000 r/min。

（10）离心结束后，弃去上清，干燥，用 RNase free water 溶解 RNA。

（11）在 Nanodrop 分光光度计上测量"Input"部分 RNAd 浓度和纯度，之后将每个 EP 管中的 RNA 逆转录，并保存。PCR 检测参照实时荧光定量 PCR 部分。

三、注意事项

组织匀浆避免使用超声，尽量采取手动操作；一定要用温和的裂解液，以免破坏组织或细胞内存在的弱的相互作用；设置阳性对照和阴性对照，排除假阳性。

四、结果判断

载体构建及 PCR 验证和测序结果正确时，则可以使用。

检测实验过程中目的蛋白的表达及其生物学活性，采用 Western 印迹，分别对细菌裂解上清、细菌裂解沉淀、Input 上清、共沉淀上清、蛋白酶消化后的磁珠等样品中蛋白的表达进行检测，若磁珠悬液中检测出蛋白，则说明蛋白有活性，可以形成 RNA/ 蛋白复合体，进行后续实验。

五、技术应用

（一）验证蛋白复合物的存在

蛋白质在生物体内发挥作用是通过和其他蛋白质相互作用来实现的，因此蛋白复合物的研究成为近期研究的热点。热休克蛋白（heat shock proteins，HSPs）作为分子伴侣，参与细胞生长、凋亡，在肿瘤的增殖、分化及转移中起着非常重要的作用，并且通过与癌基因的表达产物及肿瘤相关蛋白相互结合而发挥作用，已在人乳腺癌和口腔癌中检测到 HSP70-p53 复合物。为了验证 HSP70-p53 复合物在肝癌中是否存在，用免疫组化染色法从 12 例肝癌组织中筛选 HSP70 与 p53 均呈阳性表达的标本，分别用 HSP70 和 p53 的抗体沉淀样品，然后用 WB 检测双阳性标本中两种蛋白的存在，结果检测到 p53 和 HSP70 蛋白的存在，提示人肝癌中 p53、HSP70 以复合物的形式存在，为肝癌的发病机制及免疫治疗的研究提供新的方向。

HSPs 与肿瘤的发生密切相关，甲胎蛋白（α-fetoprotein，AFP）已用来作为原发性肝癌的诊断及预后指标，因此为了探讨两者的关系，利用免疫细胞化学和 Co-IP，观察到肝癌细胞胞浆中 HSP70 与 AFP 的相互作用，而且 HSP70 相伴 AFP 主要定位于胞浆。用酵母细胞内杂交及体外 Co-IP 试验，均检测到了乙肝 HBeAg 与 CD81 的相互作用，对深入了解 CD81 分子的功能及其在乙肝所致肝细胞损伤中的作用奠定了基础。在戊型肝炎（HEV）研究中，体外 Co-IP 结果证实，作为 HSPs 家族成员的 GRP78/Bip 与 p239 有特异性的结合，为深入研究 HEV 的感染过程（如吸附、入胞）和致病机制提供了有益线索。LRP6 受体为 Wnt 信号通路的胞内区，黑色素瘤相关抗原 MAAT1p15 对 Wnt 信号通路传导有协同激活作用，通过 Co-IP 证实了 MAAT1p15 与 LRP6 之间的相互作用，提示 MAAT1p15 可能参与 Wnt 信号通路对黑色素瘤的发生和转移过程的促进性调节。

（二）发现新的蛋白复合物

p53 基因是一种重要的抑瘤基因，在鼻咽癌中过表达后功能失常，发挥抑癌作用，因此以 p53 蛋白为诱饵，采用免疫共沉淀技术分离出了 9 个与 p53 相结合的蛋白，并用蛋白印迹验证了这 9 个蛋白，其中既有我们熟知的

能与 P53 相结合的蛋白，如 HSP70 家族成员 GRP78 和 GRP75，以及 HSP90
家族成员 GRP94，又有一些新发现的蛋白，如细胞骨架蛋白和蛋白激酶 C，
这为揭示鼻咽癌的发病机制奠定了基础。利用从人肝癌细胞系细胞株 HepG2
内筛选与肝细胞核因子（hepatocyte nuclear factor，HNF）3β 相互作用的蛋
白质，共发现 32 个与 HNF3β 相互作用的候选蛋白，其中并没有检测到已
被发现的与 HNF3β 相互作用的蛋白质，再用数据库检索，发现 LMNA 与
HNF3β 具有相同功能注释，参与转录调控，因此推测 HNF3β 与 LMNA 之
间相互作用的变化与葡萄糖、脂肪代谢及相关疾病的发生有关，而其他与
HNF3β 相互作用的蛋白是未来研究的重点。在激活 B 细胞抗原受体信号
转导通路下游分子的信号转导级联反应以及调节细胞黏附和运动等功能中，
Bam32 与 Hic25 具有相互作用已得到证实。为研究直肠癌的作用机制，利用
Co-IP 技术筛选新鲜结直肠癌原发灶组织标本中与 GPAA1 相互作用的蛋白，
结果得到 5 个蛋白，其中 2 个凋亡相关蛋白，推断 GPAA1 可能通过 Bcl-2
家族蛋白相互作用，从而阻断程序性凋亡过程，促进结直肠癌细胞增殖和生
长。HMGB4 是一个生殖细胞特异性表达的基因，在正常成年人及精原细胞
瘤患者的睾丸中都能检测到阳性信号。

（三）Co-IP 技术在中医药研究中的应用

中医药作为中国传统文化的重要组成部分，其疗效越来越受到国际社会
的肯定。目前，全世界有超过 120 个国家和地区应用针灸治病，针灸治疗的
病谱已达到 461 种。然而，中医理论深奥难懂，中药成分复杂多变，复方发
挥作用的基础更是难以捉摸，这严重制约着中医药的现代化、国际化发展，
因此借助先进的技术手段来揭示中医的科学内涵是中医药走向世界的必然选
择。目前，利用蛋白质组技术在中医药领域进行的研究大部分停留在疾病证
候分析和中药药理等表象方面，对中医基础理论及复方作用的整体性研究相
对较少，这种研究具有一定的片面性，不足以反映中医学"整体观念"和中
药"整体调节"作用的特点。而 Co-IP 检测的是体内实际存在的复合物，能
揭示生理条件下蛋白之间的相互作用，发现蛋白之间的未知作用，能够从整
体上来研究中医理论"整体观念""辨证论治"和中药"整体调节"作用以
及"多层次、多靶点"的蛋白作用基础。因此，该技术越来越受到中医药科
研工作者的重视，事实也证明了其优越性。

（四）揭示中药的作用机制

中药莪术的有效成分 β-榄香烯是中国医药工作者开发出来的二类抗肿瘤新药，具有低毒、高效和广谱等优点，对多种肿瘤细胞具有增殖抑制作用，已广泛用于多种肿瘤的治疗中，如胶质细胞瘤、肝癌及白血病等。有学者应用 Co-IP 技术发现榄香烯阻碍 C6、U87 胶质瘤细胞中 HSP90/Raf-1 分子复合物的形成，破坏了 HSP90 对客户蛋白 Raf-1 的分子伴侣功能，为揭示莪术的抗癌作用奠定了基础。

（五）阐释中医理论科学依据

中医理论认为，肾藏精，肝藏血，肝肾同源，肾主骨生髓，髓生肝。据此，李瀚旻教授继承生机学说，创新肝主升发，提出补肾生髓成肝理论，并以左归丸调控骨髓间质干细胞转化为肝细胞为研究主线，应用蛋白组学技术检测补肾生髓成肝的关键蛋白及 Co-IP 技术揭示蛋白间的相互作用，从蛋白质组学的角度揭示中医理论，发现与关键蛋白相互作用的蛋白有 30 多种，为中医理论的现代化研究及走向国际化开了先河。解毒祛瘀滋肾方对系统性红斑狼疮有效，可以显著降低患者血清白细胞介素 2（interleukin-2，IL-2）受体的水平，而环孢素 A 与亲环素形成复合物后结合细胞内钙调神经磷酸酶，干扰丝氨酸/苏氨酸磷酸酶活性，进而影响 IL-2 的激活和释放。用 Co-IP 发现该方可显著提高糖皮质激素受体（glucocorticoid receptor，GR）α 与亲环素 A 的结合力，因此可上调 GRα 的表达，并增强 GRα 与亲环素 A 的相互作用，揭示解毒祛瘀滋肾方对 MRL/lpr 狼疮小鼠肾组织修复的作用机制。

第三节　荧光素酶报告基因技术

一、原理

荧光素酶报告基因是指以荧光素（luciferin）为底物来检测萤火虫荧光素酶（fireflyluciferase）活性的一种报告系统。荧光素酶可以催化荧光素氧化成氧化荧光素，荧光素氧化的过程中会发出生物荧光（bioluminescence）。

二、技术方法

（一）基因组 DNA 提取

取动物组织或细胞，按组织 / 细胞基因组 DNA 快速提取试剂盒说明提取基因组 DNA，光度计测定产物在 260 nm 处吸收值，以计算其浓度。使用 1% 琼脂糖凝胶电泳检测 DNA 纯度及完整性。提取的基因组 DNA 置于 –20 ℃ 环境下存备用。

（二）目的片段引物的设计及合成

根据 PCR 引物设计原则和基因序列，应用引物设计软件设计引物。

（三）目的片段的扩增

以基因组 DNA 为模板，用上游和下游引物，扩增目的基因的 DNA 序列，扩增体系为 LA Taq DNA 聚合酶 0.5 μL、2 × GC Buffer I 25 μL、dNTP mix 1 μL、模板 DNA2 μL、P11 μL、P21 μL、灭菌双蒸水 19.5 μL。反应参数设置如下：94 ℃预变性 5 min，94 ℃变性 30 s，55 ℃复性 30 s，72 ℃延伸 2 min，扩增 25 个循环，72 ℃最后延伸 5 min。取 5 L PCR 产物行于琼脂糖凝胶中，在 100 V 电压下电泳，在 256 nm 紫外灯下观察结果。

（四）目的片段的克隆及鉴定

从琼脂糖凝胶中切出需回收的产物电泳条带，用胶回收试剂盒对 PCR 反应产物进行纯化后再次进行琼脂糖凝胶电泳确认。将 PCR 纯化产物与 pMD 18–T simple vector 连接。连接体系为 PM 18–T simple vector 1、Solution I 5 L、PCR 纯化产物 3 L、灭菌双蒸水 1 L 体系置于 PCR 仪中 16 ℃下连接 2 h。连接的 PCR 产物转化感受态细菌后，接种于特异性培养皿培养筛选。取阳性克隆菌落，用通用引物行菌落 PCR，以鉴定目的片段是否转入。将经过鉴定的阳性克隆菌落摇菌，提质粒，测序。

（五）表达载体的构建

扩大培养细菌，提取质粒，将质粒目标位经限制性内切酶双位消化，割胶回收纯化之后与经限制性内切酶消化的载体连接、转化到感受态中。筛选获得重组载体位，经 PCR 和双酶切鉴定后测序，测序结果符合设计需要。

（六）细胞转染及相对荧光素酶活性检测

（1）重组质粒转染：将对数生长期的细胞以 105 每孔的浓度铺 24 孔板，根据 Lipofectamine 2000 转染试剂说明书配制转染混合物（24 孔板每孔量）；目标位启动子荧光素酶报告质粒，37 ℃、5% CO_2 饱和湿度下培养 48 h 后收集细胞。

（2）相对荧光素酶活性检测：参照试剂盒说明测定荧光素酶活性。

三、结果判断

萤火虫荧光素酶活性值除以海肾荧光素酶活性值，为相对荧光素酶活性强度值。相同条件下，重复 3 次，结果取平均值。

四、技术应用

生物发光成像广泛用于细胞凋闭、蛋白质间的相互作用、免疫细胞的迁移、癌症及其药物的研究等多领域。最近几年，这种技术开始应用于干细胞的研究中，可在活体内观察干细胞的行为和生物学特性及其转归。可以准确得到活动物体内靶位置的干细胞在各个时间点的生存和分化情况，动态、全面地检测靶细胞在体内的转归过程，加速干细胞在肿瘤、组织工程等领域中的研究，为干细胞的示踪提供了一个有效的手段。

（一）双荧光素酶报告基因系统在遗传毒性检测中的应用

正常情况下，生物体内的 p53 蛋白水平维持在较低水平，当细胞出现 DNA 损伤或者低氧刺激时，p53 蛋白就会大量表达并通过三种方式：应答 DNA 损伤，激活 p21 基因的表达；引起细胞周期阻滞，激活 DNA 修复相关基因的表达；如果损伤过度，p53 基因就会激活促凋亡基因的表达，诱导细胞凋亡。因此，p53 蛋白的表达水平和转录活性的提高是细胞出现

DNA 损伤的一种重要表现形式。在此理论基础上，可以构建由 p53 或 p53 靶基因的启动子驱动的荧光虫荧光素酶表达载体，辅以海肾荧光素酶报告基因载体（如 pRL-CMV）作为内参质粒转染到细胞中，观察具有遗传毒性的化学物质对荧光素酶报告基因表达的诱导性，从而检测化学物质遗传毒性。

（二）双荧光素酶报告基因系统在信号通路研究中的应用

双荧光素酶报告基因系统常被运用于研究 p53 信号通路及 NF-κB 信号通路。p53 信号通路通常构建由 p53 或 p53 靶基因的启动子驱动的荧光虫荧光素酶表达载体并转染到细胞系，在此基础进行 p53 信号通路相关的研究。NF-κB 即核转录因子，NF-κB 信号通路核心成分是 IκB 激酶复合物、IκB 抑制蛋白和 NF-κB 二聚体。当细胞受到来自胞内外的刺激后，IκB 蛋白降解，NF-κB 二聚体释放。释放后的 NF-κB 二聚体被进一步激活后转移至细胞核，与目的基因结合，以促进目的基因的转录。

（三）双荧光素酶报告基因系统在转录活性分析中的应用

某些转录因子仅与其靶启动子中的特异顺序（顺式作用元件）共价结合，从而对基因的表达起抑制或增强的作用。荧光素酶报告基因实验是检测这类转录因子和共靶启动子中的特异顺序结合的重要手段。Naoko MATSUO 等通过测定萤火虫荧光素酶和海肾荧光素酶报告基因在高等植物中的表达来监测瞬态基因的表达情况。Jason W. Harger 等在酵母表达载体上的海肾和萤火虫报告基因之间插入移码信号，通过检测这两种蛋白的活性来研究啤酒酵母中的移码编程。

第四节　酶联免疫吸附测定法技术

一、技术介绍

酶联免疫吸附测定法（Enzyme-Linked Immunosorbent Assay，ELISA）是免疫学诊断中的一项新技术，不仅可以应用于多种病原微生物所引起的传染病、寄生虫病及非传染病等方面的免疫学诊断，还可以应用于分子抗原和抗体的测定，已逐渐成为21世纪生物医学领域研究的主流。因此，该方法在科学实验中是较常用的方法之一，但仍存在一些亟待解决与需要注意的问题。ELISA操作简单，但影响其取得成功的因素较多，如材料选择是否合适、操作步骤是否正确等，其中一个因素的改变可能会影响到其他条件的改变，最终影响到结果的准确性。鉴于此，笔者在介绍ELISA概况与基本原理的基础上，分析了在实际操作步骤中需要注意的问题，以期为今后的实验的提供一定的参考与借鉴。

二、技术方法

（一）加样

1 : 50 的 streptavidin 包被聚氯乙烯板，50 μL/孔 4 ℃过夜。次日以 2×SSC（0.15 mol/L NaCl 溶液，15 mmol/L 柠檬酸钠溶液）洗涤 4 次，每孔加 40 μL 杂交液（含 200 μL/mL 鲑鱼精子 DNA 的 5×SSC 液）及 10 μL TRAP 反应产物液，37 ℃混匀 30 min，每孔用 2×SSC 液洗 2 次。

（二）孵育

每孔中加入 200 μL 变性液（0.5 mol/L NaOH 溶液），室温下 5 min，将变性液移出，用 2×SSC 液洗 2 次，每孔加入 100 μL 溶解于杂交液中的 20 pmol 荧光素标记的端粒重复序列探针，50 ℃温育 30 min 后，用 2×SSC 液 200 μL 冲洗 2 次。

（三）显色

用 200 μL 洗液（0.1 mol/L Tris–HCl pH 溶液 7.5，0.3 mol/L NaCl 溶液，0.2 mol/L MgC_{l2} 溶液，0.05 %Tween–20）洗 2 次，抗荧光素 –POD 抗体用孵育液（0.1 mol/ L Tris–HCl pH 7.5，0.3 mol/L NaCl，0.2 mol/ L MgC_{l2}，0.05 % Tween–20，1% 牛血清白蛋白）1 : 1000 稀释后，然后加入 100 μL 含邻苯二胺的底物缓冲液，使用前 H_2O_2 激活，37 ℃下反应进行 20 min，以 15 μL 2 mol/ L H_2SO_4 终止反应，在酶联计数仪 492 nm 读取 A 值。

三、注意事项

（一）材料

材料的选择最为关键。一些试剂在配制后不宜放置过久，如稀释液、包被液、缓冲液等只能满足一阶段试验的要求，但有些试剂（如显色液）必须现配现用。因此，在进行试验之前，必须制订详细的计划，严格按照计划操作，尽可能减少对试验结果的影响。同时，应选择质量优良的检测试剂，严格按照试剂说明书进行操作，操作前应将试剂在室温下平衡 30～60 min。酶标板有很多类型，价格不等，进口板质量较好，如丹麦 NUNC 公司生产的 96 孔可拆酶标板质量较好，国产板价格则较便宜，但并不是越贵的酶标板质量越好，针对不同的反应，应选择不同的酶标板，因此在进行试验时，应选择一种最合适的酶标板。

（二）加样

在 ELISA 中操作最多的是加样，其涉及实验中的每一步骤。目前，加样一般都使用微量加样器，按规定的量加入板孔中。加样时应先注意将所加物加在板孔底部，避免加在孔壁上部，不可溅出，不可产生气泡。在加入不同物质时应更换吸嘴，以免发生交叉污染。另外，在显色时，最好使用多道微量加样器，使加液过程迅速完成，因为显色对时间的要求较高，最好是同一时间显色，加样时间越统一，结果误差越小。

（三）稀释

在整个 ELISA 操作中，包被抗原、血清、抗体、酶标二抗等都需要稀释，可以说稀释关系到检测的精确性。在稀释过程中，要注意使用同一类产品，即同一微量加样器、吸嘴和容器，保证所稀释液体容量一致。稀释可在试管中按规定的稀释度稀释后再加样，也可在板孔中加入稀释液，再加入标本，然后在微型振荡器上振荡 1 min，以保证混合均匀。

（四）孵育

实验室常用的孵育温度一般为 37 ℃与 4 ℃（冰箱温度）。37 ℃常用恒温箱，酶标板应放在湿盒内，湿盒要选用传热性良好的材料（如金属等），在盒底垫湿纱布，最后将酶标板置于湿纱布上，若无湿盒，可选用与 ELISA 板规格一样的细胞培养板的盖子盖住酶标板或用塑料贴封纸或保鲜膜覆盖板孔，但无论使用哪种方式，酶标板均不宜叠放，以保证各板的温度能迅速平衡。孵育时间一般为 1.0 ～ 1.5 h，若人为延长孵育时间，则易导致非特异性结合紧附于反应孔周围，难以清洗彻底。必要时，个别步骤（如封闭时间）就需要检测不同的孵育时间，以确定最佳孵育时间。例如，采用 4 ℃ 孵育，则应将酶标板包好，以免试剂与外界反应或蒸发。

（五）洗涤

在 ELISA 过程中，洗涤虽不是一个反应步骤，但也决定了试验的成败。ELSIA 是靠洗涤达到分离游离的和结合的酶标记物的目的，以清除残留在板孔中未与固相抗原或抗体结合的物质，以及在反应过程中非特异性地吸附于固相载体的干扰物质。聚苯乙烯等塑料对蛋白质的吸附是普遍性的，在洗涤时应把这种非特异性吸附的干扰物质洗涤下来。可以说，在 ELISA 操作中，洗涤是最主要的关键技术，应引起操作者的高度重视，操作者应严格按照要求洗涤，掌握洗涤技术，保证洗液注满各孔。洗板后最好在吸水纸（选择干净、无或少尘的吸水材料）上轻轻拍干，严格遵守洗涤时间，不得马虎。

（六）显色

显色是 ELISA 中的最后一步反应，这时酶催化无色底物，生成有色产物。反应温度和时间仍是影响显色的因素。在一定时间内，阴性孔可保持无色，阳性孔则随时间的延长而加强呈色。适当提高温度有助于加速显色。在定量测定中，加入底物后的反应温度和时间应按规定力求准确。定性测定的显色可在室温进行，时间一般不需要严格控制，有时可根据阳性对照孔和阴性对照孔的显色情况，适当缩短或延长反应时间，及时判断。

（七）读板

比色前，应先用洁净的吸水纸拭干酶标板底附着的液体，然后将板正确放入酶标仪的比色架中。酶标仪应安置在避光环境下，操作室温度宜在15 ～ 30 ℃，在使用前，应先预热酶标仪 15 ～ 30 min，可使结果更加稳定。

同时，因酶标仪品种性能有所不同，在使用中应详细解读说明书，严格按照规程操作。

四、结果判断

为使 ELISA 法标准化，实验以 100 ng 标准品为标准对照，通过 12 次独立实验确定其标准 OD 值为 1.1。不同批次样品 OD 值可利用标准对照按下述公式加以校正：OD 校正 =（1.1 /OD 标准）× OD 样品。建立曲线和方程式求得相应蛋白浓度。

五、技术应用

（一）临床诊断和医学研究中的应用

ELISA 技术被广泛地用来检测与感染性疾病相关的病原因子和相应的抗体、体液中的抗原成分、激素和药物等。用于临床医学类研究的标本通常以人的血液和尿液等为主，还包括粪便、组织等。在基础医学研究中，ELISA 检测标本来源广泛，包括人、鼠、兔、猪、犬等多种实验用动物的血液、组织、细胞及细胞培养的上清液等。

ELISA 可以测定的项目：①抗原及其抗体的检测。ELISA 在传染性疾病和病毒检测中具有突出的优势，如甲型 H1N1 流感病毒、艾滋病毒、巨细胞病毒、柯萨奇病毒 A 组 16 型、狂犬病毒、肝炎病毒、肠道病毒、风疹病毒、疱疹病毒和脊髓灰质炎病毒等，其敏感性都超过目前常用的检查方法。在细菌感染的检测方面包括链球菌、金黄色葡萄球菌、布氏杆菌等。ELISA 在免疫性疾病方面可进行自身免疫病抗体的测定和对过敏的诊断，如检测各种过敏原的抗体、甲状腺球蛋白抗体、红斑性狼疮抗体、血清抗碳酸酐酶Ⅲ抗体等。② 蛋白质的检测。各种免疫球蛋白、肿瘤标志物（如甲胎蛋白、胰岛素、癌胚抗原、磷酯酰肌醇蛋白聚糖 3、诱骗受体 3（dcR3）、前列腺碱性磷酸酶）及其他蛋白等。③非肽类激素的检测。例如，雌二醇、皮质醇等。④血液中药物浓度的检测。例如，治疗心脏病类药物、抗哮喘药物、抗癫痫药物、抗生素、庆大霉素等。这些利用 ELISA 建立起来的检测方法为保障人们的健康与安全提供了一条便捷有效的途径。

（二）食品安全方面的应用

食品是人类赖以生存的物质基础，食品的安全问题关系到人类的健康和国计民生的重大问题。随着食品工业的发展，传统的分析方法已经不能满足食品检测的需求。ELISA 在食品检测中得到了广泛的应用：①食品饲料中微生物的检测。用该法对沙门菌、李斯特菌、大肠杆菌、曲霉、毛霉等进行检测，反应特异性和敏感性高，检测时间短。②食品中毒素的检测。主要用于水产生物毒素的检测。③食品中残留药品的检测。主要涉及动物和植物性食品的检测，包括动植物体内的抗生素、添加剂和药物残留（如水果蔬菜中的百草枯、蜂蜜中的磺胺类药物），用于兽药残留尤其是动物性产品中兽药残留的检测（链霉素、氯霉素、青霉素、四环素、盐霉素、磺胺二甲基嘧啶等）。传统的仪器分析方法（高效液相色谱法、气相色谱法、薄层色谱法等）在兽药残留分析中虽然具有较大的优势，但其前处理过程复杂、仪器昂贵、效率低下，不能适应以筛选为目的的大量检测样本分析。ELISA 由于具备灵敏度高、特异性强、方便和成本低等优点，越来越多地被应用于兽药残留检测。④外源性污染物残留，富集作用，寄生虫、细菌、病毒等的感染及食品中其他成分的检测。例如，对鲜乳中三聚氰胺的检测和食品中"瘦肉精"的检测。⑤转基因食品的检测。国外已开发出用于检测转基因食品的 PCR ELISA 试剂盒，我国也建立了转基因食品（如大豆、水稻、鱼）的 PCR ELISA 检测法。

（三）植物资源研究方面的应用

ELISA 在植物资源方面的应用主要如下：①用于植物病毒的流行病学分析，研究不同的寄主和介主的关系。随着我国植物种质资源的引进和生态环境的改变，植物病毒株系分化和变异也在不断出现。利用 ELISA 对植物病毒的分布情况进行追踪调查，研究变异株系的地域性，对植物流行病学的研究具有指导意义。②用于种子健康测试。秦碧霞等从感染黄瓜绿斑驳花叶病毒的葫芦植株上收取种子，通过双抗体夹心酶联免疫吸附法检测种子的带毒情况，检出率为 100%。③大规模经济作物中的植物病毒以及自然寄主中的植物病毒的检测等。目前，ELISA 检测已经应用于番茄、黄瓜、甜菜、甘蔗、花生等多种经济作物病毒的检测和预防中。④中药材有效成分质量的检测。谭铭铭等使用抗 SSa 单克隆抗体建立竞争性 ELISA 法测定广州市售柴胡药材中柴胡皂苷 a（SSa）的含量，发现市售柴胡药材质量参差不齐，约 30% 不符合药典要求。

（四）环境监测方面的应用

20 世纪 80 年代后期，随着半自动化和自动化 ELISA 分析仪的问世和发展，ELISA 技术在药物残留检测中的应用也越来越广泛。其可以用于检测水、土壤中的异丙甲草胺、苯并咪唑及多种农药等。有机磷和菊酯类农药广泛用于全球各国，为农业发展起到了重要作用。但由此产生的毒物经生物圈物质循环后重新汇集到水中，对水环境产生了负面影响。海藻水华产生的微囊藻毒素（MCs）是一类环状七肽毒素，具有很强的毒性，人类饮用被污染的水源后残留在体内的毒素逐渐积累富集会造成人体中毒。ELISA 被用于水质检测已有多年，近年来刘延凤等建立了氯菊酯农药残留的 ELISA 检测方法，抗血清检测线性范围为 $10 \sim 800$ μg·L-1，平均回收率大于 97%，且与其他类似结构农药交叉反应率很低。此外，氯代芳烃化合物、二恶英化合物等有机物长期以来一直是环境科学研究的热点，ELISA 法对如何快速检测其在水质、土壤、空气中的浓度发挥了重要作用。

（五）生态学研究中的应用

食物关系分析可以使我们更好地理解和预测生态系统的一些基本过程，更好地了解相互作用的多物种系统的多样性格局和动态，为害虫管理提供了新思路。目前，研究者认为最有前途、应用最多的检测捕食作用的方法是以免疫学为基础的 ELISA 检测法。最早将 ELISA 引入捕食作用研究的是 Finchter 和 Stephen。 此后，Ragsdale 等应用 ELISA 研究了大豆上一系列捕食者对稻绿蝽的捕食作用。

参考文献：

[1] KEL A E, KEL-MARGOULIS O V, FAENHAM P J, et al. Computer-assisted identification of cell cycle-related genes: New targets for E2F transcription factors[J]. Journal of Molecular Biology, 2001, 309(1): 99–120.

[2] DALMASSO G, NGUYEN H T T, YAN Y, et al. Butyrate transcriptionally enhances peptide transporter PepT1 expression and activity[J]. PLOS ONE, 2008, 3(6): 2476–2489.

[3] LI B, SAMANTA A, SONG X, et al. FOXP3 is a homo–oligomer and a component of a supramolecular regulatory complex disabled in the human XLAAD/IPEX autoimmune disease[J]. International Immunology, 2007, 19(7): 825–835.

[4] SAMANTA A, LI B, SONG X, et al. TGF–β and IL–6 signals modulate chromatin binding and promoter occupancy byacetylated FOXP3[J]. Proceedings of the National Academy of Sciences of the United States of America, 2008, 105(37): 14023–14027.

[5] TUOC T C, STOYKOVA A. Trim11 modulates the function of neurogenic transcription factor Pax6 through ubiquitinproteosome system[J]. Genes and Development, 2008, 22(14): 1972–1986.

[6] XU Y, ZHOU Y L, GONZALEZ F J, et al. CCAAT/enhancer–binding protein δ (C/EBP δ)maintains amelogenin expression in the absence of C/EBP α in vivo[J]. Journal of Biological Chemistry, 2007, 282(41): 29882–29889.

[7] DOI R, OiISHI K, ISHIDA N. Clock regulates circadian rhythms of hepatic glycogen synthesis through transcriptional activation of Gys2[J]. Journal of Biological Chemistry, 2010, 285(29): 22114–22121.

[8] ZHAO W, WANG L, ZHANG L, et al. Differential expression of intracellular and secreted osteopontin isoforms by murine macrophages in response to toll–like receptor agonists[J]. Journal of Biological Chemistry, 2010, 285(27): 20452–20461.

[9] WU C H, SAHOO D, ARVANITIS C, et al. Combined analysis of murine and human microarrays and ChIP analysis reveals genes associated with the ability of MYC to maintain tumorigenesis[J]. PLoS Genetics, 2008, 4(6): 1000090–1000115.

[10] NIE L, VÁZQUEZ A E, YAMOAH E N. Identification of transcription factor–DNA interactions using chromatin immunoprecipitation assays[J]. Methods in Molecular Biology, 2009 (493) : 311–321.

[11] CHAYA D, ZARET K S. Sequential Chromatin immunoprecipitation from animal tissues [J]. Methods in Enzymology, 2004 (376) : 361–372.

[12] EZHKOVA E, TANSEY W P. Chromatin immunoprecipitation to study protein –DNA interactions in budding yeast [J]. Methods in Molecular Biology(Clifton, N.J.), 2006 (313) : 225–244.

[13] SANDMANN T, JAKOBSEN J S, FURLONG E E M. ChIP–on–chip protocol for genome–wide analysis of transcription factor binding in Drosophila melanogaster embryos[J]. Nature Protocols, 2006, 1(6): 2839–2855.

[14] MARTY F. Plant vacuoles[J]. Plant Cell, 1999, 11(4): 587–599.

[15] REISEN D, MARTY F, LEBORGNE–CASTEL N. New insights into the tonoplast architecture of plant vacuoles and vacuolar dynamics during osmotic stress[J]. BMC Plant Biology, 2005 (5) : 13.

[16] MÜLNTZ K. Protein dynamics and proteolysis in plant vacuoles[J]. Journal of Experimental Botany, 2007, 58(10): 2391–2407.

[17] JACKSON J P, JOHNSON L, JASENCAKOVA Z, et al. Dimethylation of histone H_3 lysine 9 is a critical mark for DNA methylation and gene silencing in Arabidopsis thaliana[J]. Chromosoma, 2004, 112(6): 308–315.

[18] BOWLER C, BENVENUTO G, LAFLAMME P, et al. Chromatin techniques for plant cells [J]. Plant Journal, 2004, 39(5): 776–789.

[19] GENDREL A V, LIPPMAN Z, MARTIENSSEN R, et al. Profiling histone modification patterns in plants using genomic tiling microarrays [J]. Nature Methods, 2005, 2(3): 213–218.

[20] GENDREL A V, LIPPMAN Z, YORDAN C, et al. Dependence of heterochromatic histone H_3 methylation patterns on the Arabidopsis gene DDM1 [J]. Science, 2002, 297(5588): 1871–1873.

[21] JOHNSON L M, CAO X, JACOBSEN S E. Interplay between two epigenetic marks: DNA methylation and histone H_3 lysine 9 methylation[J]. Current Biology, 2002, 12(16): 1360–1367.

[22] HARING M, OFFERMANN S, DANKER T, et al. Chromatin immunoprecipitation: Optimization, quantitative analysis and data normalization[J]. Plant Methods, 2007, 3(1): 11–26.

[23] ZHANG X, CLARENZ O, COKUS S, et al. Whole–genome analysis of histone H_3

lysine 27 trimethylation in Arabidopsis [J]. PLoS Biology, 2007, 5(5): 1026–1035.

[24] MATARASSO N, SCHUSTER S, AVNI A. A novel plant cysteine protease has a dual function as a regulator of 1 –aminocyclopropane–1–carboxylic acid synthase gene expression [J]. Plant Cell, 2005, 17(4): 1205–1216.

[25] CHAKRAVARTHY S, TUORI R P, D'ASCENZO M D, et al. The tomato transcription factor Pti4 regulates defense–related gene expression via GCC box and Non–GCC box cis elements[J]. Plant Cell, 2003, 15(12): 3033–3050.

[26] IWAYA K, TSUDA H, FUJITA S, et al. Natural state of mutant p53 protein and heat shock protein 70 in breast cancer tissues [J]. Lab Invest, 1995, 72(6)：707–714.

[27] KAUR J, SRIVASTAVA A, RALHAN R. p53–HSP70 complexes in oral dysplasia and cancer: potential prognostic implications[J].Eur J Cancer B Oral Oncol, 1996, 32B(1)：45–49.

[28] 崔崇伟, 杨守京, 刘雁平, 等 . 人肝癌组织中 P53 与 HSP70 相互作用的初步研究 [J]. 细胞与分子免疫学杂志 , 2003, 19(2)：195–199.

[29] 王小平, 王巧侠, 董丽娜, 等 . 人肝癌细胞 BEL–7402 中热休克蛋白 70 相伴甲胎蛋白的实验研究 [J]. 生物学杂志 , 2006, 23(4)：18–21.

[30] 李伯安, 刘岩, 李靖, 等 .HBeAg 与 CD81 分子结合的研究 [J]. 细胞与分子免疫学杂志 , 2004, 20(6)：686–688.S

[31] 吴小成, 何水珍, 郑子峥, 等 .HepG2 细胞中与戊型肝炎病毒衣壳蛋白相互作用蛋白的初步研究 [J]. 病毒学报 , 2006, 22(5)：329–333.

[32] 韩亮, 张新军, 黄世思, 等 . 黑色素瘤相关抗原 MAAT1p15 与 LRP6 的相互作用及其对 Wnt 信号通路的调控 [J]. 中国生物化学与分子生物学报 , 2004, 20(6): 827–832.

[33] 吴燕, 刘北忠, 王翀, 等 . 带核定位信号的 RARα 与谷氨酸氨连接酶蛋白相互作用的胞内外验证 [J]. 第二军医大学学报 , 2010, 31(5)：468–471.

[34] WEINRIB L, LI J H, DONOVAN J, et al. Cisplatin chemotherapy plus adenoviral p53 gene therapy in EBV positive and negative nasopharyngeal carcinoma [J]. Cancer Gene Ther, 2001, 8(5)：352–360.

[35] 胡巍, 肖志强, 陈主初, 等 . 鼻咽癌细胞中 p53 相互作用蛋白质的分离和鉴定 [J]. 生物化学与生物物理进展 , 2004, 31(7)：628–633.

[36] 孙婷婷，宋丽娜，于淼，等．免疫共沉淀联合质谱对肝细胞核因子 3β 蛋白复合体的分离鉴定 [J]. 生物技术通报，2011, 22(5)：662–666.

[37] 程小星，邓少丽，蹇锐，等．B 淋巴细胞信号转导相关接头蛋白 Bam32 与 Hic-5 的相互作用 [J]. 中国生物化学与分子生物学报，2005, 21(6)：796–800.

[38] 陈光，李世拥，安萍，等．免疫共沉淀联合质谱分析筛选结直肠癌组织中 GPAA1 相互作用蛋白的初步研究 [J]. 中华普外科手术学杂志 (电子版), 2014, 8(1)：59–62.

[39] 郑斌，尹志奎，詹希美，等．弓形虫 MIC6 羧基端与醛缩酶相互作用的鉴定 [J]. 中国人兽共患病学报，2013, 29(9)：883–890.

[40] 王成，赵晓蒙，帅勇，等．免疫共沉淀结合质谱分析筛选 HMGB4 相互作用蛋白 [J]. 湖南师范大学自然科学学报，2012, 35(2)：71–75.

[41] 赵永顺，董斌，吴春明，等．榄香烯阻碍大鼠胶质瘤 C6 细胞 ERK 信号通路中 Hsp90/Raf-1 分子复合体的形成 [J]. 实用药物与临床，2011, 14(4)：274–276.

[42] 高翔．"补肾生髓成肝"关键蛋白质相互作用的机制研究 [D]. 武汉：湖北中医药大学，2012.

[43] 徐莉，季巾君，谢志军，等．解毒祛瘀滋肾方对 MRL/lpr 狼疮小鼠肾组织 GRα 的调控作用研究 [J]. 中国中西医结合杂志，2011, 31(11)：1527–1530.

[44] 薛丽香，童坦君，张宗玉．报告基因的选择及其研究趋向 [J]. 生理科学进展，2002, 33(4)：364–366.

[45] 王健，周建光，李杰之，等．PC-1 基因在肿瘤组织中的表达及其启动子区的克隆和活性分析 [J]. 癌症，2002, 2 l(11)：1187–1191.

[46] 徐瑞霞，时娜，宋莉，等．ELISA 方法在基础医学研究中的应用及注意事项 [J]. 标记免疫分析与临床，2011, 18(6)：429–432.

[47] 王云龙，周春峰，孙新城，等．甲型 H1N1 流感病毒双抗体夹心 ELISA 检测方法的初步建立 [J]. 动物医学进展，2011, 32(8)：37–41.

[48] 贾继宗，韩金乐，杨亮，等．柯萨奇病毒 A 组 16 型抗原的 ELISA 定量检测方法建立 [J]. 中国免疫学杂志，2012, 28(4)：351–354.

[49] 施文正，汪之和．酶联免疫吸附分析法在食品分析中的应用 [J]. 食品研究与开发，2003, 24(3)：84–87.

[50] 吕伟．ELISA 的应用现状 [J]. 高新技术产业发展，2011 (3)：20.

[51] 刘辰庚, 王培昌. 血清抗碳酸酐酶 III 抗体 ELISA 检测方法的建立与初步应用 [J]. 山东医药, 2011, 51(28)：34-37.

[52] 江枫, 肖明兵, 倪润洲, 等. 血清 glypican 3ELISA 检测法的建立及初步应用 [J]. 临床检验杂志, 2011, 29(4)：244-246.

[53] 孙艳, 兰小鹏, 张鲁榕, 等. dcR 3 双抗体夹心 ELISA 法的建立及其在原发性肝癌中的应用前景 [J]. 实用医学杂志, 2009, 25(6)：970-973.

[54] 焦奎, 张书圣. 酶联免疫分析技术及应用 [M]. 北京：化学工业出版社, 2004.

[55] 李闽针, 黄晓宇, 马群飞. 麻痹性贝类毒素 ELISA 快速检测方法的建立 [J]. 海峡预防医学杂志, 2008, 14(5)：55-56.

[56] 冯刚, 张俊升, 徐学前, 等. ELISA 法测定蜂蜜中的磺胺类药物残留量 [J]. 现代畜牧兽医, 2009(9)：39-40.

[57] 孙永江, 任立新. ELISA 在食品动植物及其产品安全检测中的应用 [J]. 口岸卫生控制, 2003, 8(5)：16-18.

[58] 陈俊峰, 贾敬亮, 张红艳. 酶联免疫法检测生鲜乳中三聚氰胺的研究 [J]. 乳业科学与技术, 2011(1)：30-32.

[59] 潘水春, 奚志龙, 严敏鸣. 竞争法 ELISA 的应用与"瘦肉精"的检测 [J]. 上海畜牧兽医通讯, 2004(4)：19.

[60] 雷勃钧, 单红, 吕晓波. PCR ELISA 法对大豆品种的转基因定性检测研究 [J]. 大豆科学, 2004, 23(1)：64-67.

[61] 李瑛, 黄惠英, 张金文, 等. 兰州百合病毒多重 PCR 和 ELISA 检测体系的比较与应用 [J]. 甘肃农业大学学报, 2011, 46(3)：59-64.

[62] 施曼玲, 吴建群, 郭维, 等. 芜菁花叶病毒单克隆抗体的制备及检测应用 [J]. 微生物学报, 2004, 44(2)：185-188.

[63] 秦碧霞, 蔡健和, 陆秀红, 等. 葫芦种子传黄瓜绿斑驳花叶病毒的检测 [J]. 植物保护, 2011, 37(3)：109-112.

第六章 离子通道检测技术

一、技术介绍

细胞膜上的离子通道是生物电活动的基础，它们是由蛋白质单体或多聚复合体构成的一类具有选择功能的亲水性孔道，是细胞产生兴奋的基础，也是产生生物电信号的基础，具有重要的生理功能。这些蛋白不仅可以调节细胞内外的渗透压，还是维持细胞膜电位的重要分子。离子通道存在于所有可兴奋细胞中，它们不但是药物发挥作用的主要靶点，而且参与生命活动的许多生理过程。这些蛋白质的基因变异和功能障碍与许多疾病的发生有关，通道蛋白结构和功能变异伴随着离子通道门控特性的改变，从而导致各种疾病。离子通道研究的理论意义就是要从分子水平揭示通道蛋白的空间构象变化和通道门控特性与动力学的关系。

二、技术方法

（一）溶液试剂制备

台氏液（mmol / L）：NaCl 147，KCl 4，CaCl2 2，NaH2PO4 0.42，Na2HPO4 2，MgCl2 1.05，Glucose 5.5，以 NaOH 调 pH 7.4；PSS（mmol/L）：NaCl 134.8，KCl 4.5，HEPES 10，MgCl2 1，Glucose 10，CaCl2，以 Tris 调 pH 7.4。钙通道电极内液（mmol/L）：CsCl 135，MgCl2 4，HEPES 10，Na2ATP 2，EGTA 10，TEA 20，以 Tris-Base 调 pH 7.4。IK（Ca）电极内液（mmol/L）：天冬氨酸 110，Mg-ATP 5，HEPES 5，MgCl2 1，KCl 20，EGTA 0.1，di-tris-creatine phosphate 2.5，di-sodium creatine phosphate 2.5，以 KOH 调 pH 7.4。IK（v）电极内液（mmol/L）：天冬氨酸 110，Mg-ATP 5，HEPES 5，MgCl2 1，KCl 20，EGTA 10，CdCl 21，di-tris-creatine phosphate 2.5，di-sodium-creatine phosphate 2.5，以 KOH 调 pH 7.4。

（二）细胞的分离

取所要的组织放入台氏液中置于 4 ℃冰箱中保存 15 min 左右。消化液含 1% Ⅱ型胶原酶、0.05% 胰蛋白酶抑制剂、0.05% 二硫苏醇糖及 0.2% 牛血清白蛋白，使用前现配。将组织放入酶消化液中，在 36 ～ 36.5 ℃的恒温水浴中酶解 25 ～ 35 min。酶解完毕后，用无钙 PSS 漂洗数次，并于 4 ℃的台式液中保存。实验前用吸管反复吹打直至液体变浑浊，取上清液即可得单个细胞。

（三）IK（Ca）和 IK（v）的记录

取细胞悬浮液约 0.1 mL 接种于细胞灌流槽中，放置 20 min，使细胞自然沉降、贴壁，PSS 灌流。用电极内液充灌玻璃微电极，在倒置显微镜下通过微操纵器调节电极封接细胞。当细胞膜与玻璃微电极形成高阻封接（封接电阻 >1 GΩ）后，电击破细胞膜，然后用 PSS 灌流，以 –60 mV 为钳制电压钳制细胞、20 mV 为阶跃，检测 IK（Ca）和 IK（v）。

（四）L 型钙通道的记录

将 0.1 mL 细胞悬浮液接种于灌流槽中，放置 20 min 使之沉降、贴壁，以 Ba^{2+} 作为载流子检测钙通道，用含 10 mmol/L Ba^{2+} 的 PSS 灌流。在倒置显微镜下通过微操纵器调节电极封接细胞。当细胞膜与玻璃微电极形成高阻封接（封接电阻 >1 GΩ）后，电击破膜，用 PSS 灌流，以 –80 mV 为钳制电压钳制细胞、20 mV 为阶跃，检测 IBa。

三、注意事项

（一）溶液配制

在膜片钳实验中，合理选用溶液是一个非常关键的问题。溶液的选择主要是根据所选择的细胞和所要研究通道的不同，使其尽量接近细胞自然生存的内外环境。在配制过程中务必要保证溶液的清洁，因此将与溶液接触的玻璃器皿全部进行高温灭菌，并且将配制好的溶液经过内径为 2 μm 的微孔滤膜过滤。配制好的内液一般按小容量分装，放入冰箱冷冻保存，实验前解冻，外液也按一定的量分装并冷藏保存。需要注意的是，实验所用的溶液必须进行 pH 值和渗透压的调节。

（二）细胞制备

实验结果是否有效在很大程度上取决于细胞的活性状态。在膜片钳实验中，制备细胞标本的方法有细胞培养、急性分离、在体膜片钳记录。根据不同的实验情况具体而定。

（三）电极充灌

根据实验要求，选用参数合适的玻璃毛坯管进行拉制和熔断处理，数量随实验需要而定。进行膜片钳实验的电极需进行两步拉制，拉制成功后，用配制好的胞内或胞外溶液进行充灌。给电极充灌溶液时，先要将电极尖端浸于溶液中，利用毛细现象充灌电极尖，同时判断电极的尖端是否损坏，再用尖端很细的自制注射器从电极尾部反向充灌溶液。注意电极内液不要灌得太满，否则会浸湿探头内部增加噪声，并且整个过程一定要防止灰尘污染。

（四）挑选细胞

待贴壁完后，吸出培养皿中的孵育液，用配制好的细胞外液冲洗 1～2 次，最后加入 1 mL 左右细胞外液，将其放置于倒置显微镜的载物台上，观察细胞，寻找状态良好的细胞，并移至视野中央。

（五）高阻封接

1.电极固紧

用反向注射器将电极内液（细胞内液）充灌进电极，轻弹电极壁以排净空气，然后将微电极小心地装入电极探头，电极内液淹没银丝即可，切记探头固紧旋钮不要拧得太紧，避免被电极内液浸湿而腐蚀。

2.电极入液

溶池内的浴液表面常常会有很多灰尘等污染物，即使设法从溶液表面吸出某些污染物也不能保证溶液绝对洁净。所以，在将电极尖端移入溶液之前，应对电极内部施加适当的正气压，从而避免电极在穿过空气与溶液界面时被污染。同时，通过三维操纵器控制电极进入液面，在显示器上会出现电流方波信号，然后通过补偿液接电位使基线归零。液接电位的大小以小于 35 mV 为宜，否则需要检查内外液的配制是否合适及银丝是否需重新镀银，形成高阻封接。移动三维微操纵器，在显微镜下先可以看到电极的阴影，之后将其缓慢、平稳地移至细胞附近。然后控制微电极迅速接近目的细胞，当微电极刚刚接触到细胞膜时，电流基线会产生微小波动。继续向下轻压细胞膜时，电阻值缓慢升高，直至细胞膜出现微微下凹，此时电阻值约增大 0.2～0.4（视细胞状态而定），然后放掉微电极内正压，从显示器上可以看到电阻值迅速升高许多，待稳定后轻轻施加一负压，电阻值进一步变大，有时迅速上升到 GΩ 水平。待电阻值稳定后，设置适当的钳制电位，补偿快电容 C-slow，消除显示器上测试波形的双峰，使其近似为一条直线，完成高阻封接。

（六）破膜

当细胞形成高阻封接后稳定约 2 min，施加一个"短促有力"的负压，观察显示器上的测试波形，若再次出现双向峰，则说明破膜成功，否则需要再一次施加短负压吸破细胞膜。破膜后调节慢电容 C-slow 旋钮进行补偿，使双向峰消失，此时全细胞模式便形成，可进行离子通道电流测量。

（七）电流记录

根据所测量信号的特点设计好刺激方案 waveform，然后对细胞施加电压刺激，记录全细胞跨膜总电流。整个实验均在室温（20～25 ℃）下进行。从电极入水直至形成全细胞记录模式的整个过程，可从显示器上电流和电压曲线的变化来监视。

四、结果分析

片钳实验的常用记录方式包括两大类四种。第一大类为单通道记录（single-channel recording），主要包括三种：①细胞吸附式（cell-attached patch）。将两次拉制后，经热抛光的微管电极置于清洁的细胞膜表面，形成高阻封接，在细胞膜表面隔离出一小片膜，即通过微管电极对膜片进行电压钳制，从而测量膜电流。②内面向外模式（inside-out patch）。高阻封接形成后，将微管电极轻轻提起，使其与细胞分离，电极端形成密封小泡。在空气中短暂暴露几秒钟后，小泡破裂再回到溶液中，使小泡的外半部分破裂即得。③外面向外模式（outside-out patch）。高阻封接形成后，继续以负压抽吸，膜片破裂，再将玻管慢慢从细胞表面提起，断端游离部分自行融合成脂质双层而得到。第二大类为全细胞模式（whole-cell mode），在细胞吸附式的基础上。继续以负压抽吸，使电极管内细胞膜破裂，电极内液与胞内液直接相通而得到，此方式既可记录膜电位，又可记录膜电流。全细胞记录反映的是整个细胞膜上所有离子通道电活动的总和。全细胞记录的优点是，能保持细胞及其反应的完整性。这样，可以在细胞水平上观察受药物的作用后神经元电活动的总体反应特点。应用特异的阻断剂还可凸显某一类离子通道的特点。不足之处是，由于电极与细胞间交换快，细胞内环境很容易被破坏。因此，记录所用的电极液应与胞浆主要成分相同，如高 K^+、低 Na^+ 和 Ca^{2+} 及一定的缓冲成分和能量代谢所需的物质。另外，近年来由全细胞模式派生的穿孔式膜片的全细胞记录法也是克服以上缺点的有效方法。记录中应注意解决好膜电容干扰及通路电阻的补偿两个造成误差的环节。

五、技术应用

（一）在胃肠道研究中的应用

1. 胃肠道平滑肌收缩与离子通道的关系

平滑肌收缩主要与 L 型 Ca^{2+} 通道及 K^+ 通道的活性有关。能引起胃肠道平滑肌收缩的胃肠道电位变化是慢波和动作电位。慢波上升相来源于 Ca^{2+} 内流，部分复极相来源于电压依赖性钾电流（延迟整流性钾电流），两者平衡时形成平台相。Ca^{2+} 内流活化钙离子依赖的钾离子通道的外向电流导致的完全复极化。动作电位发生机制：当细胞膜电位由于基本电节律波动或前电位变化，达到电压依赖性 L 型 Ca^{2+} 通道的阈值（约 -40 mV）后，Ca^{2+} 通道开放产生强的内向电流，通过其自身的正反馈作用可产生峰电位的快速上升相，达到 0 mV 附近。Ca^{2+} 大量内流使细胞内 Ca^{2+} 浓度显著升高，活化了大量的 KCa 通道，产生了强有力的外向电流，导致了快速和完全的复极化。

2. 胃肠道平滑肌的离子通道

胃肠道平滑肌的离子通道按其兴奋方式，可分为三种类型。①电压门控通道：电压门控的钠通道、钾通道、钙通道等；②配体门控通道：乙酰胆碱受体通道、毒蕈碱受体通道、谷氨酸受体通道等；③机械门控通道：牵张敏感通道和容积敏感通道等。依照对离子通透性的不同，胃肠道平滑肌离子通道又可分为以下几种类型：钾通道、钙通道、氯通道、钠通道和非选择性阳离子通道等。

3. 膜片钳技术在胃肠道平滑肌研究方面的应用

钾通道通过维持静息膜电位，影响基本电节律以及动作电位来控制胃肠平滑肌的收缩活动。电压依赖性钾通道在正常的细胞膜电位时可产生外向电流，对调控结肠平滑肌细胞电活动有特别重要的意义。大鼠近端结肠平滑肌细胞可记录到快速激活型钾电流和延迟整流型钾电流。此种作用可能是其增强结肠平滑肌细胞电兴奋性和收缩活动的机制之一。黄连素是一种钾通道阻断剂，能显著抑制豚鼠结肠平滑肌细胞膜 IX（Ca）和 K（V），并呈现浓度依赖性。钾通道开放受抑制就能抑制平滑肌细胞膜复极化，延长其不应期，导致平滑肌收缩频率下降，黄连素抑制 IK（Ca）能间接证实黄连素能抑制结肠平滑肌细胞内钙离子浓度的升高，从而影响结肠平滑肌的兴奋收缩耦联，抑制平滑肌收缩。

李世英等认为，成年豚鼠结肠平滑肌的内向电流主要通过高电压依赖型钙通道（L型），并利用全细胞膜片钳技术研究染料木黄酮对豚鼠近端结肠电压依赖性钙通道的影响及其作用途径。其研究表明，染料木黄酮可通过酪氨酸途径阻断豚鼠近端结肠平滑肌细胞的 L 钙通道的电流抑制结肠平滑肌的运动。徐龙等的细胞膜片钳结果显示，黄体酮可显著抑制结肠平滑肌细胞的钙离子通道的电流。细胞外灌流液内添加黄体酮则不能抑制 B KCa，说明黄体酮是通过抑制细胞外钙离子的内流，进而抑制 B KCa。其作用机制与减少细胞外钙内流及抑制 B KCa 有关，这种作用可部分解释临床上 IBS 妇女患病更普遍的现象。这对女性 IBS 患者的激素治疗有一定的提示作用。

（二）在心脏电生理研究中的应用

人类心脏主要存在 Na^+ 通道、Ca^{2+} 通道、K^+ 通道等主要的离子通道。心脏的自发节律性是受心肌细胞的电活动控制的，心肌电活动的基础便是心肌细胞的各种离子电流的变化。因此，膜片钳技术可以用来分析心肌静息电位及其自发去极化的机制，对钠、钾、钙和乙酰胆碱通道的调控机制进行更深入的了解。此外，膜片钳技术也可以用来分析心脏在病理状态下引起通道活性和受体功能改变的机理，从而从根本上对各种心脏病进行诊断和治疗。

已有研究证实，$Na+$ 通道基因突变，$Na+$ 通道失活关闭不正常。$Na+$ 离子内流增加，动作电位时程异常延长，可能诱发严重的室性心律失常，是该病心脏猝死的主要原因。心肌细胞上至少有 4 种 $Ca2+$ 通道。其中，2 种在细胞膜上，分别为 L 型和 T 型，另外 2 种在肌浆网膜上。$K+$ 通道的种类很多，有延迟整流 K+ 通道、IKI 通道、KATP 靠通道、KAch 通道以及 $Na+–K+$ 泵等。

（三）在血管研究中的应用

血管平滑肌主要功能是调节血压，其收缩—舒张受多种离子的调节，其中最主要的是钙离子的影响。现已证实血管平滑肌上存在电压依赖的钠通道、多种钙和钾通道。这些通道的开关直接或间接地影响着血管平滑肌的生理功能。在血管平滑肌上分布密度较高的主要是钙通道和钙激活钾通道。L型钙通道是血管平滑肌细胞上的主要钙通道，经 L 型钙通道进入细胞内的钙离子是提高胞质钙离子浓度的主要途径，也是触发血管平滑肌细胞收缩的基础。在某些病理状态下钙离子通道发生改变，可以引起细胞内钙离子浓度升高。其病理变化多见于高血压和动脉粥样硬化。

研究发现，血管平滑肌细胞的凋亡与 $K+$ 通道活动增加有关，在动脉粥样硬化发生与发展过程中，大电导型钙激活钾通道起着重要的功能作用。某些药物影响动脉粥样硬化血管平滑肌细胞离子通道而发挥作用。膜片钳技术给动脉粥样硬化发病机理研究带来了新的亮点。

Wiecha 等应用膜片钳技术对冠状 As 斑块平滑肌细胞与正常冠状动脉平滑肌细胞的特性进行了比较研究。结果表明，冠状 As 斑块平滑肌细胞 BKCa电比正常冠状动脉平滑肌细胞 BKCa 有较高的通道活性。这一发现意味着BKCa 通道在动脉粥样硬化的发生与发展中起着重要的功能作用。

Crews 等报道外源性添加黄体酮可抑制高钾引起动脉平滑肌肌条的收缩，而高钾可引起平滑肌细胞膜去极化，促进细胞外 Ca^{2+} 内流而引起平滑肌收缩，因此推断黄体酮可通过抑制细胞外钙离子内流，从而抑制血管平滑肌的收缩。因此，使用膜片钳技术可以对平滑肌膜电位进行监控和分析。

（四）在神经科学中的应用

应用膜片钳技术可以研究神经信号的产生和传导。由于中枢神经系统的脆弱性和难以接近性，研究脑的网络特性及其复杂的调控功能是十分困难的。在具有简单网络系统的离体脑片上应用膜片钳技术，为这一方面的深入研究开辟了一个崭新的领域。

目前，将膜片钳技术应用于神经系统的研究不少，但主要侧重用膜片钳技术观察不同部位细胞形态学和电生理特性的研究，各种化学药物的作用对神经系统影响的研究，适用于膜片钳技术研究的细胞的制备及分离方法。本方法可以获取活的 Meynert 核团单个神经元，用于单细胞膜片钳、激光共聚焦、流式细胞术等研究。这些研究给人们的研究带来好的一面，使神经系统的研究有了更好的发展。刘向明等在初级感觉传入神经元——小鼠三叉根神经节和大鼠背根神经节细胞上观察血竭对其细胞膜上电压门控性钠通道电流的影响，因为钠电流为初级感觉神经元产生动作电位并借以传递痛觉信息的主要离子电流。结果发现，云南血竭均显著抑制了 TRG，DRG 细胞电压门控性钠通道电流，并呈浓度依赖性。既然血竭可以不同程度地抑制初级感觉神经元细胞膜上电压门控性钠通道电流，说明血竭在颜面部及躯体的镇痛作用中除了与其抗菌消炎有关外，还可能与其直接干预了初级感觉神经元 TRG 细胞和 DRG 细胞的痛觉信息中枢传入有关。

嗅觉障碍不单纯是嗅觉系统病变的表现，许多情况下，其他神经系统的病变亦可表现一定的嗅觉障碍，具体机制尚不清楚。因此，对嗅感觉神经细胞电生理学和药理学特性的研究是研究嗅觉系统病变和其他神经系统病变的基础。作为嗅觉传导途径的初级神经元，嗅感觉神经细胞具有接受外周嗅觉冲动并将嗅觉信号向中枢传导的作用。利用全细胞膜片钳技术对其离子通道进行记录和分析，可以了解该细胞膜上离子通道的活性及离子通道阻滞剂和药物对通道活动的影响，初步了解急性酶分离的小鼠嗅感觉神经细胞胞膜上存在对 TTX 敏感的钠通道及包含瞬时成分和持续成分并能被 CsCl 完全阻断的钾通道，为今后进一步研究嗅觉传导机制提供了参考。

（五）在药理学中的应用

细胞是通过细胞膜与外界隔离的，在细胞膜上有很多种离子通道，细胞通过这些通道与外界进行离子交换。离子通道在许多细胞活动中起着关键作用，它是生物电活动的基础，在细胞内和细胞间信号传递中起着重要作用。随着基因组测序工作的完成，更多的离子通道基因被鉴定出来，离子通道基因约占 1.5%，至少有 400 个基因编码离子通道。相应地，由于离子通道功能改变所引起的中枢及外周疾病也越来越受到重视。以离子通道为靶标的药物现占总靶标的 5%，潜在的离子通道靶标药物占总靶标的 25%，因此开发离子通道为靶标的药物具有广阔的市场前景。已知与离子通道有关的疾病主要有癫痫、心律失常、糖尿病、高血压、舞蹈症、帕金森症。

药物研制的关键在于探测药物作用的靶点。在药物筛选中，将目的药剂以吹打或灌注方式直接施加于培养细胞，借助特定离子通道阻断剂，利用膜片钳方可迅速判明药物作用及作用方式等问题。因此，膜片钳对药品的研制和生产有着十分巨大的促进作用。制药企业还可以利用当前新兴药物虚拟筛选技术进行初筛，根据初筛结果，结合全自动膜片钳技术进行实验上的验证。虚拟筛选的目的是从数十万到数百万化合物库中筛选出可能的小分子化合物，再进一步进行实验研究。全自动膜片钳技术与以离子通道为靶标的高通量虚拟筛选技术相结合，无疑会极大地缩短研究时间和节省大量的研究经费。

此外，膜片钳技术还可以应用于物质转运、细胞分泌、信号转导、中医理论等众多领域中。由于对生命科学产生了巨大的推动作用，膜片钳技术被人们称为可以与基因技术并驾齐驱的革命性技术。

参考文献：

[1] XIONG Z, SPERELAKIS N, NOFFSINGER A, et a1. Potassium currents in rat colonic smooth muscle cells and changes during development and aging [J]. Pfügers Archiv, 1995, 430(4): 563–270.

[2] 李世英，欧阳守．大黄素对大鼠近端结肠平滑肌细胞电压依赖性钾通道的影响 [J]．药学学报，2005, 40(9): 804–809.

[3] 陈明锴，罗和生，余保平．黄连素对豚鼠结肠平滑肌细胞膜钙离子激活钾通道和延迟整流钾通道的影响 [J]．基础医学与临床，2003, 23(增刊): 120–121.

[4] 李世英，欧阳守．豚鼠结肠平滑肌细胞 L 型钙通道特性研究 [J]．基础医学与临床，2003, 23（增刊）: 109.

[5] LI S Y, TANG Y P, OUYANG S. Effect of genistein on L–type calcium channd currents of proximal colon smooth muscle cells of guinea–pig [J]. Chin J Pharmacol Toxicol, 2006, 20(6): 441–447.

[6] 徐龙, 余保平, 陈明锴, 等. 黄体酮对豚鼠结肠平滑肌及细胞膜钙依赖的钾通道电流的影响 [J]. 中国药理学通报, 2003, 19(9): 1043–1047.

[7] RIIVOL I, CLANCY C E, TATEYA M, et e1. Anovel SCN5 amutation associated with long QT–3: altered inactivation kinetics and channel dysfunction [J]. Physical Genomics, 2002, 10(3): 191–197.

[8] BÉNITAH J P, GOMEZ A M, FAUMNNIER J, et a1. Voltage gated Ca2+ currents in the human pat bophysiologic heart: A review [J]. Besi Res Cardiol, 2002, 97(1): 111–118.

[9] 李延斌. 膜片钳技术的发明和应用与中药抗心律失常的研究进展 [J]. 中国医药报, 2004, 6(2): 124–126.

[10] 王赫, 周字宏, 单宏丽, 等. 冬虫夏草水提液对豚鼠及大鼠心室肌细胞钾通道的作用 [J]. 中国药理学通报, 2004, 20(5): 536–539.

[11] 朱智勇, 王晓晴, 杨映宁, 等. 三七总皂甙对大鼠心肌细胞 L- 型钙电流的抑制作用 [J]. 昆明医学院学报, 2003, 24(3): 10–12.

[12] 王嘉陵, 农艺, 姚伟星, 等. 莲心碱对豚鼠心室肌细胞动作电位及钠与钙电流的影响 [J]. 中草药, 2000, 31(3): 193–196.

[13] JIANG Y, LIU W. WANG X M, et a1. Calcium channel locked and anti–free–radical actions of panaxatriol saponins incultured myocardiocytes [J]. Acta Pharma Sinica. 2001, 17: 138–141.

[14] WIECHA J, SCHLACER B, VOISARD R, et a1. Ca^{2+} activated K^+ channels in human smooth muscle cells of coronary atherosclerotic plaques and coronary media segments [J]. Basic Res Cardiol, 1997, 92(4): 233–239.

[15] CREWS J K, KHALIL R A. Gender–specific inhibition of Ca^{2+} entry mechanisms of arterialvasoconstriction by sex hormones [J]. Clin Exp Pharmacol Physiol, 1999, 26(9): 707–715.

[16] 徐龙河, 姜雨鸽, 张宏. 罗碾卡因和布比卡因对大鼠背根神经节钠通道阻滞作用的比较 [J]. 中国临床药理学与治疗学, 2006, 11(5): 501–504.

[17] 高秀萍 , 祁金顺 , 乔健天 . 争淀粉样蛋白 25-35 片段抑制大鼠皮层神经元大电导钙激活钾通道 [J]. 中华神经医学杂志，2006, 5(5): 458-461.

[18] 刘利 , 林志国 , 沈红 , 等 . 神经元和胶质细胞共培养方法的建立 [J]. 中华神经外科疾病研究杂志 , 2006, 5(4): 317-320.

[19] 朱淑娟 , 钱亦华 , 韩学哲 , 等 . 急性分离 Meynert 核团神经元方法及其应甩 [J]. 中国老年学杂志 , 2006, 26(6): 811-813.

[20] 刘向明 , 尹世金 , 陈索 . 膜片钳实验技术在中药血竭现代化研究中的应用 [J]. 皖南医学院学报 , 2003, 22（增刊）: 22-23.

[21] 倪茂美 , 廖大清 , 刘进 , 等 . 利用膜片钳技术对小鼠嗅感觉神经细胞电生理学的初步研究 [J]. 四川大学学报（医学版）, 2008, 39(2): 315-317.

第七章　细胞凋亡检测技术

一、概述

细胞凋亡（Apoptosis）是细胞死亡的一种形式。它是一种形态学概念，其形态学主要特征是染色质固缩，细胞质空泡变性（细胞质空泡变性时胞核也有空泡变性）及核碎裂 DNA 片段（180 ～ 200 bp）形成——核碎裂。最近的一些研究发现，凋亡时不一定发生 DNA 断裂。

Kerr 等人首次提出细胞凋亡这一概念。凋亡的细胞一般呈单个散在，早期胞体缩小，染色质固缩常聚集于核膜，呈境界分明的颗粒块状或新月形小体。继而胞核和细胞外形皱缩，核裂解成质膜包绕的碎片，胞膜突出，形成质膜小泡——细胞"出胞（Blebbing）"现象，脱落后形成凋亡小体，其内可保留完整的细胞器和致密的染色质。组织中的凋亡小体则迅速地被巨噬细胞或邻近细胞摄取消化，因此无明显的炎细胞浸润。

细胞发生坏死时，首先胞体肿大，进而细胞破裂乃至死亡。在细胞凋亡过程中，胞体不是膨大而是缩小，故起初人们称之为"缩小坏死"，后来才改成"细胞凋亡"。物理性、化学性或生物性及免疫性因素干扰或阻碍了细胞代谢，这种不可逆的操作致使细胞逐渐变性死亡，称细胞凋亡。

二、细胞凋亡研究方法

（一）形态学观察法

1.电镜观察

由于普通光镜难以定论细胞凋亡是否为原位发生，而且细胞凋亡的形态学变化仅在几分钟内，形成凋亡小体后仅在被吞噬前几个小时内可以观察到，因此电镜观察形态学是确认凋亡十分可信的方法，特别是对不一定发生DNA断裂的凋亡细胞更有意义。

细胞凋亡形态改变先是胞体变圆，随即与周围细胞脱离，失去微绒毛，胞质浓缩，内质网扩张突显泡块并与细胞膜结合，核染色质凝集成半月形，贴近核膜，核仁裂解，进而细胞膜内陷将细胞分隔为多个内膜完整包裹、内涵物不会外溢的凋亡小体。

但由于形态学观察常不能排除主观性，电镜应用价值不高。

2.活体细胞直接染色法

对于活体细胞，可应用甲苯胺蓝、藏红等作细胞学染色。观察可见 PCD 碎片及凋亡小体的存在。

3.组织切片染色法

此法是最常用的简便方法。通过 Bouius 液固定组织，然后进行 Feulgen 染色，可使光镜下凋亡细胞固缩染色质的染色深度增加。根据坏死细胞有 RNA 降解，而凋亡细胞可以增加 mRNA 的特点，MOHit 最近提出了以甲基绿—派诺宁染色区分凋亡细胞与坏死细胞的方法。

（二）免疫组化法

最近研究发现，细胞表面 Fas 抗原可能为细胞凋亡的特异标志，利用抗人 Fas 单抗，可以检测凋亡的发生。1994 年，美国 Roche 公司率先推出了辣根酶标记和荧光标记的 Apotag 试剂盒，这可能为细胞凋亡的研究提供较大的方便。

（三）凋亡细胞中基因组DNA断裂片段的检测方法

1.TUNEL法——细胞凋亡的组织化学鉴定法

TUNEL是1992年由Ganridelie等人提出的，它是将"TDT置于片段化的DNA3'-OH端部位，具有构型非依赖性和碱基结合的功能"，用于组织化学的一种方法，可以应用于甲醛固定石蜡包埋的切片上。

（1）基本原理

荧光素（fluorescein）标记的dUTP在脱氧核糖核苷酸末端转移酶（TdT Enzyme）的作用下，可以连接到凋亡细胞中断裂DNA的3'-OH末端，并与连接辣根过氧化酶（horse-radish peroxidase，HRP）的荧光素抗体特异性结合，后者又与HRP底物二氨基联苯胺（DAB）反应产生很强的颜色反应（呈深棕色），特异准确地定位正在凋亡的细胞，因而在光学显微镜下即可观察凋亡细胞。由于正常的或正在增殖的细胞几乎没有DNA断裂，因而没有3'-OH形成，很少能够被染色。

（2）实验准备

器材：光学显微镜及其成像系统、小型染色缸、湿盒（塑料饭盒与纱布）、塑盖玻片或封口膜、吸管、各种规格的加样器及枪头等。

试剂：试剂盒含TdT 10×、荧光素标记的dUTP 1×、标记荧光素抗体的HRP。自备试剂：PBS、双蒸水、二甲苯、梯度乙醇（100、95、90、80、70%）、DAB工作液（临用前配制，5 μL 20×DAB+1 μL 30%H_2O_2+94 μL PBS）、Proteinase K工作液（10～20 μg/mL in 10 mmol/L Tris/HCl，pH 7.4～8）或细胞通透液（0.1% Triton X-100 in 0.1% sodium citrate，临用前配制）、苏木素或甲基绿、DNase 1（3000 U/mL– 3 U/mL in 50 mmol/L Tris-HCl，pH 7.5，10 mmol/L $MgCl_2$，1 mg/mL BSA）等。

（3）实验步骤

①操作流程图

制作石蜡切片→脱蜡、水合→细胞通透→加TUNEL反应液→加converter-POD→与底物DAB反应显色→光学显微镜计数并拍照。

②具体实验步骤（用于石蜡包埋切片检测）

a.用二甲苯浸洗2次，每次5 min。

b.用梯度乙醇（100%、95%、90%、80%、70%）各浸洗1次，每次3 min。

注：上面两步是针对石蜡切片样本的处理。

c. 用 Proteinase K 工作液处理组织 15～30 min，在 21～37 ℃（温度、时间、浓度均需摸索）或者加细胞通透液 8 min。

d. PBS 漂洗 2 次。

e. 制备 TUNEL 反应混合液，处理组用 50 μL TdT+450 μL 荧光素标记的 dUTP 液混匀；阴性对照组仅加 50 μL 荧光素标记的 dUTP 液，阳性对照组先加入 100 μL DNase 1，反应在 15～25 ℃×10min，后面步骤同处理组。

f. 玻片干燥后，加 50 μL TUNEL 反应混合液（阴性对照组仅加 50 μL 荧光素标记的 dUTP 液）于标本上，加盖玻片或封口膜在暗湿盒中反应 37 ℃×1 h。

g. PBS 漂洗 3 次。

h. 可以加 1 滴 PBS 在荧光显微镜下计数凋亡细胞（激发光波长为 450～500 nm，检测波长为 515～565 nm）。

i. 玻片干后加 50 μL converter–POD 于标本上，加盖玻片或封口膜在暗湿盒中反应 37 ℃×30min。

j. PBS 漂洗 3 次。

k. 在组织处加 50～100 μL DAB 底物，反应 15～20 ℃×10 min。

l. PBS 漂洗 3 次。

m. 拍照后再用苏木素或甲基绿复染，几秒后立即用自来水冲洗。梯度酒精脱水，二甲苯透明，中性树胶封片。

n. 加一滴 PBS 或甘油在视野下，用光学显微镜观察凋亡细胞（共计 200×500 个细胞）并拍照。

③对于培养细胞的预处理

a. 在载玻片上铺一层薄薄的多聚赖氨酸，干燥后在去离子水中漂洗，干燥后 4 ℃保存。

b. 10⁶ 个细胞，PBS 洗一次，重悬，加到铺好的多聚赖氨酸载玻片上，自然干燥，使细胞很好地吸附到载玻片上。

c. 将吸附细胞的载玻片在 4% 多聚甲醛中固定 25 min。

d. PBS 浸洗 2 次，每次 5 min。

e. 将吸附细胞的载玻片在 0.2% 的 Triton X–100 中处理 5 min。

f. PBS 浸洗 2 次，每次 5 min。

后续操作如同石蜡包埋切片的 f～n。

（4）结果分析

结合凋亡细胞形态特征来综合判断（未染色细胞变小，胞膜完整但出现发泡现象，晚期出现凋亡小体，贴壁细胞出现皱缩、变圆、脱落；而染色细胞呈现染色质浓缩、边缘化，核膜裂解，染色质分割成块状/凋亡小体），观察凋亡细胞。

（5）注意事项

①进行 PBS 清洗时，每次清洗 5 min。

②PBS 清洗后，为了各种反应的有效进行，请尽量除去 PBS 溶液后再进行下一步反应。

③在载玻片上的样本上加上实验用反应液后，请盖上盖玻片或保鲜膜，或在湿盒中进行，这样既可以使反应液均匀地分布于样本，又可以防止反应液干燥造成实验失败。

④TUNEL 反应液临用前配制，短时间在冰上保存。不宜长期保存，否则会导酶活性的失活。

⑤如果 20×DAB 溶液颜色变深成为紫色，则不可使用，需重新配制。

⑥用甲基绿（Methyl Green）染液（3%～5% 甲基绿溶于 0.1 mol/L 醋酸巴比妥 pH 4.0）染色后，先用灭菌蒸馏水清洗多余的甲基绿，然后进行洗净（100% 乙醇）、脱水（二甲苯）透明、封片后通过光学显微镜观察操作。如果此时使用 80%～90% 的乙醇洗净时，甲基绿比较容易脱色，注意快速进行脱水操作。

⑦荧光素标记的 dUTP 液含甲次砷酸盐和二氯钴等致癌物，可通过吸入、口服等途径进入机体，注意防护。

⑧试剂保存：未打开的试剂盒贮存温度为 –20 ℃；converter –POD 液一旦解冻，以后就保存在 4 ℃下，至少在 6 m 内稳定，避免再次冻存；TUNEL 反应液临用前配好后，放至冰上直至使用。

⑨结果分析时注意：在坏死的晚期阶段或在高度增殖/代谢的组织细胞中可产生大量 DNA 片段，从而引起假阳性结果；有些类型的凋亡性细胞死亡缺乏 DNA 断裂或 DNA 裂解不完全，以及细胞外的矩阵成分阻止 TdT 进入胞内反应，进而产生假阴性结果。

（6）实验运用

研究涡虫细胞凋亡，可以使用完整的 TUNEL 法观察整个动物的死亡细胞。该试验可以描述细胞在组织稳态、再生和衰退过程中死亡的时空动力学。采用 TUNEL 技术对口腔寻常疱疮外源性凋亡通路进行研究。TUNEL 检测观察创伤性脑损伤的凋亡细胞数明显高于对照组，可用于创伤性脑损伤。TUNEL 已被用于研究神经元缺血诱导的细胞死亡和心肌细胞、兴奋毒性神经元的缺血诱导细胞死亡，并作为关节炎治疗的生物标志物。它也被用作各种人类癌症的预后因子和肿瘤细胞标志物，可以证实 DNA 损伤和细胞凋亡作为调理机制，确定受影响的细胞类型，并评估在体内治疗的有效性。

2.MTT 法——检测细胞存活方法

四唑盐（MTT）是一种比色非克隆分析方法，通过其代谢活性来测定培养物中的细胞活力。

（1）基本原理

细胞培养用 3-（4,5- 二甲基噻唑 -2）-2,5- 二苯基四氮唑溴盐进行染色。活细胞通过与 NADH（烟酰胺腺嘌呤二核苷酸）能使外源性的 MTT 还原成不溶于水的紫色甲臜晶体。死亡细胞不会减少四唑胺，因此紫色色素的积累量与新陈代谢活动和细胞存活量成正比。用晶体溶剂（如异丙醇或二甲基亚砜）来溶解紫色染料。用酶标仪在 570 nm 波长测得其光密度 OD 值，每个平板的光密度 OD 值表示该培养基的存活代谢活性。MTT 法通常用于测定治疗后（如辐照后）的细胞活力，因为相对较快，可以进行高通量分析。

（2）实验准备

PBS 配制：NaCl 8 g，KCl 0.2 g，Na2HPO4 1.44 g，KH2PO4 0.24 g，调 pH 7.4，定容 1 L。

器材：96 孔平底板。

（3）实验步骤

①细胞被胰蛋白酶化，离心力 350 g 离心 5 min。

②置于 96 孔平底板前，用血球计重新悬浮和计数。

③ MTT 试验显示，细胞数量和吸光度呈非线性关系，1.5×10^4 细胞量 / 孔（$n=10$）符合线性函数。在放射线后 3 d 进行染色和分析，以便在放射线后有足够的时间进行细胞凋亡。

④2×96 孔板用于每一代细胞系，每个培养皿每个辐射剂量播撒 5 个孔，每个辐射剂量播撒 10 个孔细胞，外加对照。在培养皿周围添加 150 mL 剂量的 PBS 进行润湿。

⑤96 孔板孵育 72 h，在细胞融合前，细胞培养用 3-（4,5- 二甲基噻唑 -2）-2,5- 二苯基四氮唑溴盐、异丙醇进行染色。

⑥72 h 后，培养基从贴壁细胞孔中取出。

⑦在用显微镜检查甲瓒晶体形成前，每孔添加 100 μL 四唑盐（0.2 mg/mL），5% CO_2，37 ℃孵育 2 h。

⑧上层液弃去，每孔添加 200 μL 异丙醇，使甲瓒晶体溶解。30 min 后，在 570 nm 处测量其光密度 OD 值。

⑨一个额外空白孔添加 200 μL 异丙醇，通过酶标仪被读取为空白对照。

⑩酶标仪测定各孔光密度 OD 值，记录结果。

（4）结果分析

细胞存活率（CSP）=（待测品平均光密度 OD－阴性对照平均光密度 OD×100）/阳性对照平均光密度 OD

（5）注意事项

①MTT 法只能用于检测细胞相对数和相对活力，但不能测定细胞绝对数。在用酶标仪检测结果时，为了保证实验结果的线性，MTT 吸光度最好在 0～0.7 范围内。

②MTT 一般最好现用现配。

③MTT 有致癌性，最好戴薄膜手套，配制 MTT 时需无菌，MTT 对细菌敏感。

（6）实验运用

采用 MTT 法对头颈部癌细胞中 HPV 状态的影响进行实验研究。在这项研究中，MTT 检测被用于评估在辐射后存活的人群中代谢活动产生的细胞活力。线粒体生物发生和代谢亢进限制 MTT 法在估计辐射诱导生长抑制方面的作用。MTT 法测定紫甘蓝植物提取物的基因毒性和细胞毒性潜能。MTT 法快速检测结核分枝杆菌利福平和异烟肼的耐药评价，特别是对利福平有较好的应用前景。顺铂 50% 抑制浓度变化（IC50）：MTT 法测定卵巢癌耐药浓度的初步研究及精确测定，精确测量依赖密度的 IC50 谱对基础和临床癌症研究都有好处。MTT 法评价单独化疗药物与化疗方案对 AGS 胃癌细胞的疗效。MTT 法用于新型抗革兰氏阴性微生物药物的评价，其结果对细胞的完整性的依赖性可能是其主要的缺点。另外，MTT 还原法可以方便地用于生物工艺规程中渗透度的测定。

3.BrdU 染色——反映细胞增殖方法

（1）基本原理

5-BrdU（5-溴脱氧尿嘧啶核苷）是胸腺嘧啶的衍生物，常用于标记活细胞中新合成的 DNA，可代替胸腺嘧啶选择性整合到复制细胞中新合成的 DNA 中（细胞周期 S 期）。这种掺入可以稳定存在，随着 DNA 复制进入子细胞中。BrdU 特异性抗体可以用于检测 BrdU 的掺入，从而判断细胞的增殖能力。

活体注射或细胞培养后，利用抗 BrdU 单克隆抗体，ICC 染色，显示增殖细胞。同时，结合其他细胞标记物，双重染色，可判断增殖细胞的种类、增殖速度，对研究细胞动力学有着重要意义。因组织细胞内无内源性 BrdU 存在，所以 BrdU 应用较广。掺入双链 DNA 内的 BrdU，以氢链与腺嘌呤结合，不能直接与抗 BrdU 抗体反应，而经解链使 BrdU 暴露方能被染色。常用的解链方法为盐酸加热、蛋白酶处理等，使 DNA 双链部分单链化，抗 BrdU 小鼠克隆抗体与增殖细胞核内的 BrdU 结合，再经酶标抗小鼠 IgG 抗体孵育、呈色，显示进入 S 期细胞的情况。

（2）实验准备

材料与试剂：HCl 1 mol/L 和 2 mol/L，硼酸盐缓冲液 0.1 mol/L，硼砂（四硼酸钠）38.1 g/L，pH 至 9.0，磷酸盐缓冲液（PBS）pH 7.4 0.1%Triton-X 100。

方法：①石蜡包埋组织切片进行前应先去蜡；② HCl（1 mol/L）在冰上孵育 10 min，破坏标记细胞的 DNA 结构；③将 HCl（2 mol/L）放在室温 10 min，随后放在 37 ℃下 20 min；④盐酸孵育后，立即用室温下硼酸缓冲液（0.1mol/L）孵育 10 min 的标本来中和；⑤用 PBS 洗涤（pH7.4），0.1%TritonX-100 3 次，每次 5 min；⑥参照免疫组织化学和细胞化学程序描述的标准染色过程。

（3）实验步骤

①细胞以 1.5×10^5 mL 细胞数接种于直径 35 mm 培养皿中（内放置一盖玻片），培养 1 d，用含 0.4%FBS 培养液同步化 3 d，使绝大多数细胞处于 G0 期。

②加入 BrdU（储液：1.0 mg/mL，终浓度为 0.03 μg/mL），37 ℃，孵育 40 min。

③弃培养液，玻片用 PBS 洗涤 3 次。

④甲醇／醋酸固定 10 min

⑤经固定的玻片空气干燥，0.3 %H_2O_2-甲醇 30 min，灭活内源性氧化酶。

⑥用 5% 正常兔血清封闭。

⑦甲酰胺 100 ℃，5 min 变性核酸。

⑧冰浴冷却后，PBS 洗涤，加第一抗体，即小鼠 BrdU 单抗（工作浓度 1：50），阴性对照加 PBS 或血清。

⑨按 ABC 法进行检测，苏木素或伊红衬染，在显微镜下随机计数 10 个高倍视野中细胞总数及 BrdU 阳性细胞数，计算标记指数（LI）。

（4）结果分析

标记指数（LI）=（BrdU 阳性细胞数 / 细胞总数）× 100%

（5）注意事项

① BrdU 配制方法：10 mg 溶于 10 mL 双蒸水，4 ℃下避光保存。

② BrdU 会使肌体造成不可逆损伤，使用时注意安全，避免吸入 BrdU 粉尘。

（6）实验运用

通过 BrdU 结合和 pH 3 表达检测果蝇成体血细胞的增殖对细菌感染的响应。在幼虫阶段有大量的血细胞增殖，但在成体果蝇中没有。BrdU 法研究放射性核素内照射诱发 HPRT 基因突变。

4. 流式细胞术检测法

（1）早期细胞凋亡的流式细胞术检测：半胱氨酸蛋白酶 3（Caspases-3）

Caspases-3 又称半胱氨酸蛋白酶 3，是细胞凋亡信号传导通路中 ICE 蛋白酶家族的重要成员，在细胞凋亡发生的早期被激活，临床常用 Caspase-3 来检测早期的细胞凋亡。

（2）早期细胞凋亡的流式细胞术检测：Annexin V-FITC/PI 法

在细胞凋亡的早期 PI 不会着染而没有红色荧光信号，正常活细胞与此相似。双参数散点图上左下象限显示活细胞，为 Annexin V-/PI-；右上象限是非活细胞，即坏死细胞，为 Annexin V+/PI+；右下象限为凋亡细胞，显现为 Annexin V+/PI-（图 7-1）。

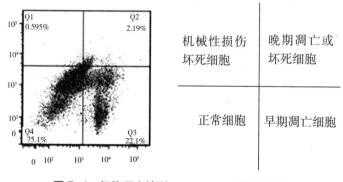

图 7-1　细胞凋亡检测 Amexin V-FITC/PI 法

（3）晚期细胞凋亡的流式细胞术检测：DNA 含量分析法

细胞凋亡时，核酸内切酶激活，导致 DNA 广泛断裂，这是细胞凋亡的特征性表现，也为流式细胞术鉴别细胞凋亡奠定了物质基础。目前，检测凋亡细胞 DNA 断裂的方法中，最常用、最简便的就是 DNA 含量分析。DNA直方图上显示在 G0/1 峰前出现一个 DNA 含量减少的亚二倍体或成亚 G0/1峰，又称凋亡细胞峰（图 7-2）。

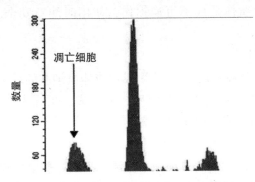

图 7-2   细胞周期检测细胞凋亡原理图

（4）实验运用

①流式细胞术在科研中的应用：对肿瘤细胞的细胞周期及凋亡的研究；对细胞表面（细胞因子、激素）受体免疫表达的影响；对细胞黏附分子表达的影响；对淋巴细胞亚群（反映免疫状态）的影响；对细胞内酶的表达影响；生精细胞的影响研究；治疗艾滋病的研究。

②流式细胞术在分子生物学中的应用：分选细胞后进行 FISH；分选细胞后进行 PCR；流式细胞免疫表型与聚合酶链反应及荧光原位杂交（PCR-FISH）结合测定血液 CD4+ 细胞中 HIV 特异的 DNA 或 RNA；流式荧光原位杂交（Flow-FISH）测定染色体端粒长度。

三、细胞凋亡临床意义

（一）细胞凋亡与肿瘤

1. 细胞凋亡与肿瘤的发生

关于细胞凋亡在肿瘤发生中的具体机制至今无完整的认识，目前有两种假说：①凋亡对细胞的选择假说。在淋巴分化成熟过程中，95%的前淋巴细胞通过细胞凋亡形式而死亡，只有约5%的细胞经选择后存活下来，并发育为成熟的淋巴细胞。如果在发育过程中大量的前淋巴细胞不发生凋亡，则幼稚细胞会大量堆积导致肿瘤的发生。②不凋亡细胞脆性假说。如果让应该凋亡的细胞生存下去，则该细胞的染色体会不稳定，基因易突变，对致癌剂易感性增高，增加恶变机会。尽管以上假说仍需具体化，但毫无疑问细胞凋亡在肿瘤发生中意义重大，有待进一步揭示。

2. 肿瘤化疗与细胞凋亡的关系

大量研究表明，许多抗肿瘤药物杀伤肿瘤细胞是通过启动细胞凋亡机制完成的。目前，化疗药物杀伤主要通过以下几种途径介导细胞凋亡：①依赖p53介导细胞凋亡。野生型P53是细胞内"分子警察"，当细胞受到某种药物或化疗作用后，造成细胞DNA的损伤，受损细胞启动共济失调，毛细血管扩张基因（gene mutated in ataxia-telangiectasia，MTA）使p53表达增加，引起细胞G1期阻滞以完成修复或进入凋亡以清除肿瘤细胞，这是化疗药物诱导细胞凋亡的常见机制。② Fas/FasL诱导。Fricscn等发现，阿霉素和甲氨蝶呤能诱导Jurkat细胞FasL表达，促使周围Fas表达的肿瘤细胞凋亡。③ Bcl-2介导。Haider报道，紫杉醇通过Bcl-2磷酸化抑制Bcl-2功能促进细胞凋亡。新近研究表明，细胞内Bax与Bcl-2/Bcl-xL比值是决定化疗敏感性的重要因素。④神经酰介导。神经酰胺是细胞凋亡信号调控中的第二信号分子，许多应激刺激（包括化疗药物，如阿霉素）能激活神经鞘磷脂循环产生神经酰胺，导致多系细胞发生凋亡。

3. 抗肿瘤药物新探究

①作用于线粒体的新药：最近发现的一些抗肿瘤新药（如三氧化二砷、Betulinic Acid和Lonidamine）直接作用于线粒体。②增加促凋亡基因/抑制抗凋亡基因表达：已有报道将野生型p53基因经反转录病毒转染至肿瘤细胞能够增加对化疗的敏感，利用Bcl-2反义寡核苷酸导入肿瘤抑制Bcl-2蛋白功能也能促进细胞凋亡。③作用于信号转导新药：近年来，以病变信号系统为靶点设计抗肿瘤新药成为一个热门研究领域，细胞凋亡中的信号转导分子成为抗肿瘤治疗的新靶点。

（二）细胞凋亡与白血病

1. 细胞凋亡相关基因与白血病

白血病是一种以基因变异为基本病变本质的疾病，细胞凋亡之相关基因与白血病的关系已经逐渐为人们所认识，其中以 Bcl-2、C-myc、p53、PML-RAR、bcr-abl 等基因最为引人注目。

2. 凋亡相关细胞因子与白血病

IL-2、IL-3、G-CSF、GM-CSF 依赖性的白血病株在不存在细胞因子时可因细胞凋亡而使细胞死亡，在 IL-2、IL-3 依赖性小鼠骨髓系细胞株，PTK 活性可抑制细胞的 Bcl-2 表达和细胞凋亡。IL-4 可使 Bcl-2 表达增加，从而抑制这种细胞凋亡。在骨髓系白血病的细胞株，G-CSF 和 IL-16 可抑制各种抗癌剂诱导的细胞凋亡。近年来，虽然使用 GSF 以改善化疗后的骨髓抑制，但在某些情况下，不如用诱导白血病细胞凋亡的抑制方法。

3. 细胞凋亡与白血病治疗

凋亡疗法主要在白血病化疗方面取得了令人瞩目的成就。三氧化二砷对急性早幼粒细胞白血病克隆有杀伤及抑制作用，用于治疗 APL 疗效明确，完全缓解率（CR）和长期生存率高，不会引起出血和骨髓抑制。此药成为比维 A 酸更优越的治疗 APL 的有效药物。

（三）细胞凋亡与再生障碍性贫血（AA）

研究表明，AA CD34+ 细胞体外在 IFN-r 刺激后，Fas 抗原高表达，通过抗 Fas 抗原介导的凋亡机制，受到活化的 T 淋巴毒细胞（CTL）杀伤，提示凋亡在 AA 造血干细胞衰竭中的重要作用。

（四）细胞凋亡与自身免疫性疾病

调控淋巴细胞凋亡的关键分子之一是其表面 Fas 抗原受体，Fas 与自身免疫疾病密切相关。重症肌无力病人胸腺细胞 Fas 表达明显下降，说明 Fas 负责自身反应 T 细胞的清除。由于它的缺陷，大量自身反应 T 细胞（CD4-、CD8-、CD8+）逃避了胸腺的阴性选择，是自身免疫性疾病发生的重要机制。

（五）细胞凋亡与艾滋病

HIV 感染者发生艾滋病的原因主要是 CD4+T 细胞、CD8+T 细胞和神经元的功能障碍和数量骤减。其中，CD4+T 细胞减少会引起机体免疫功能不全，引起各种感染，导致病情迅速恶化。目前，已经明确由 HIV 感染引起的 CD+T 淋巴细胞的死亡属于细胞凋亡。

Arenose 等报告，HIV 感染者的淋巴细胞一旦受到 PMV 等活化因子的刺激就会产生细胞凋亡，健康人末梢血淋巴细胞则不会产生这种现象。因此，他们认为 HIV 感染可引起 CD4+ 淋巴细胞活性化，从而导致其凋亡。

（六）细胞凋亡与其他疾病

由于细胞凋亡与诸多领域均有密切关系，其临床意义愈来愈受到人们重视。目前，许多人类待解决的疾病均与其密切相关。某些神经退化性疾病（如早期老性痴呆、Parkihgor 病）的发生与特定的神经细胞亚群过早、过度发生凋亡（programmed cell daeth，PCD）有关。凋亡的异常还是胚胎发育障碍或畸形的重要原因，可导致胎儿流产，器官、组织缺陷等。

参考文献

[1] KERR J F, WYLLIE A H, CURRIE A R. Apoptosis: A basic biological phenomenon with wide-ranging implications in tissue kinetics[J]. British journal of cancer, 1972, 26（4）: 239-257.

[2] STUBENHAUS B, PELLETTIERI J. Detection of Apoptotic Cells in Planarians by Whole-Mount TUNEL[J]. Methods in molecular biology.（Clifton, NJ）, 2018(1774): 435-444.

[3] PELLETTIERI J, FITZGERALD P, WATANABE S,et al. Cell death and tissue remodeling in planarian regeneration[J]. Developmental Biology, 2010, 338（1）: 76-85.

[4] DEIHIMY P, ALISHAHI B. Study of Extrinsic apoptotic pathway in oral pemphigus vulgaris using tnfr 1 and fasl immunohistochemical markers and tunel technique[J]. Journal of Dentistry, 2018, 19（2）: 132-141.

[5] PINCHI E, FRATI A, CÏPOLLONI L, et al. Clinical-pathological study on β-APP, IL-1β, GFAP, NFL, Spectrin II, 8OHdG, TUNEL, miR-21, miR-16, miR-92 expressions to verify DAI-diagnosis, grade and prognosis[J]. entific Reports; 2018, 8（1）: 2387.

[6] LEE J M, PARK J H, KIM B Y, et al. Ter minal deoxynucleotidyl transferase-mediated deoxyuridine triphosphate nick end labeling（TUNEL）assay to characterize histopathologic changes following thermal injury[J]. Annals of Dermatology, 2018, 30（1）: 41–46.

[7] FAYZULLINA S, MARTIN L J. Detection and analysis of DNA damage in mouse skeletal muscle in situ using the TUNEL method[J]. Journal of Visualized Experiments : JoVE. 2014（94）.

[8] REID P, WILSON P, Li Y, et al. Experimental investigation of radiobiology in head and neck cancer cell lines as a function of HPV status, by MTT assay[J]. Scientific Reports, 2018, 8（1）: 7744.

[9] BANASIAK D, BARNETSON A R, ODELL RA, et al. Comparison between the clonogenic, MTT, and SRB assays for deter mining radiosensitivity in a panel of human bladder cancer cell lines and a ureteral cell line[J]. Radiat Oncol Investig, 2015, 7（2）: 77–85.

[10] RAI Y, PATHAK R, KUMARI N, et al. Mitochondrial biogenesis and metabolic hyperactivation limits the application of MTT assay in the estimation of radiation induced growth inhibition[J]. Scientific reports, 2018, 8（1）: 1531.

[11] SHARIF A, AKHTAR M F, AKHTAR B, et al. Genotoxic and cytotoxic potential of whole plant extracts of Kalanchoe laciniata by Ames and MTT assay[J]. EXCLI Journal, 2017, 16: 593–601.

[12] HE Y F, ZHU Q J, CHEN M, et al. The changing 50% inhibitory concentration（IC50）of cisplatin: a pilot study on the artifacts of the MTT assay and the precise measurement of density–dependent chemoresistance in ovarian cancer[J]. Oncotarget, 2016, 7（43）: 70803–70821.

[13] ALIZADEH–NAVAEI R, RAFIEI A, ABEDIAN–KENARI S, et al. Effect of first line gastric cancer chemotherapy regime on the AGS cell line – MTT assay Results[J]. Asian Pacific Journal of Cancer Prevention : APJCP, 2016, 17（1）: 131–133.

[14] GRELA E, ZBEK A, GRABOWIECKA A. Interferences in the optimization of the MTT assay for viability estimation of proteus mirabilis.[J]. Avicenna Journal of Medical Biotechnology, 2015, 7（4）: 159–167.

[15] 赵涛, 赵经涌, 劳勤华, 等. BrdU 法研究放射性核素内照射诱发 HPRT 基因突变 [J]. 中华放射医学与防护杂志, 2002, 22（5）: 334–336.

[16] ZHANG P. On arsenic trioxide in the clinical treatment of acute promyelocytic leukemia[J]. Leukemia Research Reports, 2017, 7: 29–32.

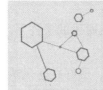
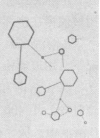

第八章 神经检测技术

第一节 高尔基染色

一、技术介绍

1873 年，意大利著名的神经解剖学家卡米洛·高尔基发明硝酸银染色法，从此可以定性定量地观察神经元的形态。随后，Cox 对高尔基染色法的固定液和染色液进行改良，提高了结果的可视性。Golgi 浸染法是研究神经元和胶质细胞正常和非正常形态最有效的方法之一。使用 Golgi 技术，在药物处理过的动物脑中和因神经疾病死亡的病人脑中发现了神经树突和树突微小的形态改变。

二、技术原理

重铬酸钾与硝酸银发生反应，生成黑色的铬酸银沉淀，由于组织的嗜银性而沉积于神经元中。

三、技术步骤

（一）配制高尔基溶液（1 L 容量）

A 溶液：5% 重铬酸钾溶液——重铬酸钾 5 g+ 蒸馏水 200 mL（最好在通

风的情况下，用玻璃棒在烧杯中搅拌均匀）。

B 溶液：5% 升汞——升汞 10 g+ 蒸馏水 200 mL（最好在通风的条件下，用玻璃棒在烧杯中不断搅拌，适合加热直至溶解）。

C 溶液：5% 铬酸钾溶液——铬酸钾 8 g+ 蒸馏水 160 mL（最好在通风情况下，用玻璃棒在烧杯中搅拌均匀）。

将 A 溶液和 B 溶液倒入 500 mL 烧杯中搅拌均匀，C 溶液倒入 1000 mL 烧杯中，用 400 mL 蒸馏水稀释，在不断搅拌中缓慢将 A、B 混合溶液倒入 C 溶液中，保存在带有棉花塞子的玻璃瓶中熟化 5 d（黑暗中）。

备注：根据下面的比率以及需要配制溶液的量加以配制。

5 体积的 5% 重铬酸钾；5 体积的 5% 升汞；4 体积的 5% 铬酸钾；10 体积的蒸馏水加入 C 溶液中。

（二）将高尔基溶液转入小玻璃瓶中

用塑料吸管从大玻璃瓶中吸取高尔基溶液（尽量避免吸入红色沉淀物）放入小玻璃瓶中，大约为整瓶体积的 3/4（剩下的容积足够容纳一只动物大脑）。

（三）用盐水注射技术处死动物

动物麻醉后，绑在空饲养盒子上（可以让血流入盒子中），打开胸腔暴露心脏，将 0.9% 盐水 60 mL 注入右侧心室底部（动物的左心室），剪开左侧心室底部（动物的右心室），缓慢注入盐水，直至左侧心室的血液全部消除（可能需要注射 3 次），断头取脑，放入配制好的高尔基溶液中，在黑暗中储存 14 d，2 d 后更换新鲜高尔基溶液。

（四）将脑组织转入蔗糖溶液中

蔗糖溶液：300 g 蔗糖 +1000 mL 蒸馏水（用玻璃棒在烧杯中不断搅拌，适当加热直至溶解），然后放入冰箱中冷藏（一旦变冷即可使用）。

倒掉高尔基溶液，将脑组织在滤纸上轻轻吸干，用蒸馏水冲洗广口瓶，放入 3/4 蔗糖溶液（有足够空间容纳脑组织），然后将脑组织放入广口瓶中（脑组织会漂浮起来），放入冰箱储存。脑组织一旦下沉，就可以准备切片。

（五）使用振动切片机切片

将刀片在二甲苯中浸泡 5 min，去除油脂后（在通风条件下），取出擦干。配制 6% 的蔗糖溶液（蔗糖 6 g+100 mL 蒸馏水），在室温和低于室温下保存。将 6% 蔗糖溶液倒入振动切片机的储存室直至刀片被覆盖。将脑组织（直到整个大脑的 1/2）用强力胶固定在振动切片机的平台上（需要 5～7 min 或更长时间，以确保组织在切片上被黏牢）。然后，将黏有脑组织的平台插入储存室。将切片机的速度和幅度均调至中点（可根据不同的仪器和安全要求进行操作），在 200 μm 或需要的厚度处切片（超过 400 μm 的切片分析有困难）。用小画笔将切片移动到明胶化的玻璃片上。用石蜡膜覆盖组织。玻片比较平的一面用吸水海绵覆盖，石蜡膜一侧也用吸水海绵覆盖，用手掌轻轻压，尽量不要移动位置（目的是将组织切片压在玻片的明胶上，在染色过程中能够黏附在玻片上），取掉海绵纸将玻片暴露在湿润的环境中。

（六）染色

配制新鲜的溶液（足够覆盖所有玻片）：蒸馏水（3 体积）；氨水（1 体积，在通风环境下）；柯达固定液（1 体积，在通风条件下，黑暗中）；50% 乙醇（1 体积）；70% 乙醇（1 体积）；95% 乙醇（1 体积）；100% 乙醇（3 体积）；CXA 溶液（1 体积）。

柯达固定液：将所有成分放在烧杯中，按顺序混合（避光）。

加 1010 mL 蒸馏水，加 251 mL 柯达固定液 A，加 28 mL 柯达固定液 B，加 2020 mL 蒸馏水（可根据需要每次配 1/2 或 1/3）。

CXA 溶液：1000 mL 氯仿 +1000 mL 二甲苯 +1000 mL 乙醇（可根据需要每次配 1/2 或 1/3）。必要时，揭掉玻片上的石蜡膜，将玻片放入玻璃托盘通过以下环节染色：

（1）用蒸馏水冲洗 1 min。

（2）氢氧化铵溶液中浸泡 30 min（黑暗中）。

（3）用蒸馏水冲洗 1 min。

（4）柯达固定液浸泡 30 min（黑暗中）。

（5）用蒸馏水冲洗 1 min（只要在水中就可以开灯）。

（6）用 50% 乙醇脱水 1 min。

（7）用 70% 乙醇脱水 1 min。

（8）用 95% 乙醇脱水 1 min。

（9）用 100% 乙醇脱水 5 min。

（10）在 CXA 溶液中放置 15 min（在通风条件下，玻片保存在 CXA 溶液中，当盖片时，依次取出玻片）。

备注：经常换手套，在 CXA 溶液中手套易破裂。

（七）用中性树胶盖玻片，然后晾干

如果可能，所有的玻片都应该在通风环境下盖片，玻片应该在通风情况下平放保存 24 h，依次从 CXA 溶液中取出玻片，用玻璃滴管在组织上滴两滴中性树胶（切片很快就变干，不要提前从 CXA 溶液中取出玻片，在空气中的时间不要超过 20 s）。将盖玻片放在切片上，尽量避免产生气泡。

备注：中性树胶太少组织会变干，太多会使盖玻片滑动。

将玻片放在吸水纸上（通常在鼠笼中使用白色的托盘衬垫），让玻片平放 24 h，然后将玻片放在盒中保存（盒一定要打开）6 个月，才能进行分析。

（八）结果判读

神经元呈黑色，胶质细胞呈黑色，背景灰色或者棕黄色。

四、注意事项

（1）染液配制的量需要根据实际情况来定，配制过多易造成浪费。

（2）染液一定要避光保存，并且实验过程中的每一步操作都要求避光。

（3）染色完成后，若需要保留组织块，将剩余组织块放在 30% 的蔗糖中，4 ℃避光运输。

五、技术应用

（一）超快高尔基染色（URG）

卡米洛·高尔基（Camillo Golgi）第一个发明了在清晰背景下完整地

描绘出整个神经元的组织学方法，这是观察神经元的最佳方法之一。高尔基染色提供了最大的神经元分辨率，可以观察到神经元的所有形态学特征。现代的清除技术包括以水为基础的方法，如 CUBIC（清晰、通畅的脑成像计算分析）和 CLARITY（去除脂质交换结构刚性成像/免疫染色兼容的组织水凝胶），通过去除脂质或增加组织的折射率来达到透明，从而达到更深的穿透。将高尔基染色技术应用于这些最新技术清除的脑组织，将在完整的大脑中使完整的神经元呈现为 3D，从而提供最精确的神经元形态学数据。

（1）在培养前 1 d 制备 URG 储备液（溶液最多可储存 6 个月）。最后的溶液是氯化汞、铬酸钾和重铬酸钾，每种浓度为 1%。500 mL 的储备溶液如下：先将 5 g 氯化汞溶解在 100 mL 80 ℃的蒸馏水中，冷却。将 5 g 重铬酸钾溶解于 100 mL 蒸馏水中，并在搅拌上述溶液的同时添加。然后，在搅拌的同时加入所得溶液。

（2）动物被深度麻醉（Lethabarb TM 325 mg 戊巴比妥钠/mL），并经心灌注 0.9% 氯化钠（250 mL）、4% 多聚甲醛（pH7.4，200 mL）、10 xPBS（300 mL）或 0.9% 氯化钠（300 mL）。

（3）取下大脑，将其放在光敏感（100% 紫外线阻挡）的 50 mL 聚丙烯试管中，加入 20 mL 的 URG 溶液，确保样品完全浸入水中。

（4）将容器放置在 37 ℃或 42 ℃的培养箱中，放置于 PFA 固定大脑中，放置 36 h。

（5）将大脑在蒸馏水中冲洗两次，每次 5 min，并在 30% 的氢氧化铵中显影 20 min。

（6）培养后，将样品在 PBS（10X）的冰浴中，用振动棒切成 200 μm 的切片，置于凝胶化的载玻片上。切片前，样品可放置在 30% 蔗糖溶液中长达 5 d。

（7）使用滤纸除去载玻片中多余的 PBS，放置于黑暗中 15 min，以确保其具有较强的黏附性。在其他情况下，也使用 37 ℃的培养箱，放置 5 min，黏附效果相似。

（8）载玻片按上面的方式展开。

（9）将载玻片在一系列乙醇溶液（50%、75%、90%、100%）中脱水，每次冲洗 4 min。

（10）切片用二甲苯冲洗两次，每次 4 min。

（11）CLARITY 及成像。

肝星状细胞（HSCs）是哺乳动物肝脏中主要的间充质细胞，在正常和病理肝脏中起着重要的作用。现认为肝星状细胞是肝纤维化和肝硬化中细胞外基质蛋白的主要来源。HSCs 又称 Ito 细胞，位于 Disse，附着于窦状毛细血管上，其壁上有较细的胞质突起，呈经典的环状。HSCs 可以表现为静止状态、活化状态或转分化状态，其形态与其有很强的相关性。在正常肝组织中见到的静止状态下的 HSCs 的形态被描述为具有体细胞样星形细胞，胞质脂滴含有视黄醇，胞质突起大，分枝细。它们的胞质突起环绕于肝血窦的外表面或在肝细胞之间。在活化状态下，特别是肝硬化时，HSCs 缺乏脂滴和胞体增大，具有增殖性和肌成纤维样细胞的表型。组织学研究在肝正常和病理条件下 HSCs 存储的维生素 A，不同的免疫组织化学用不同的蛋白质阳性标记物，如肌间线蛋白、波形蛋白、GFAP（胶质原纤维酸性蛋白）、VEGF（血管内皮生长因子）和 α–平滑肌肌动蛋白（α–SMA）。特别是 α–SMA 染色显示 HSC 细胞活化，并向肌成纤维细胞样细胞转化。Golgi 法用于评估正常哺乳动物肝脏星状细胞的形态学。Golgi-Cox 方法是高尔基法的一种改进的组织学技术，其中硝酸银在显色过程中被氯化汞取代。Golgi-Cox 方法对神经细胞形态学的研究比 Golgi 法具有更好的分辨率，但其在周围组织尤其是肝脏中的应用甚少，效用较差。因为当前的知识形态特征的肝星状细胞在肝组织中是有限的，现使用 Golgi-Cox 方法描述肝星状细胞的形态和分布。

（二）Golgi-Cox 方法

（1）新鲜肝脏组织切成小块（0.8 cm × 0.6 cm），采用 Golgi-Cox 方法。即组织先在 20 mLGolgi-Cox 溶液中黑暗下保存 15 d，再在 30% 蔗糖中保存 3 d。

（2）用切片机将组织切成 200 μm 厚，浸泡在 15% 蔗糖溶液中。

（3）将切片置于涂有 2% 明胶的载玻片上，用滤纸压平，放置在湿盒里，然后按照 Gomez 方法进行处理。

第二节 水迷宫实验

一、技术介绍

Morris 水迷宫（Morris Water Maze，MWM）实验是一种强迫实验动物（大鼠、小鼠）游泳，寻找隐藏在水中平台的一种实验，主要用于测试实验动物对空间位置感和方向感（空间定位）的学习记忆能力，被广泛应用于学习记忆、老年痴呆、海马／外海马研究、智力与衰老、新药开发／筛选／评价、药理学、毒理学、预防医学、神经生物学、动物心理学及行为生物学等多个学科的科学研究和计算机辅助教学等领域，在世界上已经得到广泛认可，是医学院校开展行为学研究尤其是学习与记忆研究的首选经典实验。

二、技术原理

通过观察并记录动物学会在水箱内游泳，找到藏在水下逃避平台所需的时间、采用的策略和动物的游泳轨迹，分析和推断动物的学习、记忆和空间认知等方面的能力。它能比较客观地衡量动物空间记忆（spatial memory）、工作记忆（working memory）以及空间辨别能力（spatial discriminability）的改变。

三、技术操作

（一）获得性训练

（1）将动物（大鼠或小鼠）头朝池壁放入水中，放入位置随机取东、西、南、北四个起始位置之一。记录动物找到水下平台的时间（s）。在前几次训练中，如果这个时间超过 60 s，则引导动物到平台，让动物在平台上停留 10 s。

（2）将动物移开、擦干，必要时将动物（尤其是大鼠）放在 150 W 的白炽灯下烤 5 min，放回笼内。每只动物每天训练 4 次，两次训练之间间隔 15 ～ 20 min，连续训练 5 d。

（二）探查训练

最后一次获得性训练结束后的第二天，将平台撤除，开始 60 s 的探查训练。将动物由原先平台象限的对侧放入水中。记录动物在目标象限（原先放置平台的象限）所花的时间和进入该象限的次数，以此作为空间记忆的检测指标。

（三）对位训练

测定动物的工作记忆（working memory）。探查训练结束后的第二天，开始维持 4 d 的对位训练。将平台放在原先平台所在象限的对侧象限，方法与获得性训练相同。每天训练 4 次，每次记录找到平台的时间、游泳距离和游泳速度。

（四）对位探查训练

最后一次对位训练的第二天进行，方法与上述探查训练类似。记录 60 s 内动物在目标象限（平台第二次所在区）所花时间和进入该区的次数。

四、注意事项

（1）保证标记物体的位置在同一实验中不要改变。

（2）不要任意改变实验室中其他实验物品的位置。

（3）在实验进行中尽量保证实验室的安静。

（4）在进行水迷宫实验期间，实验人员最好不要使用香水或者其他有刺激性气味的物品。

（5）实验人员将小动物放入水池后，请立即离开所站立的位置，防止小动物将实验人员误认为标记物。

（6）将小动物取出后，请用毛巾将小动物擦干，如果天气比较寒冷，可以辅助使用电吹风（如果有条件可以在饲养笼中多加一些刨花屑）。

（7）在水迷宫注满水后，才能接通保温棒的电源开关；在水迷宫排水前，断开保温棒的电源开关。

五、技术应用

小鼠模型对阐明正常和病理过程中学习和记忆的变化是不可或缺的。Morris 水迷宫实验是一种广泛应用于评估老鼠认知过程的方法，也是一种经典的检测空间学习和记忆的方法。然而，Morris 水迷宫对小鼠的研究主要使用成年鼠进行，这就妨碍了关键神经发育时期的细胞和分子水平学习与记忆的研究。迷宫训练的断奶小鼠在训练期间表现出空间学习的显著改善，探针实验的结果表明空间记忆的发展。此外，突触可塑性的分子生物标志物在迷宫训练的小鼠转录水平上调。Morris 水迷宫可以用来评估断奶小鼠的空间学习和记忆，为研究基因、环境因素及其相互作用对学习和记忆发育的影响提供了一种潜在的、强大的实验方法。

第三节　微电极拉制技术

一、技术介绍

微电泳（电离子导入技术）或压力注射（加压喷射）技术可以将微量药物和化合物通过尖端极细的微管导入神经细胞微环境，具有其他给药方法所无法比拟的优越性。将神经活性物质直接施加于中枢神经系统神经元的微电泳技术自首次应用以来已有 60 余年的历史了。1936 年，Suh 等通过微电泳将乙酰胆碱注入脑室，在脑干内发现了胆碱受体升压区。

二、技术原理

（一）微电泳实验

微电泳包括将玻璃微管中的带电物质控制性地释放到神经细胞外的微环境中或注入胞浆。在给药间期，对药物施以与给药时极性相反的电流可防止药物溢出。对于胞内微电泳，可用同一微管（电极）同时记录膜电位和注射药物，后者通过桥式电路电流实现。也可采用中间有隔膜的「0」形玻璃管，被分隔开的微电极一侧腔室充满要给予的药物溶液，用银丝与电流发生器相连，另一侧腔室充灌电极内液与放大器相连。

（二）微压力注射实验

压力注射用于将不带电或带电性弱的物质施加到神经元周围。这种技术对离体和在体实验都很有用。在离体切片标本实验中，相互分开的记录和压力注射微管均置于靠近靶神经元的位置。在原位标本实验中，微压力注射常采用两种方法。单根尖端相对较粗大（10 μm或更大）的微管可用于小区域给药（药量为纳升级），以改变神经核团的兴奋性。例如，在活体动物实验中，给延髓的呼吸节律产生区域 Pre-Boetzinger 复合体注射纳升级的含GABA和甘氨酸受体措抗剂的溶液，用以评价抑制性递质对成年哺乳动物呼吸节律的影响。在胞外和胞内记录中，少于 1 mL 的神经活性物质和神经调质可以通过多管微电极束注射到单个的神经元上。

神经活性物质通过微管注射，微管通过软管与压缩气体源（通常是氮气）连接，通过一个开关或 TTL 脉冲控制的电磁阀调节实验要求的压力和持续时间，单脉冲或程序化的系列脉冲均可。

三、技术操作

微电极组合的制备：

多采用带芯或隔膜的毛细玻璃管以便电极的充灌。可购买已融合成 2～7 管的微管阵列。其优点在于用药物溶液充灌前，仅需将其切成适合长度，再用垂直电极拉制仪拉至所需长度和外形；缺点是充灌不同管腔时必须格外小心，以免溶液溢出。

也可以将单个微管自行组合成多管阵列，并通过弯曲其充灌端使之彼此分开。

方案 1：

（1）采用热缩管（一种遇热可收缩的材料）作为套管将毛细管牢牢地扎成一束，两道套管的位置分别距毛细管两端约 15 mm。

（2）将微管束固定在垂直电极拉制仪的夹头中。通过线圈加热，将磁拉力设为 0，直到微管束软化后开始在重力作用下被拉长。手动加压拉制一小段后，将微管束迅速旋转 270°，并停止加热使玻璃冷却。调整线圈位置至锥形扭曲的玻璃束中央。把加热电流和磁拉力调至理想水平，可得到两根可用的多管电极。

（3）本生灯（一种煤气灯）加热玻璃管，同时将一根金属钩插入一管的开口端使其弯曲至30°。除记录电极的微管外，其余的微管均按此法弯曲。

（4）在弯曲的和未弯曲的微管间涂以熔融的牙科蜡使其形成冠状。这种冠形结构和热缩管套使微管牢固地组合在一起。至此，多管微电极已制成，可以直接充灌并经折断处理形成具有合适的尖端直径的电极。

（5）将记录电极连接于操纵器和微驱动器，通过它们使微管束进入组织。并列电极组装方便且耦合电阻和电容更低。记录电极必须与电泳管束黏合得十分牢固，否则会在组织中彼此分开。同轴排列电极的制备要困难得多，但其优点是记录管和电泳管不易分开。

方案2：

（1）记录管和微电泳管尖端间的距离控制为40 mi。

（2）用水平拉制仪将胞内记录的微电极拉成所需长度、外形和尖端。通过线圈对记录电极加热，在距尖端10 mm处将其折成15°～20°。

（3）将记录电极折角以下的一段在显微操作（400倍）下置于微电泳多管阵列中两管之间的夹缝内。

（4）在将两部分组装起来之前，将光敏感牙科黏固剂涂在夹缝中。

（5）摆好位置后，用固化枪产生的900 nm波长光线照射30 s以固定连接。接着，涂布第二层，该黏固剂包裹微管并使其光固化。

（6）用颅骨黏固剂在记录电极弯曲处做一个束套，进一步防止微管的分离。

除用作胞外微电泳的标准5管阵列外，最终的成品不会造成更多的组织移位。这使其非常适用于记录组织深处神经元的反应。

并列的微电极已被 Crossman 等（1974）用于胞外记录和微电泳，记录电极尖端突出多管阵列5.15 pm。该阵列具有极佳的记录特性，信噪比大，而且据报道，非常适宜记录皮层下小细胞的反应。

（一）碳纤电极

通过将一根碳芯置于多管阵列中的记录电极内，并蚀刻出适合单个细胞记录的精细尖端，可以得到用于胞外记录和微电泳的低噪声电极。含两根碳纤电极的多管微电极已用于记录神经元的放电以及测定电泳分离的儿茶酚胺和5-羟色胺（5-HT）浓度。

（二）溶液配制

溶液应过滤以除去残渣。微管尖端不应有气泡，否则将阻碍电泳，而且电流通过充灌溶液时会产生噪声并被记录电极记录下来。建议至少在使用前10～15 min 充灌微电极，并将其垂直置于一潮湿的容器内。临用前还应在显微镜下检查微管内是否有气泡和沉淀物，如果有气泡，可用一根清洁的猫须在微管中旋转驱除掉。

为利于通过电泳或电渗释放带电荷的物质而不改变该物质的药理学特性，需将溶液调至一定的 pH 值。单胺类是引起神经元兴奋还是抑制取决于被激动的儿茶酚胺或 5–HT 受体亚型。当溶液 pH 为 4 或更低时，它们的神经系统作用倾向激动；当 pH 控制在 4.5～8 时，可基本避免与 pH 相关的反应。

（三）电极与电泳仪的连接和微管尖端大小

采用清洁的银丝氯化给微管内液通电不是必需的，事实上，氯化银的剥脱会堵住微管尖端而造成阻塞。为防止银丝间的接触和导电，可将一段60～70 mm 长的银丝焊接到一段 80 mm 长的纤细、柔软的绝缘导线上，再将后者连接到电泳仪上。此绝缘线可安装一接头以连接到电泳仪的探头上。当用于电泳和记录的导线插入微管后，小心地将少量熔融的牙科蜡或石蜡灌注到微管开口上，使它们彼此分开并固定。

微管在尖端折断处理前充灌比较容易，但即使在尖端折断处理后也能充灌成功。尖端的折断处理是在显微镜下进行的，用固定在微操纵器尖端的一根玻璃棒触碰微管尖端，使其每一管的尖端直径在 1 mm 左右。这样的电极的尖端电位低。更大的尖端直径会使药物自由扩散增加。

（四）记录和微电泳

（1）寻找神经元。

（2）当微管尖端进入组织后打开电源。一般以 5～10 nA 作为维持电流。加药电流先设在相对较低的水平，如 5 nA，然后逐渐增加至 60～80 nA。此步骤用来检测微管的导通特性。如果有阻塞或过大的噪声，应舍弃该微管束。

（3）最好先在其他非靶细胞上检测受试药物和加药电流的有效性。对胞内记录和胞外微电泳来说，由于可能损坏记录电极尖端，这种测试也许不太实际，但还是应尽可能进行。任何未鉴定的神经元只要有自发电活动而没有损伤性放电就可以用于测试。

（4）微电泳管需通过加药电流预热。有时，一开始即使给予很大的加药电流也引不起反应，这是因为维持电流已使近微管尖端溶液中的药物排空了。这一死腔只有通过反复给予加药电流来填充。可行的方法是，按照工作循环的固定间隔给予一逐渐增强的加药电流，直至 100 nA。一旦引起反应，应重复测试数次以确保反应被稳定地激发，这一现象说明微管尖端的药物浓度已达平衡。

（5）至此，微管束应置于选定神经元以开始实验。选择能稳定记录的神经元作为靶细胞，出现损伤电流或不能发出动作电位的神经元则不应用于实验。在胞外记录的实验中，动作电位应为负值，且高于背景噪声数百微伏。能记录到孤立的神经元最为理想。波对受试神经元的冲动频率进行计数，在这种情况下，重要的是测试物质只影响神经元，用于胞内记录的受试细胞应具备稳定的膜电位。

（6）应注意防止电流伪迹。除给予的药物外，电流也能引起反应，特别是当微电泳束靠近神经元时。假如恰巧在施加电流时，动作电位频率或膜电位突然改变，就应怀疑有电流伪迹。一般来说，正向电流抑制放电和使膜电位超极化，负向电流则相反。在胞外记录中，如动作电位是负向，则极少出现电流伪迹，说明微管束与细胞间有足够的距离，电流不易扩布至细胞膜。通过平衡电流可将电流伪迹减到最小。给微管束中的一根电极充灌 165 mmol/L 的 NaCl 溶液，并用银丝连接到微电泳仪的平衡通道，此通道施加的电流与所有其他微管电流值总和相等但极性相反。接着，对含 165 mmol/L NaCl 溶液的微管通电，检测电流伪迹。

（7）还需确定给予适当大小的维持电流。通常 5～10 nA 大小较适宜，但如果细胞对神经活性物质的反应较预期持久，或当改变保持电流的强度时反应随时间变化而变化，就应注意保持电流大小是否适当。一般应避免采用大于 20 nA 的电流，因为它们会在微管尖端造成死腔。

四、注意事项

（一）电流伪迹

大多微电泳仪均能进行自动电流平衡，一般不会产生伪迹，但手工操作时应注意。

（二）折叠电噪声

如果所要电泳的药物的溶解度和离子化程度低，则其传导性也低，而传导性越低，就越易产生较高的电噪声。

在较高电噪声下，即使是维持稳定的注射电流，其对离子的泳出率也往往大大偏离理论值，可采用下列方法克服：尽可能选用尖端大的电极，可达 $10 \, \mu m$ 左右；将该物质充灌于多个周边管中，实施电泳时分别以较小的注射电流同时从几个管内将药物排出，这样可减少噪声，如果所要电泳的药物的溶解度和离子化程度较高，则噪声一般不成问题。

（三）折叠注射电流定量

许多情况下，电泳某药物观察其生物学效应时需要重复几次并且给一个固定剂量。

由于迟滞电流的存在，电极尖端的药物浓度降低，所以早期所排出的药物较少，随后逐渐上升至一个平台。这取决于注射电流的大小和开始电泳时电极尖端离子浓度的高低。

因此，重复给药时，应该以固定程序进行：固定注射电流、固定注射时间（应足以使药物释出和反应达到平台值）、固定间隔时间等，达到相对定量的目的。

五、技术应用

微电极为研究脑电活动提供了一个直接的途径，它促进了人们对脑功能的基本认识，并用于脑机接口的康复。了解神经元之间的相互作用是充分认识大脑的功能的基础。因此，开发能够在行为过程中以单脉冲和小单位分辨率监测被研究电路中特定神经元的技术是非常重要的。电子记录技术可以检测细胞外的动作电位以及神经元以局部电位叠加的突触活动。作为一种具有微小足迹的慢性功能神经探针，微电技术在体内进行电生理记录。

第四节　膜片钳技术

一、技术介绍

1976 年，德国马普生物物理研究所 Neher 和 Sakmann 创建了膜片钳技术（patch clamp recording technique）。这是一种以记录通过离子通道的离子电流来反映细胞膜单一的或多个的离子通道分子活动的技术。

膜片钳技术是用微玻管电极（膜片电极或膜片吸管）接触细胞膜，以千兆欧姆以上的阻抗使之封接，使与电极尖开口处相接的细胞膜的小区域（膜片）与其周围在电学上分隔，在此基础上固定点位，对此膜片上的离子通道的离子电流（pA 级）进行监测记录的方法。

用场效应管运算放大器构成的 I-V 转换器是测量回路的核心部分。在场效应管运算放大器的正负输入端子为等电位，向正输入端子施加指令电位时，由于短路负端子以及膜片都可等电位地达到钳制的目的，当膜片微电极尖端与默片之间形成 10 GΩ 以上封接时，其间的分流电流达到最小，横跨膜片的电流可全部作为来自膜片电极的记录电流而被测量出来。

这一伟大的贡献使 Neher 和 Sakmann 获得 1991 年度的诺贝尔生理学与医学奖。

二、技术原理

膜片钳技术是用玻璃微电极吸管把只含 1～3 个离子通道、面积为几个平方微米的细胞膜通过负压吸引封接起来，由于电极尖端与细胞膜的高阻封接，在电极尖端笼罩下的那片膜事实上与膜的其他部分从电学上隔离。因此，此片膜内开放所产生的电流流进玻璃吸管，用一个极为敏感的电流监视器（膜片钳放大器）测量此电流强度，就代表单一离子通道电流。

膜片钳技术的建立对生物学特别是神经科学具有重大的意义。此技术的出现将细胞水平和分子水平的生理学研究联系在一起，同时将神经科学的不同分野融合在一起，改变了既往各个分野互不联系、互不渗透，阻碍人们全面认知的现象。

三、技术操作

（一）膜片钳微电极制作

1. 玻璃毛细管的选择

有两种玻璃类型：一是软质的苏打玻璃；二是硬质的硼硅酸盐玻璃。软质玻璃在拉制和抛光成弹头形尖端时锥度陡直，可降低电极的串联电阻，对膜片钳的全细胞记录模式很有利；硬质玻璃的噪声低，在单通道记录时多选用。玻璃毛细管的直径应符合电极支架的规格，一般外部直径在 $1.1 \sim 1.2$ mm，内径 1 mm。

2. 电极的拉制

分两步拉制：第一步，使玻璃管中间拉长成一窄细状；第二步，拉制窄细部位断成两根。其尖端直径一般在 $1 \sim 5$ μm，充入电极内液后电极电阻在 $1 \sim 5$ MΩ 为宜。调节第一步和第二步拉制时加热线圈的电流强度，即可得到所需要的电极尖端直径。电极必须保持干净，应现用现拉制。

3. 涂硅酮树酯

记录单通道电流时，为了克服热噪声、封接阻抗噪声及电极浸入溶液产生的浮游电容性噪声，需要在电极尖颈部（距离微电极尖端 50 mm）的表面薄薄地涂一层硅酮树酯，它具有疏水性、与玻璃交融密切、非导电性的特性。涂完硅酮树酯的玻璃微电极需要通过加热的镍铬电阻线圈烘干变固，以防硅酮树酯顺着电极流向尖端而影响千兆封接。烘干后才能进行热磨光。

4. 热磨光

一般在玻璃研磨器下对电极尖端进行热磨光，磨光后可使电极尖平滑并烧去过多的硅酮树酯薄膜，有利于千兆封接的形成。目前，大多数实验室在做全细胞模式记录时，不涂硅酮树酯，不进行热磨光，也可形成很好的千兆封接。

5. 电极液的充灌

目前最常应用的是用注射器反向充灌。用细长的注射器针头或拉细的聚乙烯胶管从电极尾端插入电极尖端，再进行灌注。灌注后，电极尖端有少许气泡，排除气泡的方法是用左手拿住电极，尖端向下，用右手轻轻弹击电极，可见气泡徐徐上升直至排除。电极液不要充灌太满，能与探头的银丝接触上即可，溶液过多会浸入探头支持架致使潮湿而影响实验记录。

（二）溶液的组成

1.电极液

根据记录的电流不同，电极液的成分也不同。基本要求是等张的 KCl 溶液，Ca^{2+} 浓度为 $10 \sim 100$ nmol，pH $7 \sim 7.4$。这里介绍在全细胞记录模式时，通过改变保持电位，能分别记录到 Na^+、K^+、Ca^{2+} 电流的电极液成分（mmol/L）：K Aspartic 49.89，KCl 30.37，KH_2PO_4 25，HEPES 20.12，EGTA 0.999，KOH 29.95，$MgCl_2$ 1，$CaCl_2$ 0.2，$ATPNa_2$ 6.8。用 KOH 调 pH 至 7.4。如果要记录纯的 Na^+、K^+、Ca^{2+} 电流，则需要使用相应的工具药。

2.细胞外液（浴槽液）

分离细胞和记录电流时应用。分离神经细胞主要用人工脑脊液（Artificial Cerebrospinal Fluid Solution，ACSF），成分（mmol/L）：NaCl 124，KCl 2.5，NaH2PO4 1.25，MgSO4 2.0，CaCl2 2，NaHCO3 26，Glucose 10。该液体需要通以 95% O2 + 5% CO2 混合气体。如果用 HEPES 作缓冲系，则 ACSF 的成分如下（mmol/L）：NaCl 140，KCl 2.5，MgCl2 1，CaCl2 1，Glucose 25，HEPES 10。

上述溶液的配制均使用去离子水。

（三）神经细胞的分离

运用膜片钳技术进行电生理学研究需要制备合适的单个细胞作标本，细胞制备的好坏直接影响着实验的成功率。膜片钳实验要求细胞标本具有呼吸活性、耐钙、细胞膜完整、平滑、清洁度高的条件，以利于微电极与细胞膜进行高阻封接。活性好的细胞在形成全细胞模式后可以保持很长时间的活性，足以保证实验的顺利进行。因此，制备好的细胞标本是膜片钳实验的关键第一步。

自 20 世纪 70 年代以来，出现了许多分离各类细胞的分离技术，但是进行电生理学研究尤其是膜片钳实验多应用酶解分离细胞的方法。本实验室曾分离过豚鼠心室肌细胞、大鼠肝脏细胞、大鼠脑皮层神经细胞、家兔肺动脉平滑肌细胞、人脑皮层神经细胞及人心房肌细胞。

这里重点介绍大鼠脑皮层神经细胞的分离技术。

（1）用 30 mg/kg 戊巴比妥钠麻醉后，断头开颅取出大脑半球放入冷的人工脑脊液中，轻轻剥离脑膜和血管等纤维组织，然后取脑皮层在人工脑脊液中剪成 2 mm × 2 mm 的组织块静止 1 h，并通以氧气。

（2）将脑组织块放入含有 Protease 16 U/mL（type X，sigma）和 protease 2 U/mL（type XIV，sigma）的人工脑脊液中，在 36 ℃恒温震荡（60 次 / min）水浴中孵育 60 min 左右。

（3）将组织块取出，反复用人工脑脊液冲洗 5 次，以彻底清除消化酶，于室温下静止 60 min 并继续通氧，实验前将组织块轻柔吹打后即可分离出单一的神经细胞供实验使用。

（四）千兆欧姆封接

取一滴细胞液，滴入浴槽中，用人工脑脊液进行灌流，将浮游的死细胞冲走，待细胞贴壁后即可进行封接吸引。通过 PCLAMP 软件或电子刺激器给予一个 20 mV、10 ～ 50 ms 的矩形波刺激，当电极进入浴槽溶液时，记录电流的直线变成与矩形波电压脉冲相对应的矩形波曲线，将电极尖轻轻压在细胞膜表面，此时电流曲线的高度变低，给电极以负压吸引，由于电极尖与细胞膜逐渐密接，细胞膜与电极间的电阻逐渐增加，电流曲线逐渐减小直至变成一条直线，形成了千兆欧姆封接。

（五）记录模式

根据研究目的选择记录模式，主要有下面叙述的前 4 种，后 3 种是依据前 4 种变更而来的。

1. 细胞贴附式（cell-attached 或 on-cell mode）

千兆欧姆封接后的状态即为细胞贴附式模式，是在细胞内成分保持不变的情况下研究离子通道的活动，进行单通道电流记录。即使改变细胞外液，对电极膜片也没有影响。

2. 膜内面向外式（inside-out mode）

在细胞贴附式状态下将电极向上提，电极尖端的膜片被撕下与细胞分离，形成细胞膜内面向外模式。此时，膜片内面直接接触浴槽液，灌流液成分的改变则相当于细胞内液的改变。可进行单通道电流记录。此模式下细胞质容易渗漏（washout），影响通道电流的变化，如 Ca^{2+} 通道的 run-down 现象。

3. 全细胞式（whole-cell mode）记录

在细胞贴附式状态下增加负压吸引或者给予电压脉冲刺激（zapping），使电极尖端膜片在管口内破裂，即形成全细胞记录模式。此时，电极内液与细胞内液相通成为和细胞内电极记录同样的状态，不仅能记录一个整体细胞产生的电活动，还可通过电极进行膜电位固定，记录到全细胞膜离子电流。这种方式可研究直径在 20 μm 以下的小细胞的电活动，也可在电流钳制（current clamp）下测定细胞内电位。目前，将这种方法形成的全细胞式记录称为常规全细胞模式或孔细胞模式（conventional whole-cell mode 或 hole cell mode）。

4. 膜外面向外式（outside-out mode）

在全细胞模式状态下将电极向上提，使电极尖端的膜片与细胞分离后又黏合在一起，此时膜内面对电极内液，膜外接触的是灌流液。可在改变细胞外液的情况下记录单通道电流。

5. 开放细胞贴附膜内面向外式（open cell-attached inside-out mode）

在细胞贴附式状态下，用机械方法将电极膜片以外的细胞膜破坏，从这个破坏孔调控细胞内液并在细胞贴附式状态下进行单通道电流记录。用这种方法时，细胞越大，破坏孔越小，距电极膜片越远，细胞因子的流出越慢。

6. 穿孔膜片式（perforated patch mode）或缓慢全细胞式（slow whole-cell mode）

在全细胞式记录时由于电极液与细胞内液相通，胞内可动小分子能从细胞内渗漏到电极液中。为克服此缺点，可在膜片电极内注入制霉菌素（nystatin）或二性霉素 B。又因胞质渗漏极慢，局部串联阻抗较常规全细胞记录模式高，钳制速度慢，故也称为缓慢全细胞式。

7. 穿孔囊泡膜外面向外式（perforated vesicle outside-out mode）

在穿孔膜片式基础上，将电极向上提，使电极尖端的膜片与细胞分离后又黏合在一起形成一个膜囊泡。如果条件很好，在囊泡内可保留细胞质和线粒体等，能在比较接近正常的细胞内信号转导和代谢的条件下进行单通道记录。

（六）细胞内灌流方法

细胞内灌流是在全细胞式状态下利用电极内灌流法形成的。电极内灌流法的装置是由电极固定部、灌流液槽、注入管、流出管、电极记录用琼脂桥所组成。注入管是用直径 2.5 mm 的塑料管经加热拉细制成，使其尖端能插到接近电极的尖顶部。灌流液槽注满实验用溶液，插入注入管，当千兆封接形成后，由于负压吸引的作用，在电极内液从流出管流入排液槽的同时，实验用溶液由流入管注入电极内，电极充满实验用溶液后关闭注入管，完成了液体的交换。这种方法应用在"内面向外式"时，可同时改变细胞内液和细胞外液的组成；应用在"全细胞式"时就形成了细胞内灌流方法，直接改变了细胞内液。

（七）全细胞记录模式离子通道电流记录

1. 钠通道电流（INa）

细胞外液同人工脑脊液液也可加入 $CoCl_2$ 3 mmol/L 或 nifidipine 10 μmol/L 以阻断钙电流。电极液成分 (mmol/L)：CsCl 150，EGTA 11，CaCl2 1，MgCl2 1，HEPES 10，用 CsOH 调 pH 至 7.4。

电压钳制方案，通常设保持电位（Holding Potential）为 –80 mV，去极化电压为 –10 ～ 40 mV，步阶电压 10 mV，去极化的保持时间（刺激脉冲宽度或钳制时间）10 ～ 40 ms。当全细胞记录方式形成后，利用上述电压钳制方案，即可记录出 INa。根据实验数据制作电流—电压关系曲线，从中找到 Na^+ 电流的激活电位、反转电位和最大电流的电压区域。

2. 钙通道电流（ICa）

灌流液有两种方案：一是在人工脑脊液中加入 TTX10 μmol/L；二是将人工脑脊液中的 NaCl 换成 N–methyl–D–gluca mine 130 μmol/L，pH 用 CsOH 调至 7.4。电极液的组成（mmol/L）：Aspartic acid 60，CsOH 60，$MgCl_2$ 4，HEPES 10，EGTA 10，Na_2ATP_3。用 CsOH 调 pH 至 7.4。通常使用的电压钳制方案是设保持电位为 –40 mV，去极化电压为 10 ～ 110 mV，步阶电压 10 mV，钳制时间 300 ms，此方案记录的是 L 型 Ca^{2+} 通道电流。但在此保持电位下记录到的 Ca^{2+} 电流尚含有 Na^+ 通道电流或尚有 T 型 Ca^{2+} 通道电流。记录由于没有特异的 T 型 Ca^{2+} 通道阻滞剂，若想获得较纯净的 L 型 Ca^{2+} 通道电流，将保持电位抬高到 –30 mV。记录 T 型 Ca^{2+} 通道电流的电压钳制方案是设保持电位为 –80 mV，仍以 10 mV 的步阶电压去极，去极化电压为 10 ～ 170 mV，应用 L 型 Ca^{2+} 通道阻滞剂，如 Nitrendipine、Nisodipine、Nifedipine 等，即可得到较纯净的 T 型 Ca^{2+} 通道电流。两种方案得出的膜电流峰值均可绘制 I–V 曲线。

3. 钾通道电流

神经细胞上亦存在多种 K^+ 通道，其研究也很复杂，通常最直观、最容易观察和记录得到的 K^+ 通道电流不外乎几种。这里仅就延迟整流通道、内向整流通道及瞬间外向电流通道的电流记录加以介绍。

基本液体、灌流液的组成（mmol/L）：N-methyl-D-gluca mine 135，KCl 5.4，$CaCl_2$ 1.8，$MgCl_2$ 0.5，HEPES 10，Glucose 5.5。用 HCl 调 pH 至 7.4。也可在灌流液中加入 TTX（6～10 mol/L）和 Cd^+（0.2～0.5 mmol/L），以阻断 Na^+ 和 Ca^{2+} 通道。电极溶液为通常的细胞内液。

（1）延迟外向整流电流（delayed rectifier outward current，Ikr）

设保持电位为 –80 mV，去极化电压为 –20～170 mV，步阶电压为 10 mV，钳制时间可在 100～400 ms，时间间隔为 2～3 ms。有时可将保持电位设在 –30 mV 或 –40 mV，这样不仅可以使 T 型 Ca^{2+} 通道失活，记录出 Ikr，还可以记录到尾电流（Itail）。尾电流是延迟外向整流电流的一种表现形式，当钳制方波从 +70 mV 或 +90 mV 复极到保持电位时，这个电流并不紧随，而是延迟于复极的钳制方波，以指数衰减方式逐渐回至电流基线。现认为 Itail 和 Ikr 使用同一通道。

（2）内向整流电流（inward rectifier current，Ikir）

在膜超极化时内向整流通道开放，K^+ 流入细胞内，当膜电位近于静息电位或更正时，该通道趋于关闭。一般情况下，保持电位的设置与细胞的静息电位相当，设在 –80 mV，在这个电位下，膜电位为"零"，保持电位是"零"电流电位。然后，令钳制电位从正于保持电位的方向向超极化方向复极，超极化可达 –140 mV 到 –160 mV，过度超极化可能会损伤细胞，步阶电压仍为 10 mV。在神经细胞，Ikir 于钳制初期可表现出一个瞬间内向电流，很快衰减，之后趋于平衡，形成时间不依赖性或称为持续性电流。测量电流幅度是测瞬间电流峰值和持续性电流峰值，分别绘制其 I–V 曲线，再进行分析。

（3）瞬间外向电流（transient outward current，IA 或 Ito）

用于记录 Ito 的电压钳制方案与延迟整流电流的方案基本一样，通常将保持电位设在 –80 mV，但这种电压钳制方案在记录到的 Ito 中一定混有 Ikir。目前可用两种方法将其分开。第一，设置两个电压钳制方案，即第一个方案中的保持电位为 –80 mV，钳制电位为 50 mV 或更高，时间为 80～100 ms，目的在于最大限度地记录到 Ito。第二，如果用改变保持电位的方法仍不能分开 Ito 和 Ikir，则可用某些阻断剂（如 E-4031、TEA 等）阻断 Ikir，然后利用第一种方法记录 Ito。然而，实际上要得到较纯净的 Ito 是相当不容易的，原因主要是在某些细胞 Ito 和 Ikir 对膜电位的依赖性太接近，以及到目前为止尚未有十分特异的 Ikir 阻断剂。由于 TEA 这类阻断剂的特异性差，应用时要格外小心，应使用特异性较好的阻断剂。在 K^+ 通道的研究中，也可应用斜坡（ramp）钳制方案。其基本要点是，膜电位斜坡除极的速度不要太快。通常将膜电位从 –110 mV 斜坡除极到 70 mV 或更高，旨在使这一钳制方案覆盖整个生理电位活动范围。在神经细胞，斜坡钳制所得到的 K^+ 电流包含 Ikr、Ito、Ikir 等，也就是记录到的应是一条多类型的 K^+ 电流组成的电流轨迹。不同类型的 K^+ 通道阻滞剂可以分别阻断这一电流轨迹的不同部分。实验者可在上述原则基础上设计适用于不同 K^+ 通道研究的斜坡钳制方案。

（八）单通道电流记录

1. 钠通道电流（INa）

用"细胞贴附式"膜片时，细胞外液为人工脑脊液，电极液为无钙的人工脑脊液（Na^+140 mmol/L），保持电位与去极化电压的设置同全细胞记录方式，施加 50 ms 的去极化脉冲，可记录到单通道 INa。为便于观察，使通道开闭的速度变慢，实验需在 22 ～ 24 ℃下进行。INa 表现为内向（向下）的矩形波状的变化。将保持电位从静息电位钳制到 –130 mV，处于超极化状态下，给予 10 mV 步阶电压的去极化脉冲，钠通道开放数逐渐增多，可得到一个近似用全细胞模式记录出现的 INa 波形。

2. 钙通道电流（ICa）

为准确控制膜电位，在记录 Ca^{2+} 电流时，应将灌流液换成高钾（K^+ 浓度 130 mmol/L）溶液，此时细胞静息电位约为 0 mV，通过保持电位的设置可以较准确地控制细胞膜电位；也可用人工脑脊液灌流，但此时细胞的静息电位约为 –80 mV，设置保持电位时应考虑到这一点。电极液与全细胞记录时应用的细胞外液类似。电压条件与全细胞记录相同。

用细胞贴附式或膜内面向外式记录单通道 ICa 时，常用的高钾灌流液的组成（mmol/L）：K-aspartate 90，KCl 30，KH_2PO_4 10，EGTA 1，$MgCl_2$ 0.5，$CaCl_2$ 0.5。用 KOH 调 pH 至 7.4。电极液组成（mmol/L）：$BaCl_2$ 50，Choline Cl 或 TEACl 70，HEPES 10，EGTA 0.5。用 CsOH 调 pH 至 7.4。

应注意的是，并不是每次去极化都能使钙通道开放，常常见到钙通道全部不开的情况，肾上腺素能神经激动剂、钙通道激动剂（如 BayK8644）能延长通道开放时间。

3.钾通道电流

细胞 K^+ 在正常生理浓度时，钾通道的电导很小，K^+ 电流也非常小，测定很困难，因此在记录钾通道电流时，应将电极内（膜片外）液的 K^+ 浓度增加到 140～150 mmol/L。电压条件与全细胞模式记录时相同。

单通道电流记录的主要观察指标包括单通道电导（conductance）、开放概率（open probability）、平均开放时间（mean open time）、平均关闭时间（mean close time）。一般来说，单通道记录和分析均较全细胞电流的记录和分析的难度大且复杂。

四、注意事项

膜片钳实验难度大、技术要求高，掌握有关技术和方法虽不是很困难的事，但要从一大批的实验数据中，经过处理和分析，得出有意义、有价值的结果和结论，就显得不那么容易。有许多需要注意和考虑的问题，包括减少噪音，避免电极前端的污染，提高封接成功率。在具体实验过程中，还需要考虑如何选取记录模式，为记录特定离子电流如何选择电极内、外液，如何选择阻断剂、激动剂，如何进行正确的数据采集等许多更为复杂的问题，需在科研实践中不断地探索和解决。

在进行膜片钳封接实验操作过程中应该着重注意以下问题：

（1）玻璃微电极应该进行热抛光。硅酸盐玻璃微电极经拉制仪拉制后，电极尖端并不圆滑。对于有些细胞种类（如外周 DRG 细胞）来讲，直接用没有经过抛光的电极进行封接则难度很大，所以对拉制好的玻璃微电极进行热抛光是必不可少的过程。

（2）施加正压时，用注射器注入 1 mL 左右的空气。封接之前，施加正压的原因有三个：一是防止细胞外液与电极内液混合；二是防止外液中的杂质堵住电极尖端，影响封接；三是放掉正压的时候，封接阻值会有一个瞬时上升，有助于封接。施加正压的方法一般有两种：一是用嘴轻轻吹气二是用注射器注入空气。但是，最好使用注射器施加正压的方法，这样可以更精确地控制注入气体的量。另外，根据实际操作经验，当注入气体的体积在 1 mL 左右时，封接较容易。

（3）施加正压后，玻璃微电极应尽快接触细胞，防止因间隔时间太长而将施加的正压消耗掉，从而影响封接。

（4）玻璃微电极进入外液以后，最好把电极尖端置于细胞右侧（与

Holder 同侧）三分之一处。因为细胞胞体近似球形，细胞表面有一个拱起来的弧度，电极尖端越和细胞膜契合越好封接。

（5）电极尖端接触细胞膜以后，最好操纵微操继续下压，使细胞膜和电极尖端之间的阻值比接触之前增加 $1 \sim 2 \, M\Omega$，电极和细胞膜接触得越紧密越有利于封接。当然，记录脑片神经元电信号时，由于所记录的神经元位于脑片组织内部，阻值上升的现象并不明显，此时就不能根据阻值上升的大小来判断是否应该停止下压，而应该观察神经元表面是否被电极尖端压出了明显的凹窝，如果出现一个明显的凹窝，则停止下压。

（6）封接完成，阻值达到 $G\Omega$ 以后，不要急于破膜，最好等待 1 min 左右，使其封接更加牢固，然后破膜。如果急于破膜，则很可能会因为封接不牢固而导致电极尖端在细胞膜上的脱落。

记录全细胞（Whole Cell）电信号时，破膜需要注意以下问题：

（1）破膜时施加负压，最好不要采用注射器。打破细胞膜需要一个瞬时的小的爆发力，使用手抽注射器的方式不好控制施加负压的大小，往往会造成电极尖端从细胞膜表面上脱落，或者即使破膜，也会导致破膜以后电极尖端和细胞膜之间的阻值过低，无法记录到有效的数据。用嘴吸气的方式，破膜效果往往比较好，因为嘴巴可以很好地控制吸气力度和所施加负压的大小，给细胞膜一个适当的瞬时爆发力，从而提高破膜成功率。

（2）破膜以后，电极尖端和细胞膜之间的阻值应该保持在 $G\Omega$ 水平。破膜的最大难度就在于破膜以后的阻值能否仍然保持在 $G\Omega$ 水平，如果阻值不能保持在 $G\Omega$ 水平，就会导致记录到的电信号漏流过大，降低数据的有效性。若想要破膜以后的阻值依然保持在 $G\Omega$ 以上，除了注意破膜方法以外，经常性的操作练习是必不可少的。

（3）破膜和慢速电容补偿以后，串联电阻（R_s）的阻值应该在 $10 \, M\Omega$ 以下。如果 R_s 的值过大，则说明破膜不完全，记录到的电流会比正常值减小，电位也会出现异常。慢速电容补偿以后，若发现 R_s 的值在 $10 \, M\Omega$ 以上，最好继续给负压，使破膜完全。

细胞膜回封时应该注意以下两点：

（1）破膜和慢速电容补偿以后，最好用嘴巴再给一点负压，并关闭三通，使电极内部一直保持有负压的状态，这样就可以很好地防止细胞膜再次封合。

（2）记录电信号时，若发现细胞膜已经回封，应该再次给负压，关闭三通，并进行慢速电容补偿，然后继续记录。

五、技术应用

（一）膜片钳技术在电生理方面的研究应用

应用 1：胃肠道。

因身体内钙通道异常激活而导致了肠易激综合征（Irritable Bowel Syndrome，IBS），其中 L 型钙通道（Ica-L）作为主要调节胃肠平滑肌收缩的离子通道，是研究该疾病的主要研究对象，结肠平滑肌细胞通过细胞膜上的 Ica-L，使胞外 Ca^{2+} 进入细胞内，Ca^{2+} 内流增多，细胞膜去极化，促进平滑肌收缩。SP（P 物质）作为一种兴奋性神经递质，可增加平滑肌细胞 Ica-L 电流，促进肠道收缩。通过膜片钳技术可以检测平滑肌细胞 L 型钙电流的变化，发现平滑肌细胞 SP 作用前后模型组钙电流峰值比值高于对照组（$P<0.05$），同时伴随肌层神经激肽 1 受体（NK1R）基因表达上调，表明血清 SP 水平增高及结肠肌层 NK1R 表达上调可能与慢性应激诱导的结肠高动力相关。

应用 2：心肌细胞。

利用膜片钳技术可以对心肌细胞的离子通道进行检测并分析其电位变化机制，对心肌细胞电生理的研究具有十分重要的意义。目前，膜片钳技术可以对特殊状态下心肌的通道活性和受体功能改变做出预测，有助于对各种心脏病进行诊断和治疗。运用膜片钳技术研究心律失常机制已经成为国际公认的方法。通过膜片钳技术记录 Ica-L 电流，探讨钙调神经磷酸酶（CaN）活性充分抑制对 Ica-L 电流的影响。肥大心室肌细胞 Ica-L 的增大导致动作电位时程延长，促发早期后除极和晚期后除极，易于诱发室性早搏和室性心动过速。

应用 3：神经细胞。

膜片钳技术还可以用于检测神经细胞的离子通道，为一些神经疾病的诊断提供新的数据支持。膜片钳技术可以用于分析神经元的离子通道特征。通过全细胞膜片钳记录到骨癌痛大鼠的背根神经节神经元疼痛相关的离子通道的电流变化，可以用来探讨疼痛发生发展的机制。此外，运用全细胞膜片钳技术可以记录异丙酚作用前后海马锥体神经元动作电位、I-V 曲线及突触后电流反应的变化。结果证实，异丙酚可降低不同刺激强度下海马锥体神经元胞体动作电位产生的个数，增加 I-V 曲线兴奋性平台期最大电流幅度，同时可逆地降低神经元突触后电流反应，但对动作电位的幅度无显著影响。

应用4：生殖细胞。

精子在人体内发生的一系列反应与受精过程中精子的变化同精子内部的钙离子浓度相关，通过膜片钳技术对精子内部钙离子通道变化的检测，可以使人们更加了解精子内部离子通道变化的详细过程。在不同pH和缓冲能力的电极内液中，通过膜片钳技术测定DMA[5-（N,N-dimethyl）-amiloride，5-（N，N-二甲基）-阿米洛利]对小鼠精子膜电位的影响，发现DMA抑制小鼠精子膜电位，并且不同的pH对小鼠精子运动无影响。

应用5：单细胞。

膜片钳技术可以用于对单细胞特定的离子通道检测，通过全细胞膜片钳技术可以在电压钳模式下测量细胞的嘌呤能P2X受体离子通道电流，根据通道反转电位的变化探究该通道选择性传导Na^+和$NMDG^{2+}$的机制。在实验中先通过转染使HEK-293细胞表达高密度的嘌呤能P2X受体通道（该通道可由ATP激活），然后利用全细胞膜片钳技术测定了$NMDG^+$out/Na^+in双离子溶液（细胞外是$NMDG^+$溶液，细胞内是Na^+溶液）环境中细胞被ATP刺激前后的P2X受体离子通道的反转电位，对比ATP刺激前后的实验结果，发现通道受ATP持续刺激后其反转电位明显变大。

应用6：癌细胞。

肿瘤细胞膜静息电位去极化程度更强，膜电位去极化程度增强可能会激活电压门控型钙离子通道，从而使钙离子流入细胞内导致细胞内钙浓度过高，最终促进肿瘤细胞的增殖和转移。通过膜片钳技术可以检测正常人乳腺上皮细胞以及两种不同的乳腺癌细胞株MCF7和MDA-MB-231的静息膜电位，并通过对其结果的分析验证乳腺癌细胞同正常人乳腺上皮细胞的膜静息电位有何区别。

（二）膜片钳技术在神经细胞电信号传递方面的应用

突触是神经细胞信息传导的重要组成部分，在受到外界刺激时突触会发生变化，其前膜、间隙与后膜均会有不同程度的变化。利用膜片钳技术可以有效地检测到受外界刺激时神经细胞信息传导的变化，并通过这些变化去研究其所影响的细胞生理功能。在探究2-AG对小鼠中脑多巴胺神经元的影响机制时，通过在神经元的培养液中添加100 nmol的2-AG，然后在电流钳模式下观察2-AG对神经元的影响，结果得知2-AG可以增大神经元的自发放电频率。为了分析这一效应的影响，在电压钳模式下观察 2-AG 刺激下的 A 型钾电流（IA），实验发现 2-AG 对 IA 具有明显的抑制作用。为了验证该抑制作用是否与大麻素受体 CB1、CB2 相关，用阻断剂阻断受体 CB1、CB2 的介导效应后，再利用膜片钳检测 IA，结果观察到 2-AG 仍对 IA 具有明显的抑制作用。

（三）膜片钳技术在药理学方面的应用

膜片钳技术可以同药理学结合，共同探讨药物制剂对离子通道的影响。选取 20 只 8 ～ 14 d 无特定病原体（specific pathogen free，SPF）级的 Wistar 大鼠，配制大承气汤药，每日间隔 2 h 灌胃大鼠大承气汤药，连续给药 3 d 后，应用常规膜片钳技术分别记录大鼠小肠 Cajal 间质细胞起搏电流和含大承气汤动物血浆灌流之后小肠 Cajal 间质细胞的振幅和频率，结果显示血浆灌流后小肠 Cajal 间质细胞的电流、电流振幅、频率相对增加，提示大承气汤可通过加强胃肠道 Cajal 间质细胞起搏电流，改善多器官功能障碍综合征（Multiple Organ Dysfunction Syndrome，MODS）胃肠运动功能障碍。

第五节　差异显示技术实验

一、实验原理

1992 年，梁朋和 Pardee 首次提出差异显示技术（DD-PCR），并且利用这一技术克隆了几个基因。该技术由于具有快速、灵敏、简单和可分析、低丰度 mRNA 的优点，很快就成为克隆新基因和研究植物基因表达的有力工具。这项技术最初用于医学研究上，近年来已开始在高等植物研究中应用，为研究高等植物的发育、生理代谢、基因表达提供了重要的技术手段。

DD 的原理基于对 cDNA 分子进行随机扩增和随后按大小进行的分离。为此，先需分离靶细胞或组织中总 RNA，反转录为 cDNA。

二、实验准备

实验材料：无菌玻璃器皿、无菌 Eppendorf 试管、Eppendorf 枪头、无菌

falcon 离心管。

试剂、试剂盒：4 mol/L 异硫氧酸氰胍。

仪器、耗材：RNA 提取试剂盒、Eppendorf 离心机、凝胶电泳装置、直接印溃装置、DNA 自动测序仪、水浴锅、研钵。

三、实验步骤

（一）RNA 的分离

1.一般原则

差异显示技术成功最关键的因素就是 RNA 的质量。为了最大限度地减少 RNA 的降解，应做到以下几点：

（1）戴手套。

（2）使用无菌器具。所有塑料器皿需在 180 ℃过夜。

（3）使用无 RNA 酶的玻璃器皿，所有的玻璃器皿都需在 180 ℃过夜，所有的缓冲液都必须去除 RNA 酶。因此，应使用 DEPC 处理过的重蒸水（将 2.5 mL 的 DEPC 加入 2.5 L 的重蒸水中后高压）。

2.组织匀浆

（1）组织

冰冻组织并称重。在研钵里将浸于液氮的冰冻组织磨成粉末状。佩戴绝缘手套和防护眼镜以免受液氮损伤。一定要将组织完全浸入液氮中，因为此时损伤的细胞会释放出大量 RNA 酶。用漏斗将研磨好的组织从研钵转移到一个 50 mL 的无菌塑料 Falcon 试管中。当液氮挥发时，就往每 50 ～ 100 mg 的组织中加入 1 mLTRIZOL，剧烈振荡直至混匀。等全部组织完全在 TRIZOL 里溶解，RNA 酶的活性就完全被 GTC 抑制。在这个阶段，溶液可保存在 4 ℃过夜。然而，我们建议立即进行下一步处理直至达到完全没有 RNA 酶的步骤。

（2）单层细胞

直接将 1 mLTRIZOL 加入培养皿（直径 3.5 cm）裂解细胞，再将所得的溶液转移到 2.0 mL 的 Eppendorf 管中。

（3）悬浮细胞

1000 g 离心 5 min。每 0.5×10^6 ～ 1.0×10^6 的真核细胞中加入 1 mLTRIZOL，剧烈振荡。

3. 抽提

（1）将含有 RNA 的 TRIZOL 溶液室温孵育 5 min。

（2）每毫升 TRIZOL 中加入 0.2 mL 氯仿。

（3）振荡 15 s，室温静置 30 s，再振荡 15 s。

（4）将溶液移入 200 mL 的 Eppendorf 管。

（5）4 ℃ 15 000 g 离心 15 min。

4. RNA 沉淀

（1）离心后将上层无色水相移入一个新的 Eppendorf 管。

注意：避免混入中间相物质。因为这些物质中含蛋白及基因组 DNA，会影响到 RNA 的质量。

（2）每毫升 TRIzol 中加入 0.5 mL 异丙醇。

注意：如果预计总 RNA 少于 50 μg，加入 0.5 μL 糖原作为载体。

（3）振荡，室温解育 10 min。

（4）4 ℃，12 000 g 离心 10 min。

（5）小心移去上清。

（6）用 75% 乙醇（每毫升 TRIzol 中加入 1 mL）洗涤 RNA 沉淀。

（7）振荡。

（8）在 4 ℃下 7500 g 离心 5 min。

（9）小心移去上清。

（10）将沉淀在空气中干燥 15 min。

注意：沉淀不能过于干燥。请勿使用离心真空沉淀装置，否则沉淀很难溶解。

（11）用 DEPC 处理过的重蒸（馏）水溶解沉淀。

注意：如果所有的 RNA 都直接用于 cDNA 合成，则用 11 μL ddH$_2$O 将其溶解。

（12）测量 OD$_{260}$/OD$_{280}$ 值，计算 RNA 产量。

（13）保存 RNA，加入 0.1 倍体积的 3 mol/L NaAc 和 2 倍体积的无水乙醇。将 RNA 分装成每份 2.5 μg，置于 –70 ℃。

5. RNA 定量

（1）取出部分 RNA（如总 RNA 产量的十分之一），加入 DEPC 处理过的重蒸水至终体积为 0.5 mL（若使用 0.5 mL 的石英比色皿）或 1 mL（1 mL 的石英比色皿）。

注意：至少需要 2 μg 的 RNA。

（2）测量 OD_{260}/OD_{280} 值。

（3）确定 RNA 产量和质量。

OD_{260} 值为 1 相当于 40 μg/mL 的 RNA。

$OD_{260}/OD_{280}=2$ 说明为 RNA 纯品。

注意：$OD_{260}/OD_{280} < 2$ 说明产物中混有蛋白和 / 或基因组 DNA。特别是基因组 DNA 的存在将会造成假阳性结果。

6.DNA 酶处理

为了防止可能的基因组 DNA 的污染，用不含 RNA 酶的 DNA 酶处理样品。

（1）用 1×DNA 酶缓冲液溶解 RNA 沉淀。

（2）加入 5 μLDNA 酶。

（3）37 ℃下孵育 15 min。

（4）用 DEPC 处理过的重蒸（馏）水增容，可至 300 μL。

（5）加入等体积的酚 / 氯仿 / 异戊醇。

（6）剧烈振荡。

（7）在 4 ℃下 13 000 g 离心 4 min。

（8）将上层水相转入一个干净的 Eppendorf 管，用分光光度计测量 RNA 样品的质和量。

（9）沉淀 RNA 在 –70 ℃下保存。

7. RNA 质量的控制

用 1% 琼脂糖凝胶电泳检测 RNA 质量，EB 染色。需使用高压灭菌的缓冲液、玻璃器皿。电泳前用 0.5 mol/L NaOH 溶液清洗电泳槽，应清楚地看到 18SrRNA 和 28SrRNA 条带。如果无条带或条带染色很淡，而且绝大多数 EB 染色都位于凝胶底部，则说明 RNA 发生降解，不能用于差异显示。

（二）cDNA 合成

1.一般原则

每种 RNA 使用 4 种不同的引物 [（E）T12MA、（E）T12MG、（E）T12MT、（E）T12MC] 进行 4 种不同的 cDNA 合成反应。而且，每一种引物都设一阴性对照。

因此，每一种 RNA 样品需要有 8 个 cDNA 合成反应。

2.RNA 变性

（1）加入 2.5 μL总 RNA 和 DEPC 处理过的重蒸（馏）水至总体积为 10 μL。

（2）根据 DD 类型，加入 2 μL（25 μmol/L）引物。

（3）混匀。

（4）70 ℃下孵育 l0 min。

（5）直接放置在冰上。

注意：70 ℃下孵育将破坏 mRNA 分子的三级结构。若将试管从 70 ℃移至室温，则 RNA 会再次退火，减少全长 cDNA 分子的合成。

（6）在冰上加入 4 μL 5×first strand 缓冲液、2 μL 0.1mol/L DTT、1 μL dNTPs（10 mmol/L）。

（7）混匀并将试管放入 25 ℃水浴。

（8）孵育 l min。

（9）加入 1 μL反转录酶（200 单位）或 1 μL重蒸水作为对照。

（10）混匀、孵育 l0 min。

（11）将试管放入 42 ℃水浴。

（12）再孵育 50 min。

（13）在 70 ℃下孵育 10 min 使反转录酶热失活。

（14）离心 10 s，将附于试管上的凝集水去除。

（15）在 4 ℃下保存 cDNA 样品

（三）A.DD-PCR

1. 一般原则

在所有与 PCR 相关的移液步骤中使用带滤膜的枪头。

2. 方案

用重蒸水将 20 μL DNA 样品稀释至 100 μL/mL。在 PCR 反应中取用 4 μL 稀释液。

注意：如果是第一次操作 PD-PCR 反应，则有必要优化 PCR 的反应条件。例如，使用一系列不同稀释度的 cDNA 可确定 DD-PCR 反应中模板的最佳浓度。

3.PCR 反应

注意：在进行操作前应设计好移液方案。

加入如下成分：4 μL cDNA、4 μL 10× 缓冲溶液（其中包括 Taq 酶）、

2 μLMgcl$_2$、2 μLdNTPs（1 mmol/L）、4 μLDIG 标记的 T12MN（2.5 μmol/L）、4DD–digo（5 μmol/L）、18 μL ddH$_2$O、2 μL Taq 酶（0.2 U/μL）。

注意：

（1）有些时候 10× 缓冲溶液中已含有 MgCl$_2$，在这种情况下不加 MgCl$_2$，并且应加入 20 μL ddH$_2$O 而不是 18 μL。

（2）建议事先将 10×DNA 酶缓冲溶液、MgCl$_2$、ddH$_2$O 及特定引物加在一起组成混合物。

（3）如果温度循环器没有加热盖，可滴入矿物油防止挥发。

（4）先预热 PCR 样品至 60 ℃，再加入 Taq 酶。在室温中，引物的退火条件并不严格。酶在室温中有轻度活性，会产生过多的 cDNA 片段，并使结果的重复性不好。

4.PCR 过程

94 ℃，3 min；37 ℃，5 min；72 ℃，1 min。

95 ℃，30 s；38 ℃，2.5 min；72 ℃，45 s。循环 39 遍。

注意：反应条件与 PCR 仪有关。我们的实验条件是由 Biometra 优化而来的，建议 DD 反应时尝试改变这些条件。

5. 凝胶电泳

我们应用一种直接印渍装置（GATC1500），可以将 DD–PCR 产生的 cDNA 片段按照大小分离。这种仪器是专门用于分离和检测 PAA 凝胶电泳的过程中直接印渍在尼龙膜上的地高新标记 DNA 分子。通过抗 –DIG 抗体的染色可以显示膜上的 DNA 片段。这种系统的优点在于无放射性。而且，它的分离范围很广，可分离长度 10 bp ～ 800 bp 的片段，而经典的 PAA 凝胶电泳为 10 ～ 300 bp 或 150 bp ～ 500 bp，因此要减少 PAA 凝胶的用量。因为这套操作流程是专门为此套设备而设计的，且它的解说详尽清晰，这里我们只阐述一些普遍的注意事项。

（1）为准确比较 cDNA 片段，将使用相同引物扩增的 PCR 产物相邻点样。

（2）假阳性的产生是 DD 的一个主要问题。为避免选取到假阳性产物以便进行下一步分析，可增加 N 数，即对于每一处理组分离多个 RNA 样本，分别进行 cDNA 合成以及 PCR，电泳时使同一组的样本相邻。在凝胶上，只有处理组中每个样本都出现确定的上调或下调的 cDNA 片段才予以进一步的分析。遵循这样的原则，就不会出现假阳性的结果。

（四）B.EDD-PCR

用 ddH$_2$O 将 20 μL cDNA 样品稀释至 25 μL，其中 4 μL 用于 PCR 扩增。建议在第一次操作 EDI>PCR 时，使用一系列不同稀释度的 cDNA 以确定模板的最佳浓度。

注意：PCR 引物应与 cDNA 合成的引物相同。例如，当用 5'-[FAM] E1T12 MG 做 cDNA 合成时，也应该用 5'-[FAM]E1T12 MG 做 PCR。

1.PCR 反应

试管中加入如下物质：1 μL cDNA、2 μL 10×PCR 缓冲溶液 II（与酶一同购买）、1.6 μL Mgcl$_2$（25 μmol/L）、3.5 μL dNTPs（0.5 μmol/L）、2 μL 荧光 EDD 引物（2 μmol/L）、2 μL BIDD 引物（2 μmol/L）、0.4 μL BSA（10 mg/mL）、7.1 μL ddH$_2$O、0.4 μL Amplitaq Gold（5 U/μL）。

注意：

（1）将各组反应都用到的组分先配成混合物，包括缓冲液、MgCl$_2$、dNTPs、BSA、H$_2$O 以及 Amplitaq Gold。Amplitaq Gold 只有在 95 ℃下孵育 10 min 才可激活，所以不用热启动。

（2）对于每一对引物都设立阴性对照（加 H$_2$O）。如前所述，EDD-PCR 十分灵敏，很容易造成假阳性发生。

2.PCR 过程

95 ℃，10 min。

95 ℃，30 s；38 ℃，2 min；72 ℃，2 min。循环 4 遍。

95 ℃，30 s；60 ℃：1 min；72 ℃，1.3 min。循环 30 遍。

注意：这个"复合"PCR 过程可以在前 5 个循环中退火温度低（38 ℃）时，使 BIDD 引物与许多不同的 cDNA 分子发生退火。与 BIDD 引物中度同源的 cDNA 分子会在这些条件下退火。然后，将退火温度提高至 60 ℃：就可以仅扩增最初 5 个循环中起始反应的 cDNA 分子，从而避免了后续的随机起始反应所造成的假阳性。

3.荧光标记的 EDD-cDNA 片段的凝胶电泳

我们用自动 DNA 测序仪分析了荧光 EDD-PCR 产生的 cDNA 片段。采用 GATC 装置，本反应系统的优点在于不需通过放射性物质来检测 DNA 分子，并且可分离长度范围很大（10～1200 bp）的片段，因而所需的 PAA 凝胶也较少。使用自动 DNA 测序仪的另一个突出的优点就是可以用专门软件进行 DNA 序列自动分析，并将 EDD 数据进行数字化保存。自动 DNA 序列仪需要详细的操作指南，这些已经超出了本书的范围，在此就不做进一步介绍了。

四、注意事项

（1）本方案中使用了非放射性标记，作为标记方法通常不会影响酶（如逆转录酶或 Tag 聚合酶）的活性，这一方案同样适用于其他包括放射性标记在内的标记物。

（2）分离目的 EDD-PCR 片段：

①加入（32 Pa）dATP，再做 4 ～ 6 个反应循环，然后可用常规 PAA 凝胶电泳分离片段。

②加入 DIG 标记引物，再做 4 ～ 6 个循环，然后将产生的片段印渍到反应膜上。一半膜可用抗 –DIG 抗体染色来定位片段，另一半则切下含相应的目的片段的膜。沸水煮膜 10 min，洗脱 DNA，进行 20 ～ 25 个 PCR 反应循环。用琼脂糖凝胶电泳鉴定分析所得片段并克隆，在这一流程中应该避免用 HykmdN$^+$，因为这种尼龙膜结合 DNA 的能力非常强，煮沸后 DNA 将不会被释放膜印渍后交联 DNA，这样也会阻碍煮沸后 DNA 的洗脱。

第六节　基因表达的系列分析实验

一、实验原理

SAGE 是基于 PCR 技术的一种高灵敏度研究基因表达的方法，可得到 mRNA 文库的定性及定量信息。自 1995 年此技术诞生以来，已经有大量的相关文章发表，表明 SAGE 可同时检测大量基因的表达水平的变化。

二、实验准备

实验材料：玻璃及塑料器皿。
试剂、试剂盒：溶液与缓冲液、引物。

仪器、耗材：试剂盒、MPC-E、PCR 仪、Gene Pulser Ⅱ型系统。

三、实验步骤

（一）一般原则

若用于 SAGE 的 RNA 有足够的量，最好用 2.5 ～ 5 μgpoly（A）+RNA，按实验方案 A 进行。这里我们还提供了实验方案 B，它在多个步骤上已做了修改，适用于仅有微量的原材料（如利用这个流程我们能从来自 300 μm 脑切片的海马样品中获得基因表达谱）。后一实验方案尤适用研究神经组织表达，由于其复杂的神经环路及高度特化的结构，获得大量均质组织以分离 RNA 往往是不可能的。

下面对两组实验方案第 1 步到第 8 步进行详细的描述，从第 9 步起两组方案步骤相同。

（二）mRNA 的分离

实验方案 A：

许多试剂盒分离 poly（A）+RNA 的效果都很好，我们推荐使用 mRNA DIRECT 试剂盒（Dynal；610.11）从组织中或培养的细胞中分离 poly（A）+RNA，或者用 mRNA 纯化试剂盒（Dynal；610.01）从总 RNA 中分离 poly（A）+RNA。在试剂盒说明书中对所有步骤有详细的描述。

实验方案 B：

（1）Trizol 分离总 RNA。

（2）在 RNA 沉淀后，将 1 ～ 10 总 RNA 重悬于 20 μL 裂解缓冲液中。

注意：我们用更少量的总 RNA 也可成功地提取 mRNA，但这要求在 SAGE 后面的步骤中进行一些修改。

（3）稀释 20× 生物素化的 oligo（dT）20 引物（mRNA 捕获试剂盒）到最终浓度为 5 pmol/μL。

（4）将 4 μL 稀释的引物加入含有 RNA 的裂解缓冲液中。

（5）在 37 ℃退火 5 min。

（6）转移 RNA 到一个链霉抗生物素包被的 PCR 管中（mRNA 捕获试剂盒）。

（7）在 37 ℃下保温孵育 3 min（在此步中通过链球菌素 – 生物素结合 mRNA 被固定于试管壁上）。

（8）移去管中溶液（含有未结合的 RNA 片段：rRNA、tRNA 等），用 50 μL 洗液小心地冲洗试管 3 次（mRNA 捕获试剂盒）。

（9）去除洗液。

（10）立即进行 cDNA 合成。

（三）cDNA 的合成

实验方案 A：

（1）以 oligo（dT）– 引物加入 2.5 ～ 5 μg poly（A）+RNA 合成 cDNA。

（2）在 0.5 mL PCR 管中混合（冰上操作）：2.5 μL poly（A）+RNA（1 μg/μL）、4 μL 5× 第 一 缓 冲 液、2 μL 0.1 mol/L DTT、1 μL 10 mmol/L dNTPs、1 μL oligo（dT）、1 μL SuperScriptHRT（200 μg/μL）、8.5 μL DEPC 水，总体积为 20 μL。

（3）42 ℃孵育 2 h（可在 PCR 仪中进行）。

（4）冰上加单链 cDNA 进行第二链合成：

20 μL 单链 cDNA、16 μL 5× 第二链缓冲液、1.6 μL 10 mmol/L dNTPs、2 μL DNA 多聚酶 I（10 U/μL）、1 μL T4DNA 连接酶（5 U/μL）、1 μL RNase H（5 U/μL）、38.4 μL 重蒸（馏）水，总体积为 80 μL。

（5）在 16 ℃ 孵育 2 h。

（6）用 LoTE 扩容至 200 μL。

（7）加等体积的酚 / 氯仿 / 异戊醇（25∶24∶1）（PCI）。

（8）振荡。

（9）在 4 ℃微量离心机中以 13 000 r/ min 离心 5 min。

（10）转移上层水相至一新 1.5 mL Eppendorf 试管中。

（11）乙醇沉淀：3 μL 糖原、100 μL 10 mmol/L 乙酸铵、700 μL 乙醇。

（12）置于 –20 ℃下 30 min。

（13）在 4 ℃微量离心机中以 13 000 r/ min 离心 15 min。

（14）以 500 μL 70% 乙醇有力振荡冲洗沉淀两遍。

（15）去除 70% 乙醇，让沉淀物在空气中风干约 15 min。

（16）将沉淀重新悬浮于 20 μL LoTE 中。

实验方案 B：

用来捕获 PolyA+RNA 并将其固定到试管壁上（实验方案 B，第一步）的 oligo（dT）2a 引物（生物素化，mRNA 捕获试剂盒），可直接作为 cDNA 合成的引物，cDNA 合成后持续结合于试管壁上，直到第六步通过 TE 消化释放。

（1）用 50 μL1× 第一链缓冲液冲洗捕获 Poly（A）+RNA 的试管，然后移去缓冲液。

（2）用下述步骤代替 1× 第一链缓冲液（在冰上移液）：4 μL 的 5× 第一链缓冲液、2 μL 的 0.1 mol/L TT、1 μL 的 10 mmol/L dNTPs、1 μL 的 SuperScriptII RT（200 U/μL）、12 μL EPC 水、总体积为 20 μL。

（3）42 ℃下孵育 2 h（在 PCR 仪进行）。

（4）从试管中移去反应混合物，并以 50 μL 的 1× 第二链缓冲液洗涤试管 1 次（mRNA 捕获试剂盒）。

（5）移去冲洗液，用 50 μL 的 1× 第二链缓冲液洗涤试管 1 次。

（6）用下述溶液替代 1× 第一链缓冲液：4 μL 5× 第二链缓冲液、0.4 μL 的 1 mmol/L dNTPs、1 μL DNA 多聚酶 I（10 U/μL）、0.5 μL T4DNA 连接酶（5 U/μL）、0.5 μL RNaseH（5 U/μL）、13.6 μL 蒸馏水，总体积为 20 μL。

（7）在 16 ℃下孵育 2 h。

双链 cDNA 可保存于 –20 ℃，或者直接在下一步中应用（以锚定酶消化 cDNA）。

四、技术应用

（一）癌细胞

将差异显示技术应用于癌基因筛选可以消除其他细胞类型的干扰，筛选目标癌细胞相关的基因片段。通过差异显示技术对 RNA 进行纯化及浓缩并筛选相关基因片段，通过克隆、测序及反向 Northern 杂交进行鉴定，此外还可以用于对癌细胞激活通路的分析。

（二）筛选植物基因

对于拥有特殊功能的植物基因，可以通过差异显示技术进行筛选，将所需基因进行克隆扩增并应用于后续的分子生物实验。此外，还可以通过对基因的反向测序进行相关功能基因的推断，并对其表达模式进行研究。

（三）非编码 RNA

大多数非编码 RNA（lNcRNAs）在药物敏感性中的总体生物学作用和临床意义尚不完全清楚。用 lNcRNA 芯片检测顺铂处理后的 TSCC 细胞中 lNcRNA 的表达，并在 TSCC 组织中证实。通过基因表达系列分析实验进而探讨其可能机制。

（四）疾病分析

在探讨某些疾病的发病机制以及治疗的潜在疗法时可采用基因表达分析进行验证。感染弓形虫的小鼠发生克罗恩病（CD）样肠炎，伴有严重的黏膜损伤和全身炎症反应，发病率高，死亡率高。以前，蠕虫感染在实验性结肠炎中显示出治疗潜力。然而，曼氏杆菌在弓形虫诱导的 CD 样肠炎中的作用尚未阐明。取发病组织进行病理学分析，通过检测基因表达水平确定细胞内通路激活部位可以解释该疾病发生原因。

第七节　人体神经纤维微电极记录实验

一、实验原理

神经微电极是一种用来记录或干预神经活动状态的电生理器件。根据电极的功能，可将其分为记录电极和刺激电极两种。记录电极用来记录神经的电活动；刺激电极用来调控或改变神经的电活动。一般来说，神经微电极的径向尺寸大致在神经元细胞大小的水平上。神经微电极按照制作材料及加工工艺可以分为以下几种类型：玻璃管电极、金属微丝电极和利用微加工方法制备的集成式神经微电极。玻璃管电极是最早被应用的一种电极类型，它利用毛细玻璃管高温拉制，尖端横向通常可以达到微米量级，在毛细管中间灌注电解液，后端利用浸入在电解液中的 Ag/Agcl 金属丝与外电路相连。使用时利用毛细管前端进入细胞膜，吸附在细胞膜上或在膜外进行相应的电势记录。目前，玻璃管电极多用在膜片钳或电压钳等单细胞记录设备上。

金属微丝电极是一段仅留暴露尖端的由绝缘材料密封的金属丝，当其被放置在神经元细胞附近时，可以探测到因神经电活动引发的细胞外部附近的电势的变化，从而可以在不伤害神经细胞的前提下进行神经元动作电位或局部场电位的记录。也可以通过电极电位的改变，诱发神经元产生动作电位。制作金属微丝电极的材料一般有钨丝、镍铬丝、铂铱合金丝，微丝外部的绝缘材料通常有特氟龙、聚酰亚胺和聚对二甲苯。

集成式神经电极通常通过微加工的方式在硅、玻璃或其他聚合物膜层上制备。其中，用于体内植入比较著名的是密西根大学发明的硅薄膜线性电极和犹他大学研发的犹他电极阵列，这两种电极可以在脑皮层或神经束部位植入。目前，国内也有研究机构推出了基于硅薄膜的集成电极。集成在柔性基底上的神经微电极具有与生物组织接近的杨氏模量，虽然不方便刺入，但其在生物相容性方面具有很好的前景，目前多用于大脑皮层、视网膜或周围神经纤维的电刺激或记录。

集成在培养皿上的微电极通常称为 MEA，可以用来记录体外培养的神经元的电活动及相互之间的连接情况，常用来做神经科学研究或进行药物筛选的研究。

二、实验准备

实验材料：受试者。
仪器、耗材：钨丝电极、同心圆电极。

三、实验步骤

下面以记录低频电刺激腓神经的技术为例：

实验应该在屏蔽室内进行，要为受试者提供一个愉快的氛围，如有关的光、声音和颜色。另外，要尽可能地隐蔽实验设备。在实验开始前，让受试者舒服地坐在扶手椅上。双腿置于一个加垫的凹槽内，以便能够维持在一个不发生任何肌肉活动的放松状态。膝关节屈曲约 120° ~ 130°。右脚放在固定的平板上，左脚被固定在一个可转动的踏板上，踏板的轴心在左踝的前方。可转动的踏板与一个机电马达相连，其运动参数（如速度、幅度）可以调节控制。微电极记录的信号经放大后输出到示波器和扬声器，在整个实验过程的不同阶段连续监测神经活动。为记录关节的主动或被动运动（背屈或跖屈），还需给受试者装配另外一套系统，它有两个轻质的可转动的杆，一个用胶带连接在受试者的腿上，另一个连接在脚上。发生在两杆之间的以外髁为中心的任何转动都可以用线性电位计记录下来。考虑到无菌和软化皮肤，电极插入点周围的皮肤要用抗菌肥皂彻底清洁。标准肌电图表面电极置于与实验观察相关的肌肉上。在记录开始前，受试者应接受一些训练，如根据实验设计的要求进行一些随意运动，但不对总体的肌肉活动产生干扰。

在神经纤维微电极记录过程中避免这种干扰非常必要，其原因是，它们可能会引起电极移位，造成记录单位丢失，更糟的是可能会导致神经损伤。即便是电极附近的肌肉中一些小的肌电活动，也可能导致由运动单位活动所引起和记录的神经信号失真。

（一）操作步骤

1.触诊神经

第一项工作是精确地定位神经走行，并用钢笔在皮肤表面做标记。如果神经过深或过浅，可以通过轻度伸屈膝关节来调整。

2.插入电极

通过交替地轻推和放松，用手将微电极缓慢地经皮插入。当电极穿透皮肤时，建议放松一分钟来观察受试者的反应。所有这些步骤虽然非常谨慎，但受试者还是有可能受到实验或实验室环境的影响，并出现昏厥现象。因此，必须密切关注受试者的状态，如搔头、频繁地打哈欠、热感、出汗等都是警告信号。如果这些信号出现，那么应立即停止实验。

3.穿过皮下组织接近神经

采用上述同样的推—放方法接近神经。这一过程所需的时间因实验而异。有时仅需几分钟，但一般需要 1 h 左右。为了引导电极尖端进入神经，很多研究小组通过记录电极施加弱的电脉冲（1 ~ 6 V，波宽 0.2 ms），诱导受试者的异常感觉或局部肌肉在肌束范围内的收缩。然而，这种方法也存在一些问题。在心理上，实验中将使用电刺激这一方法，会使一些受试者感到害怕，因此应尽量避免。此外，根据我们的经验，不恰当地施加电刺激可能会引起强烈的运动神经激活，即惊吓反应，既影响记录的稳定性，又会危及受试者的安全。在任何情况下，当电极接近神经时，要不断地询问受试者的感受。这些信息可以给实验者提供很重要的线索，进而决定保持或是改变电极刺入的方向。例如，受试者报告说有"深且弥散"的疼痛感，则提示电极正在向肌腱推进。如果出现了这种情况，或者受试者一旦感觉到任何形式的疼痛，都要停下或者轻微回退电极。通常这时疼痛会消失。另外，如果受试者感觉到由于神经受到机械刺激而产生的触觉，并且能够很容易地定位，那么实验者可以由此判断电极进入的方向是正确的。在这里需要强调的是，要告知受试者说出感觉投射区的名称，而不要用手去指（因为这可能会诱发大量的肌肉活动）。

4. 到达神经

当电极到达神经时，通常可通过扬声器听到多单位放电的声音。这时要在神经内找到正确的单位。只有当电极处于"自由漂浮"状态，单个单位被分离并稳定之后，才能精确地鉴定这个单位。精确的鉴定过程将在其后单独描述。然而，在试着稳定记录并使电极"自由漂浮"之前，应该先做一个初步的鉴定。为此，不断地敲击该神经支配区的皮肤，或者按压肌腱、肌腹或轻度被动地牵拉该神经所支配的肌肉是很有用的。实验者可通过这样的刺激粗略地鉴定任何记录到的传入纤维及其感受器的类型和部位。早在电极到达并进入神经时，纤维的自发活动就可能提示了它的感受器起源。当电极到达神经的瞬间，很多纤维有高频放电。如果这种反应在 2 s 内完全静止，那么大都为皮肤传入；如果这种反应不能完全静止，而是持续性地自发放电，则很可能是来自肌肉内感受器的传入；如果自发放电表现为有规律的簇状爆发，则可能是来自植物神经的传出纤维。

5. 稳定记录

最后，当电极记录到一个来自单一神经元的信号时，必须分离并稳定这一信号。根据连续刺激传入神经所产生的监听器声响，将引导电极做微小推进，可以达到这一目的。这个阶段的主要问题是，当实验者放开电极并使之在组织内"自由漂浮"时，皮肤的弹性通常会将电极轻微拉出，容易使信号丢失。即使在这一阶段可以尝试使用某种微操纵器，但由于机械阻力和皮肤弹性的易变性，这种尝试也未必有用。而且，万一受试者突然移动或有不自主活动时，以这种方法固定电极的任何尝试都有可能损伤神经。在这一阶段，尽管当记录稳定时，实验者已经基本掌握了单位的类型，但对记录纤维进行更为精确的鉴定仍然是必要的。

（二）纤维的鉴定

与动物实验不同，在人体上测量神经纤维的传导速度并不是一件易事。

因此，所记录的纤维需按性质进行分类，那些难以归类的纤维应该放弃。事实上，这种定性的分类也存在一些问题。需要指出的是，使用不同图表所介绍的鉴定方法来检测每一根纤维是不现实的，因为记录的纤维很难稳定足够长的时间。这就要求实验者根据当前的实验目的和要求选择一种合适的鉴定方法。因此，在研究报告中，清楚地阐明用以鉴定纤维性质的精确标准是非常重要的。

1. 肌肉—肌腱传入

要想在肌肉、肌腱的传入之间做出区分，需要做一系列的生理学检测。当然，有些通用的评估还是值得一提的。肌肉—肌腱传入分为三类：分布在初级肌梭末端的初级肌梭传入（初级 MSA）、分布在次级肌梭末端的次级肌梭传入（次级 MSA）和分布在 Golgi 腱器官的 Golgi 腱器官传入（GTO 传入）。各种类型的传入均可通过按压承载此感受器的肌肉的肌腱所激活。尽管如此，激活初级和次级肌梭传入所需的压力远远低于激活 Golgi 腱器官传入所需的压力。此外，Golgi 腱器官传入对低强度激活的肌肉收缩具有高度敏感性。就瞬间频率而言，在保持低水平的随意收缩过程中，它们的反应相当规律，瞬时频率随收缩程度的增强而逐步增高，这很可能与新的运动单位的不断加入有关。

绝大多数情况下，可以用一个小而钝的物件（如钢笔的上端）按压肌腹或肌腱以探明引起最大反应的部位，可以帮助我们对传入纤维的感受器进行定位。

单收缩测试：经皮电刺激肌肉神经引起的一次等长收缩。

快速舒张爆发：缓慢增加的随意收缩之后跟随的一次突然的舒张牵张致敏化，反复快速牵张后，使肌肉保持在一种长或短的状态几秒钟。随后，记录其对缓慢变速牵拉的反应。对于被动牵张致敏化来说，肌肉保持在较短的状态之后对缓慢变速牵拉的反应强度应大于肌肉保持在较长状态之后的反应强度。

2. 皮肤传入

触觉单位有四种主要类型：慢适应（SA）和快适应（FA），这两种又可按感受野特性分为两个亚型（I 型和 II 型）。一般来说，这些传入纤维没有自发活动。与 GTO 传入相似，当电极进入神经时，这些皮肤传入被短暂激活，在之后的数秒内发放停止。因此，为了稳定记录和确定感受野，需要持续地触摸神经分布区的皮肤。作为一种初步鉴定，在皮肤表面施加触觉刺激（如轻敲皮肤）可以鉴定快适应传入。固定或动态地施压于较深的部位，可激活慢适应感受器（深压）。

3. 关节传入

鉴定关节传入可能有些难度。即便如此，还是可以按照以下标准鉴定出分布在一个关节感受器的传入神经的。

（1）对轻敲皮肤不发生反应。

（2）对按压邻近的肌肉不发生反应。

（3）对持续按压关节囊，而不是邻近的骨骼时发生反应，伤害性传入挤压皮肤，针刺感受野或温热刺激均可激活多觉型 C 纤维。温热刺激可采用辐射热源或用市售的温度刺激器。

4. 传出纤维

应用神经纤维微电极记录技术也可以记录 α、β 和交感传出纤维的活动。鉴别 α 和 β 运动神经元比较复杂，但鉴定交感传出相当容易。

多单位交感活动很容易识别，其放电形式为短暂的簇状发放。以下是 Delius 及其合作者（1972）对多单位交感活动的描述。

（1）受试者在松弛状态下可见簇状放电，不伴有肌电图的活动。

（2）在发放顺序上无规则，与心脏搏动同步，因此表现为典型的时相性模式。

（3）簇状放电的平均频率低于机械感受传入的发放频率。

（4）应用神经纤维微电极记录技术也可以记录到单个单位的交感活动。例如，Hallin、Torebjdrk 曾在完整的皮神经上记录过这种单个单位的交感活动。他们提出的鉴定单个单位交感活动的标准如下：

①与群体交感活动相关联。单个单位的活动通常与上述的群体簇状放电同时出现。

②没有明确的感受野。身体任何部位的刺激均可激活这些纤维。

③反射反应的潜伏期。对不同类型刺激的反射潜伏期比较长（>0.5 s）

④在记录点的远端给予利多卡因（1%），不能阻断其活动。

四、实验结果

以上结果将说明神经纤维微电极记录技术是如何用于人体运动觉（本体感觉）的神经感觉机制研究的。一般认为，本体感觉是一种复合感觉，许多不同类型的外周感受器（如关节、皮肤和肌肉感受器）同时激活，连同来自运动指令本身的中枢信号，共同形成了对位置和运动的感觉。

来自肌肉内部感受器的反馈信息对本体感觉相当重要。例如，施加在某一肢体肌腱上的机械振动能引起肢体正在运动的错觉。事实上，振动总是能够引起与受震动的肌肉或肌群被拉长的感觉相一致的运动错觉。

这时，对这些运动错觉的一般解释是，振动优先激活肌腱感受器，而这些特性先前仅在猫上被描述过。随着神经纤维微电极记录技术的发展，精确地研究来自错觉出现局部的传入信息已经成为可能。并且，下列一些问题也可更为准确地说明：①振动究竟激活哪些肌腱感受器（初级或次级 MSAs 或 GTO 传入）？②刺激参数和传入活动之间存在何种规律？③通过对具体出现的特殊运动期间记录到的传入信息的精确组成的认识，人们可以构建一个振动模式，用于产生一个与真实的信息尽可能相似的传入信息。在这种情况下，振动引起的运动错觉和实际进行的运动之间的联系就清楚了。

采用神经纤维微电极记录技术，发现初级 MSAs 对机械地振动肌腱高度敏感（峰间距为 0.25 ～ 0.5 mm 的振动施加于静止的肌肉），而次级 MSAs 和 GTO 传入对振动仅显示中等程度的敏感性。

对初级 MSAs 来说，在 1 ～ 100 Hz 的频率范围内存在一对一的刺激—反应关系。这意味着通过调节振动频率，可以使初级 MSA 放电频率产生成比例地变化。

因此，人神经纤维微电极记录技术证明，施加于肌腱的振动刺激能够高选择性地激活初级 MSA 通路。振动频率和传入反应频率之间这种精确的一对一关系使肌腱振动在研究本体感觉信息的知觉特性中成为一个非常有用的工具。这些研究揭示了自然运动过程中传入信息的某些特征。

初级 MSA 在运动开始时迅速激活，在匀速运动期间，其放电频率持续增加，在运动结束后，放电频率根据其达到的位置恢复到稳定状态；被动牵张的肌肉，即进行主要运动的肌肉的抬抗肌，其放电活动增强。这些特性可用于研究振动模式的构筑与功能运用，使错觉的性质得以阐明。事实上，采用神经纤维微电极记录技术进一步模拟初级 MSA 反应，有可能使用更为复杂的振动模式，如可以用多个振动器作用于腕部的四个肌群。

通过改变振动频率、每个刺激作用时间和振动器启动时间，加上同时或相继应用多个振动器，可产生更复杂的运动错觉，包括几种直线性几何图形。

尽管神经纤维微电极记录技术在传统意义上一直用于研究最基本的运动和感觉的神经生理功能，但是上述结果表明，这项技术也可以用于研究更高级的脑的整合功能，揭示人类对运动形式的记忆和识别等认知过程。

五、技术应用

（一）电子假肢控制

假肢作为缺损肢体的人工替代物，可以用来弥补缺损肢体的形状和功能。肢体的感觉运动信息是由周围神经传导的，采用周围神经电信号控制电子假肢也应是可行的控制模式。截肢者中枢神经系统完整，丧失的只是肢体远端的肌肉、骨骼（效应器）和皮肤（感受器）周围神经，微电极正好为神经信息的采集以及神经与机械间的信息交换提供了良好界面。

（二）周围神经微电极

周围神经微电极目前主要应用于神经电生理研究和临床上的功能性神经肌肉电刺激（functional neuromuscular stimulation，FNS）。FNS是针对中风或脊髓损伤（spine cord injury，SCI）患者神经传导通路阻断，远端肌肉丧失神经支配，用微电极人工刺激损伤部位以下的运动神经，使其发放冲动，恢复某些运动功能，如手的握持、行走等；并通过记录感受器的反馈信号对刺激电流进行调整，从而实现闭合环路的控制。采用周围神经微电极在远离肌肉的部位对相应的神经束进行刺激，诱发肌肉收缩只需很小的电流，便能激活大多数特定的运动单位，产生完全有力的收缩

（三）纵行神经束内微电极

用直径 60 μm 95% 铂、5% 铱合金丝制作 LIFEs，无需钨针引导可直接植入神经束内，用经颅电刺激系统记录运动诱发电位和体感诱发电位证实：LIFEs 具有高度选择性，可以稳定地记录周围神经电信号，为神经生理功能的研究及将来电子假肢的控制提供了新的途径。纵行神经束内微电极还可以从记录到的多个神经细胞的动作电位中区分出单个细胞的活动，但是存在以下两个问题：①所记录的细胞群存在缓慢的漂移；②记录的动作电位的幅度逐渐下降。原因是铂铱合金丝相对神经组织刚度较大，这种机械性能的不匹配会导致电极与神经间的相对微动，从而形成纤维包块。

（四）微电极组

纵行神经束内微电极植入神经束内只能对邻近的轴突进行刺激和记录，而对人体更加复杂的神经网络进行研究时要求同时刺激更多神经元，所以通过人们不断研究之后开始设计研究不同形状的多通道电极（微电极组），希望通过多点的同时记录获得周围神经完整的感觉运动信息。理想的周围神经微电极组应该具有神经内电极的选择性、易于植入、稳定、生物相容性好，以及能长期植入使用等特点。微电极组按空间结构可分为二维和三维两种。

（五）细胞电生理

通过细胞内微电极法可以测定神经元的终板电位，并对突触的功能进行详细测定，对神经肌肉连接形成运动神经元与骨骼肌纤维之间的突触连接有很好的研究功能。通过离子敏感微电极对动物的海马脑片进行物质浓度变化的测定，对星型胶质细胞中离子的转运机制有良好的鉴定效果。通过双极电极还可以揭示电生理技术与提取感官信息所需的处理方法之间的密切关系。这种关系是从感官活动的记录中最大限度地提取信息的结果。

第八节　培养单神经元的光学记录技术实验

一、实验原理

（一）光指示剂的配制与储存

1.VSD 的溶解和储存

溶解和储存指示剂没有一个统一的方法，大多数情况下，各种染料配制的最佳条件都是经验性的。因为双嗜性分子的特性，大部分 VSD 并非天然水溶性，有时需要表面活性剂去溶解它们，有时也需要用其他试剂帮助这些染料渗入细胞膜内，这样的试剂包括各种溶剂或其混合剂，以及表面活性剂，如乙醇（EtOH）、甲醇（MeOH）、二甲亚砜（DMSO）、二甲基甲酰胺（DMF）、聚醚（Pluronic）F-127、胆盐（如胆酸钠）、染色小泡。

常用于单细胞研究的 VSD 的溶解和储存方法如下：

例 1：di-8-ANEPPS 溶于 DMSO 或 F-127（Rohr Salzberg，1994；Bullen et al.，1997）；将一小瓶（5 mg）di-8-ANEPPS（#D-3167；Molecular Probes，Eugene，OR）用 625 μL 的聚醚 F-127 或 DMSO 溶液（各自的质量分数为 25% 和 75%）溶解，其终浓度为 8 mg/mL 或 13 mmol/L。按 12.5 μL（单次实验的用量）分装，干燥、避光、4 ℃保存。

例 2：RH421 溶于胆盐（Meyer et al.，1997）。将 RH421（#S-1108；Molecular Probes）按 20 mg/mL 的浓度（用摩尔浓度）其比值大约为 2∶1 的胆盐胆酸钠（10 mmol/L 水溶液；Sigma，C1254）溶解，配成 300 ～ 400 × 的储存液，可以直接加入灌流细胞的生理溶液中。3 ～ 5 min 的染色时间通常足以产生好的信号。避光、4 ℃保存。

例 3：di-2-ANEPEQ 溶于水（Antic，Zecevic，1995）。di-2ANEPEQ 的储存液用水配制（3 mg/mL）。在微量注射该溶液前进行过滤（孔径 0.22 μm）。该储存液可在 4 ℃保存数月。

注意：在许多情况下，为了使指示剂溶解，还需要加温和超声处理。一般来说，VSD 的储存液可在 4 ℃保存而不损失其功能或光亮度。

2. CaSD 的溶解和储存

离子敏感性指示剂一般分为两类：游离盐类和乙酸甲基（AM）酯类。这两类 CaSD 在溶解与储存上是各不相同的。游离盐类：大部分 CaSD 游离盐是水溶性的，而且无论溶解状态还是固体状态都可在 -20 ℃下长期稳定保存。通常，这些盐类主要用于微量注射或透析，故可用纯水（无钙）配制浓缩的储存液。制备这些溶液没有什么特殊要求，不过将其制备成浓缩母液（50×、100×）分装保存会更好。这些分装的母液应在干燥、-20 ℃下保存。

注意：有些研究者将这些染料和膜片钳电极内液混合后冷冻储存，不过用这种方法储存的染料会降解得更快些。

例 1：俄勒冈绿 488 BAPTA-1，六钾盐。将一瓶 500 μg 的俄勒冈绿 488 BAPTA-1 溶于 90 μL 纯净、蒸馏、去离子水中，制备成储存浓度约为 5 mmol/L 的溶液，然后经离心和超声短暂处理，以确保完全混合，并按一次实验的用量进行分装，干燥、-20 ℃下保存。

AM 酯：通常获得的 AM 酯均为分装前制剂，要用高质量的 DMSO 溶解。有些 AM 酯还需要加入溶剂，如 Pluronic F-127（1% ～ 20%，w/v），以获得完全的溶解。无论是否使用 Pluronic F-127，建议按最高浓度（如

1～5 mmol/L）制备储备液，以增加溶液稳定性并尽量降低灌流液中溶剂的量。这些储存液应密封、冷冻、干燥保存。在实际工作中，这些溶液应现配现用，否则很容易因吸水而导致染料降解。

例2：灌流用钙橙黄 AM 酯。将一支 50 μg 的钙橙黄 AM 酯溶于 DMSO 或 Pluronic F-127（10%，w/v），制成 4 mmol/L 储存液，然后经离心和超声短暂处理，以保证完全混合。储存液应密封冷冻及干燥储存（2～3 h 以内）。

（二）负载/染色方案

光指示剂的负载/染色有多种可能的方法，这些方法分为两类：成批负载和单细胞负载。

在成批负载研究中，所有存在的细胞都被负载，或者说是无差异染色。成批负载的方法包括浴槽孵育、AM 酯负载、电穿孔、阳离子脂质体转导、低渗振荡。

最常用的介导钙染色剂进入细胞内的方法是利用 AM 酯。AM 酯能屏蔽染料分子的强负电荷部分，所以能滞留于细胞膜上。AM 酯一旦进入细胞，非特异性酯酶将钙敏感性染料上的酯类清除掉，染料就留在细胞内了。在单细胞研究中通常通过微量注射法或膜片钳电极透析法进行负载，也可用局部电穿孔的方法。

下面介绍的是光学记录中最常用的三种方法：①孵育法；②微注射法；③透析法（通过膜片钳电极）。

在每一具体情况下，最佳的染色/负载条件依赖所使用的指示剂而定。通常最佳条件的确定都是经验性的，但以下列举的几个代表性例子可以作为指导。

例1：细胞外 VSDdi-8-ANEPPS（Bullen et al.，1997）孵育法。将 12.5 μL 的 di-8-ANEPPS 储存液微热融化，加入生理性林格氏液 1 mL，配成的浓度为 163 μmol/L。然后，将溶液进行短暂超声处理（20～30 s）。细胞用 PBS 冲洗后，再开始染色，即将细胞在燃料浓度为 75～163 μmol/L 之间进行孵育。通常 10 min 的染色时间已经足够了，多余的染料可再次用 PBS 冲洗掉，不过这一步并非必要。

注意：避免染色或应用 VSD 时有血清或大分子的蛋白质存在，因为它们可沉淀染料，干扰细胞染色，甚至根本无法染色。

例2：蜗牛神经元细胞内VSDdi-2-ANEPEQ注射法（Zecevic，1996）。将近饱和并过滤的di-2-ANEPEQ储存液（3 mg/mL）用电极（电阻：2～10 MΩ）以重复短的压力脉冲（5～60 psi，1～50 ms）直接注射入Helix aspera细胞，并在15 ℃下孵育12 h，以保证染料完全弥散于整个细胞。

例3：培养的哺乳动物神经元细胞内VSDdi-2-ANEPEQ透析法（Bullen，Saggau：未发表资料）。将储存液母液（5 mmol/L）直接加入膜片钳电极内液中，确保di-2-ANEPEQ终浓度为100～500 μmol/L。膜片钳电极内液配方：KCL 140 mmol/L，$MgCl_2$ 1 mmol/L，NaATP 5 mmol/L，NaGTP 0.25 mmol/L，EGTA 10 mmol/L，HEPES 10 mmol/L，pH 7.4。按标准方法进行电极封接和向细胞内透析。染料总是从胞体弥散，在距离小于150 μm的范围内，其速度大约是每分钟1 μm。

二、实验设计

利用光学指示剂进行实验的设计和实施，需要认真考虑诸多因素，其中有些因素是获得有用的数据和避免伪迹性结果的先决条件。这些因素的考虑可分为两类，即对所有实验都适用的一般因素和对光学指示剂的实验适用的因素。

（一）一般设计应考虑的方面

要对实验操作或用药产生作用进行可靠性判断，需要满足以下标准。
（1）测量的基线：实验操作或应用药物之前是否有稳定的基线？
（2）重复性：所观察到的实验结果是否可以重复？
（3）可逆性：在撤销实验操作或药物后实验作用能否恢复如初？
（4）等级反应：反应是否随刺激强度的改变而呈等级性变化？
（5）药理学特征：反应能否被相应的药物阻断或增强？

（二）特殊设计应考虑的方面

用于光学指示剂的特殊实验设计通常要考虑染料的使用、信号的优化以及附加电生理技术的结合。

染料的选用：需要建立特殊标准以判断染料的浓度和（或）灵敏度在整个实验中是否稳定。染料浓度和灵敏度的非均一问题由膜片钳电极的不完全透析或电压敏感性染料的内化所致。通常用标准或对照刺激引起的反应来确认反应性的稳定。

信号的优化：有时，总体信号中含有特异和非特异信号，因此要想方设法区分这些成分。非特异性荧光的一个例子是由细胞产生自身荧光。这种内在发射的荧光不依赖其他外在荧光分子，在用靠近紫外光波的光源照射生物样品时，自身荧光就成了一个问题。解决这个问题的方法：先测量没有光学指示剂时细胞的荧光，再在有染料存在的静息荧光值减去该值。这个值一般在染色之前测量，或在实验中染料未染色的相同区域测量。另一个重要的实验问题是是否需要平均信号或进行数字化过度采样，以检测到我们想观测的信号。在信号较小并需要平均的情况下，必须采集足够多且同样的记录以进行平均处理。最后，如果光源强度大，则应当考虑是否需要漂白校正，漂白校正通常是进行对照记录，对照记录是在实验条件下，没有进行刺激或实验操作过程中采集的。

综合：光学记录与电生理技术的结合往往需要特定的程序改变。例如，溶于溶剂尤其是 DMSO/F-127 中 VSD 会阻抑膜片钳电极与细胞膜的封接，所以有时在细胞染色前就形成这种封接是必要的。

三、校准的方法

如果实验的目的是需要一个定量的结果或测量所需参数绝对的变化值，那么就必须进行光学信号校准；如果要求在不同的实验中进行信号的比较，或在同一实验中比较不同点的信号，那么这些信号都要进行校准。如果用定量法记录所有的信号，就显示出它的优点了，但因为其他原因这种方法并非一定能用上，如经常涉及的记录带宽等。

光学信号的校准常从以下方法中选用：单一波长测定法、比值测定法、混合测定法。

其中，比值测定法可得到最可靠的结果。此法可在对激发光或发射光具有光谱偏移的一些指示剂中使用，这依赖所需观察的变量。这些光谱偏移允许对荧光强度变化方向相反的两种波长进行比较，或对单一波长与光谱 isosbestic 点（对所测参数不敏感点）进行比较。除了能提供定量的结果外，比值测定法还可降低或排除由以下原因引起的荧光系统性误差：指示剂浓度、激发光路长、激发光强度、探测器效能。更为重要的是，比值测定法还能排除许多伪迹和非系统性因素，包括光漂白、指示剂超时漏出、指示剂分布不均、不同的细胞厚度。

在有些情况下，比值测定法更加敏感，因为每一波长的荧光变化通常都是反向变化的信号，故信号比值的变化比任一单波长的变化更大。

但在一些实验条件下，应用比值测定法是不合实际的，这时就可以应用混合测定法（Lev-Rametal，1992）。混合测定法就是在不同的瞬时，将定量测定与定性估测相结合。例如，初始基线可用比值测定法进行定量测定。随后，可以用高得多的测量频率对单波长相同参数的快速变化进行定性测量。不过，要重点注意的是，这种方法假设在单波长测量法记录过程中，所有其他的变量（尤其是指示剂浓度）都是保持不变的。

比值测定法与非比值测定法都已用于钙敏感性染料和电压敏感性染料。每一类型的校准方法将在下面举例论述。此外，将两类指示剂都常用的一般指导原则也概述如下。

VSD校准：电压敏感性荧光染料通常被称为"无刻度线性电压表"。它们只能提供电压改变的信息，电信号的绝对振幅则因染料染色的不同和局部敏感性的变异而不同。因此，这些染料最常用于点之间的非校准的绝对比较，样本间的比较是不可行的。校准的测量在某些情况下也是可能的，其测量是否成功，很容易通过同步电测量进行验证。此类型的测量包括下述检测：单波长法、基于一个激发光谱偏移的双激发光波长法、基于一个发射光谱偏移的双发射光波长法。

CaSD的校准：此类指示剂有三种可能的校准方法，它们分别是单波长法、基于一种激发光偏移或一种发射光偏移的比值法、混合法。

用于光指示剂校准的一般指导原则：将光学测量值转换成所观察生理参数的重要一步，就是实验后校准。尽管在溶液或各种简化的标本（如小泡）中可测到用于电压和钙离子指示剂校准的转换因子，但这些条件一般并不符合细胞内环境的真实值。在这些情况下不能很好重复的因素有温度、pH、离子浓度、染料与蛋白质或膜的交互作用。

另外，一些CaSD和细胞内蛋白质的相互作用也被发现能改变表观。简言之，原位校准要优于等效的离体过程，因此要尽可能采用前法。

这些校准法通常可用破孔离子载体的细胞化学钳方式完成，如膜电位比值可用缬氨霉素校准，即将一系列缬氨霉素介导的K^+扩散电位，用于建立欲测膜电位范围的梯度，并同时测定荧光比值。同样地，钙离子比值测定法也可用离子载体，如伊屋诺霉素或卡西霉素（或其类似物4-bromO-A23187），进行原位校准。但是，用这些化合物时应注意，它们具有相当强的自身荧光，在紫外光下更明显。

注意：一般在计算比值或 AF/F 前先要减去任何自身荧光值或其他偏差。

四、信号处理方法

即使选用最好的指示剂和最佳的仪器，有些光学信号仍然很弱，伴有或只有噪声。

另外，所用探测器的灵敏度可能很差，或所测生理指标性质上为量子性信号。无论怎样，都要格外注意从背景噪声中提取出所需的信号。噪声可能包括系统噪声和随机噪声。

在某些情况下，系统噪声能被检测出来，进而用减法或除法消除其影响。相反，随机噪声就很难与有效信号相分离。信号平均是消除随机噪声影响的方法之一，但信号平均有时并不可行（如非固定事件）。在单一扫描记录中，只有那些与信号在频谱上可分离的随机噪声成分能被清除（如通过滤波）。

为了克服光学记录实验中的噪声问题，可以使用信号处理和降低噪声技术，包括源噪声比值法、数字滤波法、信号平均法。

（一）源噪声比值法

存在于实验记录中的系统噪声可分为两类：相加的或相乘的。通常相加性噪声可用减法去除，而相乘性噪声能通过比值法进行校准。由信号源强度变异所产生的相乘性噪声是光学记录实验中最常见的噪声源，尤其在荧光相对变化等于或小于光源产生的波动时特别明显。在这种情况下，很难从噪声中分离出有效信号，这对激光光源来说是个很普遍的问题，因为这种光源强度的变异能达到 5% 峰—峰值。然而，这些变异可以测量，并用比值法将其从信号中消除掉。实际上，对信号测量值和参考测量值进行比值计算，是去除源噪声最有效的方法。另一种消除源噪声变异的方法是计算两个发射光波长之间的比值，此时，源噪声的变异作为共同模式信号存在于两种波长中，也就可通过比值计算处理从而被有效消除。

（二）数字滤波法

数字滤波是一种重要的信号处理工具，常用于降低随机噪声或有害信号在记录信号中的影响，这对不固定的信号和不能平均的信号来说是非常有用的。数字滤波法的原则是将有用的频率根据其是信号还是噪声而分离出来。以下是四种主要的数字滤波类型：低通法、高通法、带通法、带阻法。

在控制实验记录带宽以保留有用的信号成分而去除高频成分方面，低通滤波器是很重要的。高通滤波也称为 A/C 耦联，有利于去除信号中的直流成分，只显现变化的部分。带阻（或切迹）滤波器阻止某一特定带宽，对去除实验记录中的交流噪声特别有用。

另有特殊的滤波器既可保留高频成分又发挥低通滤波器功能，其中一个例子是 Savitzky-Golay 滤波器法，基本上是在局部区域进行多项回归，进而为每一数值点确定一个平滑化的值。这种方法之所以优于其他滤波方法，是因为它能保留数据特征，如峰高和波宽，而这些特征通常会被相邻数据平均法和低通滤波抹掉。

科研制图软件包中通常有一些数字滤波器的应用，如 Origin 或 SigmaPlot；在特殊的数学软件中也可找到如 Matlab 或 Mathematica。

注意：务必避免滤过频率中含有重要的信号成分，而且必须承认有些滤过方法会导致数据出现小的相位偏移，不过现在的限定脉冲反应（FIR）数字滤波器能反向应用以解决这一问题。最后，应当注意不要违反采样的原则。

在所有数据获取或处理的各个阶段（从探测器开始）都应用模拟滤波器（主动的或被动的）无疑是明智之举，这能明显降低有害噪声在每一阶段的聚集，并减少随后数字滤波的需要程度。

（三）信号平均法

信号平均法是指按区域或重复测试的时间或空间进行归类，以降低随机噪声的影响。如果噪声真是随机的，那么信号平均法能按 JVL（JVL 步进电机以防止电噪声）降低噪声，N 是测试重复的次数。这种平均法要求事件固定并包括所有出现的频率成分，即用于平均的信号是严格的时间—锁定事件。如果采用信号平均法，应注意不要导入任何时间性颤抖（如生物性或仪器性的），否则会引起低通滤波效应。在存在这样问题的情况下，像动作电位这样的事件可以按其峰值分类，并进行平均化，以提高整个信号的质量。

运用信号平均法的一个缺点是总体测试频率通常会降低，因为要花时间采集足够的记录次数用于平均。

五、结果分析

这一部分将介绍实验结果的表达和展示方面的重要原则。它们包括数据表达、实验记录的重要特性、实验的类型及典型的记录。

（一）数据表达

从单神经元或部分神经元获得的光学记录结果可以多种方式进行表达，具体包括以下几个方面。

维记录：从单一位点记录的信号，或从图像的单独点或单独区域（ROI）提取的数据，显示为一维的对时间作图的记录线。

伪色成像：以区别活动水平或离子浓度变化的一系列彩色图像实况录像，即直接来自实验中获取图像的、有时可调速的再现资料。尽管录像和伪色成像能提供一个优质的、定性显示的数据，但这种方法常常难以显示时间过程和（或）定量的变化。另外，还难以将这些图像与其他同时测量的一维参数（如电流、电压）进行综合分析。

（二）实验记录的重要特性

现在一些文章中有一个令人遗憾的倾向，就是提供过度简化的数据，而且在许多情况下原始数据被完全省略了。这种情况确实存在于光学记录研究中，即许多记录常常被简化成单一的伪色图像。然而，为了他人能对有效数据质量进行判断，提供一些原始记录仍然是重要的。在检查这一类数据时，对如下问题进行考虑是必要的，如提供的记录是否有以下显示。

（1）检测的灵敏度：对于所做的测量来说，记录方法和使用的指示剂是否足够灵敏。

（2）信噪比：给出的信噪比是否足以获得有用的实验结论，是否还能进一步优化。

（3）时空分辨率：选用的方法是否有足够的时空分辨率回答实验所提出的问题。

（4）保真度：所提供的记录是否为有效生理学事件的精确反映，有无记录方法本身造成的干扰和变异存在。

（三）实验类型及其代表性记录

本章提供了许多实验记录，用以说明在单神经元实验中可能见到的各种实验记录类型。例如，前面提供的比值信号取自检查 VSDdi-8-ANEPPS 线性关系的试验。这一记录是在紧贴膜片钳电极旁的扫描位点获得的，证明了在光学信号和电压钳指令波形之间存在着反应时间和幅度上的一致性。此类校准随后能量化在更近生理条件下完成类似光检测数据。

在用同样 VSD 的一个不同例子中，检测了培养的海马神经元突触后电位在树突的整合和传导模式。这个实验能从多方面进一步说明这种光学记录法的用途。特别是这些记录系用非侵入方法从很小的细胞中获得的。而且，在不同记录位点（直径 2 μm），几个检测可同时进行，这对其他方法来说并非易事。再者，这些信号的获取频率（如 2 kHz）足以充分地对欲测生理学事件进行采样。

在一个类似的实验中，检测了在一连串动作电位之后，同一细胞邻近位点所产生钙信号的空间差异性。此例证明了在同一细胞不同位点之间，以高时间分辨率检测到钙瞬流的幅度和动力学上的空间差异性。

六、注意事项

这部分介绍一些在光学记录实验中常见的问题，如信号质量问题，光动力学损伤的预防、负载和染色问题。

（一）信号质量问题

所有记录技术中最重要的因素就是所能达到的的信噪比（S/N）。这对一些光学指示剂（尤其是 VSD）来说尤为重要，因为它们的相对荧光变化非常小。许多因素能影响信号质量，包括以下几个方面。

激发光强度：由光学指示剂产生的荧光直接与激发光强度成正比，因此应该选用可能的最强光源，不过要注意避免过强光照导致指示剂的漂白和光毒性。

指示剂浓度：发射光强度亦与指示剂浓度成正比，故应尽可能选用最大量探针。但要注意避免染料的浓度有药理作用或缓冲作用，这可改变欲测生理学参数（详见"负载与染色问题"），而且在很高的指示剂浓度下，发射光强度由于"猝灭现象"而开始衰减。

激发容量：在扫描显微镜中，来自大的激发容量（如较大的扫描点）的信号要强于小的激发容量，因为更多的荧光物被激发。因此，在小的扫描点，空间分辨率高，但激发容量及信号强度降低，这是需要平衡的问题。

指示剂敏感性：最佳信号质量来自高敏感性的光学指示剂，因此在选择指示剂时，应选用敏感性高的指示剂。

指示剂亮度：在选择指示剂时，总应选择亮度最高的一种。比较绝对指示剂亮度的指导原则将列于后一部分（"比较指示剂的标准"）。

最大聚光效能（N.A.和滤光片）：应该重点牢记的是，聚光效能取决于数值孔径（N.A.）、物镜的绝对传递能力、显微镜的相对容许能力和分色镜与相关滤光片的传光能力等因素。一般来说，10%的总聚光效能是很常见的，如果在不好的情况下这个值还会更低。所以，若选择物镜，应选择最高N.A.值的物镜。这样的选择会使光照强度最大化而发射光的聚集最优化。相似地，也应该注意选择分色镜和发射光滤光片，以免它们排斥大部分的信号。其他光丢失的可能原因还有使用DIC镜片而没有从发射光路中去掉分析器/不洁的镜片或光路错位。仅DIC分析器本身就可使发射光强度再减少50%。

最大的检测效能（Q.E.）：在各种情况下，尤其在光亮水平较低时，应优先选用一个量子效能可能最高的探测器，这可保证所获得的光子能全部转化成有用的信号。

记录带宽：记录带宽只需足以获取有效信号即可。超过记录所需的时间带宽，只会增加噪声。但是，如果存在额外的时间带宽，可被用于通过数字化附加采样来提高信号质量。附加采样是指平滑处理时间的方式，即对先前几个空间上相近的采样点进行平均。这一方法可用于降低随机噪声，按（$N-1$）/2成正比地提高信噪比，N是附加采样的次数。

（二）光动力学损伤的预防

过度的光照强度有时会造成光损伤或光毒性。在许多情况下，这种现象源于自由基的产生，如荧光激发时的副产品单态氧。这些自由基就会干扰膜的完整性。减少荧光指示剂所致的光损伤有多种方法，有的是在孵育液中加入大量抗氧化剂以使光损伤最小化，有的是在特定部位加少量抗氧化剂（如在细胞膜上），还有的是将氧自由基从溶液中彻底清除。如下是一些例子。

1.ACE等

最简单的降低溶液中自由基作用的方法就是在孵育液中加入大量的抗氧

化剂，建议使用的抗氧化剂包括各种维生素和其他类似制剂。然而，使用这些物质的方法还没有很成功的报道，可能是因为在损伤位点（如膜）不能提供直接的保护。

2. 虾青素

一种更直接的方法是用自然的类胡萝卜素——虾青素。这种物质最初用作抗氧化剂，是与一种新的基于荧光共振能量转换原理的 VSD 合用（Gonzalezand Tsien，1997）。从理论上说，这一方法的有效性比在溶液中使用的抗氧化剂强，因为它既能与膜密切结合，又有很强的去除活性氧的能力。同时，即使使用浓度很高，也不必担心它的毒性作用。和其他的胡萝卜素（如 β - 胡萝卜素）相比，虾青素因其相对高的水溶性无疑是一种值得特别推崇的抗氧化剂。然而，初步报道表明，虾青素与其他类型 VSD 合用效果甚微。

3. 葡萄糖氧化酶 / 过氧化氢酶

葡萄糖氧化酶与过氧化氢酶结合无疑有很强的除氧能力，用于 VSDDi-8-ANEPPS 尤为有效（Obaid，Salzberg，1997）。葡萄糖氧化酶从溶液中摄氧生成过氧化氢，随后过氧化氢酶将其转化成水。这些酶的高催化活性意味着相对少量的酶（葡萄糖氧化酶 40 U/mL 和过氧化氢酶 800 U/mL）足以在溶液中发挥去氧化作用。葡萄糖氧化酶（G-6125）和过氧化氢酶 C-9322 均由 Sigma 提供。

4.Oxyrase

Oxyrase 是一个生物催化氧降解系统。它的商品制剂也用于细胞孵育液中除去活性氧。Oxyrase 系从大肠杆菌制备而来，作为天然制剂使用时，需要将乳酸、甲酸、琥珀酸加入孵育液中作为氢供体。初步研究显示其与荧光染料指示剂合用，在许多情况下都是一种有效的抗氧化剂。Oxyrase 可从 Oxyrase 公司（Mansfield，OH）获得。

光损伤的问题并没有得到全面的解决，在许多情况下如何用好抗氧化剂仍然凭经验行事。然而，上述提到的一些方法明显比其他制剂有效。从我们使用 VSD 的经验来看，葡萄糖氧化酶 / 过氧化氢酶的合用是单细胞短期实验中效果最佳的方法。

（三）负载和染色问题

1.VSD

关于 VSD 染色常有三类问题，具体如下：

（1）染色不足 / 膜亲和力低

一些 VSD（如 RH414）与某些种细胞有相对较弱的膜亲和力，而其他的 VSD（如 Di-8-ANEPPS）对细胞的染色又特别慢。这些染料的结合亲和力部分与它们自身结构有关，但膜的构成也是个重要因素，而且有显著的种属和细胞类型差异性（Ross，Reichardt，1979）。有三个步骤可能解决这类问题。首先，开始新的系列实验之前，应对比较合适的染料进行筛选，找出与膜亲和力最高、产色强度最高的染色剂。其次，应该在大范围的染色时间和条件上加以认真考虑，以确定最佳的染色条件。最后，在染料储存液中加入一些试剂（如 0.05% PluronicF-127）将有助于染料进入细胞膜。

（2）过度染色

使用过量的 VSD 会导致各种毒性作用。特别明显的是，由游离染料或非特异性定位结合的染料所产生的非特异性荧光可严重降低信号的强度和质量。而且，用高浓度的 VSD 可能会有药理学作用。因此，推荐使用能产生最佳信号的低染料浓度。

（3）染料内化

因为 VSD 滞留于细胞膜外层，这样某些染料分子就有可能会跨膜进入内层，甚至直接进入细胞内并定位于细胞器质膜上。各种膜的循环过程也能帮助转运 VSD 进入细胞内。这种染料内化的结果是降低了信号的强度，因为这些染料分子可能对膜电位缺乏敏感性，或具有与正常定位染料直接反向的敏感性。解决此问题的办法就是使用不易内化的染料（如 Di-8-ANEPPS）。此外，高于室温的孵育温度也会增加染料内化进入细胞的可能性，故要尽量避免。

2.CaSD

用 CaSD 负载细胞通常有四类问题，其中两类与 AM 酯负载技术有关。这两类问题如下：

（1）间隔作用

在理想状态下，用这一技术负载的荧光指示剂应均匀地分布于胞浆中，而不存在于其他细胞区域。然而，AM 酯能聚集在细胞内任何一个膜封闭的区域内。同时，带有多价阴离子的指示剂，能通过主动转运而潴留在各细胞器内。这种异常的隔离作用通常是升高负载温度造成的，故通过降低负载温度可以避免。此外，使用与葡聚糖结合的指示剂也能降低分隔和潴留效应。

（2）不完全的酯水解

低的或慢的去酯化率能导致细胞内部分去酯染料比率的显著增加，它们对钙离子不敏感，但仍然有些荧光。这会导致明显低估细胞质内真正钙离子的浓度。此外，不完全酯水解也能促进间隔作用。用只能与去酯形式染料结合的 Mn^{2+} 进行荧光猝灭是对这一作用进行定量分析的方法。避免 AM 酯异常荧光效应的方法之一就是选择那些酯化物不发荧光的指示剂。例如，钙绿和俄勒冈绿 488 BAPTA 基本是非荧光的 AM 酯，而 Fura-2 和钙橙黄的 AM 酯仍然有一定的基础荧光。

另外，两个在 AM 酯负载和 CaSD 游离盐溶液的微量注射或透析均可出现的问题如下：

（1）过度染色

无论是用 AM 酯还是盐溶液负载单神经元，必须注意避免过度负载细胞，否则会造成有害的缓冲效应。这种缓冲可影响静息钙离子的浓度、钙瞬流的大小和动力学，并干扰依赖转离子的各种细胞活动。简言之，使用不正确的指示剂浓度，将会导致信号质量差，直至出现失真的生理学结果。证明所记录的信号没有受到任何缓冲作用影响的一个方法就是在全部指示剂浓度范围进行实验。

（2）漏出

许多阴离子指示剂在某些细胞中易于漏出或主动渗出。在一些情况下，可用药理学工具药（如丙磺舒、苯磺唑酮和维拉帕米）将其阻断。另一个方法就是设计一种有抵抗力的指示剂，特别是与葡聚糖结合的染料通常都能抵抗渗出和漏出。如今，得克萨斯突光实验室已经研制了一系列这样的漏出抵抗型钙离子染料，如 Fura PE3、Indo PE3、Fluo LR。

七、技术应用

（一）神经元

活体细胞电压动力学的光学测量方法提供的空间分辨率超过了传统的电极测量和时间分辨率。以此为基础进行新型荧光光学染料的研究可以设计新的电压敏感荧光染料，也可以共价连接到一个基因编码的细胞表面受体，以实现从基因定义的神经元电压成像。这种染料可以对神经元胞体的动作电位进行稳健的、单次试验的光学检测，其灵敏度超过了基因编码的电压指标。

（二）心脏电活动

心脏电活动的光学标测技术是将心肌细胞膜电位变化转化成光学信号进行记录的一种新的功能成像技术，主要用于心脏电生理方面的研究，尤其是心肌细胞的动作电位以及心肌细胞间传播特性的研究。

（三）皮层动力学

皮层动力学可以运用电压敏感染料（VSD）和钙敏感染料（CaSD）在高时空分辨率下成像。将这两种成像技术结合起来，并结合全细胞记录，报告了皮层功能的不同方面。VSD荧光随膜电位呈线性变化，以亚阈值突触后电位为主，CaSD信号主要反映局部动作电位放电。结合VSD和CaSD，可以在相同的准备过程中同时监测特定区域的突触和尖峰活动。两种染料信号的空间范围不同，VSD信号比CaSD信号传播得更远，反映了宽的亚阈值和窄的阈上感受场。更重要的是，染料的信号受药物操作、刺激强度和异氟醚麻醉深度的影响。因此，结合VSD和CaSD测量可以指明皮层亚阈值和阈上活动之间的时间和空间关系。

（四）上皮细胞

结合荧光成像和电压钳制技术，可以将光学记录应用于对上皮细胞的研究中，显示出在外界不同浓度刺激细胞状态的变化。此外，改变给予的刺激电压还可以进行细胞电平衡状态的研究，同时对上皮细胞电生理特性进行进一步研究。

参考文献：

[1] 林燕飞，欧阳守. 膜片钳技术研究进展及其应用 [J]. 海峡药学 , 2008(9): 8–11.

[2] 刘振伟. 实用膜片钳技术 [M]. 北京 : 军事科学出版社 , 2006.

[3] 康华光. 膜片钳技术及其应用 [M]. 北京 : 科学出版社 , 2003.

[4] 陈军. 膜片钳实验技术 [M]. 北京 : 科学出版社 , 2001.

[5] 张永宁. 电生理膜片钳实验操作方法探讨 [J]. 科教导刊（下旬）, 2018(1): 44–45.

[6] 管华宗 , 谢冬阳 , 张国辉 , 等. 膜片钳技术在各学科研究中的应用 [J]. 职业卫生与应急救援 , 2018, 36(4): 358–360.

[7] BAYGUINOV O, HAGEN B, SANDERS K M. Substance P modulates localized calcium transients and membrane current responses in murine colonic myocytes [J]. Br J Pharmacol, 2010, 138(7): 1233–1243.

[8] CHEN F X, YU Y B, YUAN X M, et al. Brain–derived neurotrophic factor enhances the contraction of intestinal muscle strips induced by SP and CGRP in mice [J]. Regul Pept, 2012, 178(1–3): 86–94.

[9] 余光 , 全晓静 , 唐勤彩 , 等. P 物质与慢性应激诱导的大鼠结肠动力紊乱的关系及其机制 [J]. 武汉大学学报（医学版）, 2016, 37(3): 407–410.

[10] 田银 , 杨龙 , 邓娜 , 等. 钙调神经磷酸酶对肥大乳鼠心室肌细胞 L 型钙离子通道电流的调控作用 [J]. 贵州医药 , 2017, 41(8): 792–794.

[11] ZHANG X, AI X, NAKAYAMA H, et al. Persistent increases in Ca^{2+} influx through Cav1.2 shortens action potential and causes Ca^{2+} overload–induced after depolarizations and arrhythmias [J]. Basic Res Cardiol, 2016, 111(1): 4.

[12] 蔡捷 , 方东 , 李松 , 等. 膜片钳技术在慢性痛大鼠背根神经节神经元电生理学特性改变中的应用 [J]. 中国疼痛医学杂志 , 2017, 23(1): 25–28.

[13] 傅鸣宇 , 缪吉昌 , 李树基. 异丙酚对小鼠海马锥体神经元膜特性和突触后电流的影响 [J]. 分子影像学杂志 , 2015, 38(3): 182–185.

[14] 刘敏. 精子钾离子通道的调节机制和功能研究 [D]. 南昌 : 南昌大学 , 2016: 22–28.

[15] 贾炜姣 , 代广斌 , 耿国帅 , 等. 膜片钳技术在细胞电生理研究方面的最新应用 [J]. 高校化学工程学报 , 2018, 32(4): 767–778.

[16] LI M F, TOOMBES G E S, SILBERBERG S D, et al. Physical basis of apparent pore dilation of ATP–activated P2X receptor channels [J].Nature Neuroscience, 2015, 18(11): 1577–1583.

[17] AZIMI I, ROBERTS–THOMSON S J, MONTEITH G R. Calcium influx pathways in breast cancer: opportunities for pharmacologicalintervention [J]. British Journal of Pharmacology, 2014, 171(4): 945–960.

[18] GANTZ S C, BEAN B P. Cell–autonomous excitation of midbrain dopa mine neurons by endocannabinoid–dependent lipid signaling [J].Neuron, 2017, 93(6): 1375–1387.

[19] 孟红旭, 郭浩, 姚明江, 等. 采用膜片钳技术观察 3 种中药复方含药血清对大鼠心室肌细胞 L– 型钙通道的作用 [J]. 中药药理与临床, 2017, 33(3): 127–131.

[20] 王燕燕, 黄悦. 大承气汤对 Wistar 大鼠小肠 Cajal 间质细胞起搏电流影响分析 [J]. 四川中医, 2017, 35(11): 45–47.

[21] WINDHORST U, JOHANSSON H. 现代神经科学研究技术 [M]. 北京: 科学出版社, 2006.

[22] WEN X L, XI S H. Application of laser capture microdissection and differential display technique for screening of pathogenic genes involved in endometrial carcinoma [J]. International Journal of Gynecological Cancer, 2010, 17(6): 1224–1230.

[23] 朱燕飞, 陈全家, 曲延英. 利用 mRNA 差异显示技术筛选线果芥抗旱相关基因 [J]. 新疆农业科学, 2017, 54(10): 1775–1784.

[24] TIAN T, LV X, PAN G, et al. Long noncoding RNA MPRL promotes mitochondrial fission and cisplatin chemosensitivity via disruption of pre–miRNA processing [J]. Clin Cancer Res, 2019 25(12): 3673–3688.

[25] PÊGO B, MARTINUSSO C A, BERNARDAZZI C, et al. Schistosoma mansoni Coinfection Attenuates Murine Toxoplasma gondii–Induced Crohn's–Like Ileitis by Preserving the Epithelial Barrier and Downregulating the Inflammatory Response [J]. Front Immunol, 2019, 10: 442.

[26] CRAELIUS W.The bionic man: restoring mobility [J]. Science, 2002, 295(5557): 1018–1021.

[27] CHAE J, KILGORE K, TRIOLO R, et al. Functional neuromuscularstimulation in spinal cord injury [J]. Phys Med Rehabil Clin N Am, 2000, 11(1): 209–226.

[28] GRILL J H, PECKHAM P H. Functional neuromuscular stimulation for combined control of elbow ex tension and hand g rasp in C5 and C6 quadriplegics [J]. IEEE Trans Rehabil Eng, 1998, 6(2): 190–199.

[29] UHLIR J P , TRIOLO R J , KOBETIC R . The use of selective electrical stimulation of the quadriceps to improve standing function in paraplegia [J]. IEEE Trans Rehabil Eng, 2000, 8(4): 514–522.

[30] ZHENG X , ZHANG J , CHEN T , et al. Longitudinally implanted intrafascicular electrodes for stimulating and recording fascicular physioelectrical signals in the sciatic nerve of rabbits [J]. Microsurgery, 2003, 23(3): 268–273.

[31] MCNAUGHTON T G, HORCH K W. Metallized polymer fibers as leadwires and intrafascicular microelectrodes [J]. Journal of Neuroence Methods , 1996, 70(1): 103–110.

[32] 李立钧 , 张键 , 陈统一 , 等 . 周围神经微电极的研究进展 [J]. 中国修复重建外科杂志 , 2005(5): 395–399.

[33] PLOMP J J, HUIIBERS M G M, VERSCHUUREN J J G M. Neuromuscular synapse electrophysiology in myasthenia gravis animal models [J]. Annals of the New York Academy of Sciences, 2018, 1412(1): 146–153

[34] LARSEN B R, MACAULAY N. Activity–dependent astrocyte swelling is mediated by pH–regulating mechanisms [J]. Glia. 2017, 65(10): 1668–1681.

[35] FARFÁN F D, SOTO–SÁNCHEZ C, PIZÁ A G, et al. Comparative study of extracellular recording methods for analysis of afferent sensory information: Empirical modeling, data analysis and interpretation [J].Journal of Neuroence Methods, 2019, 320: 116–127.

[36] GRENIER V, DAWS B R, LIU P, et al. Spying on Neuronal Membrane Potential with Genetically Targetable Voltage Indicators [J]. Journal of the American chemical Society, 2019, 141(3): 1349–1358.

[37] 张镇西 . 生物医学光子学新技术及应用 [M]. 北京 : 科学出版社 , 2008.

[38] BERGER T, BORGDORFF A, CROCHET S, et al. Combined voltage and calcium epifluorescence imaging in vitro and in vivo reveals subthreshold and suprathreshold dynamics of mouse barrel cortex. Journal of Neurophysiology, 2007, 97(5): 3751–3762.

[39] CAO X, BAHAROZIAN C, HUGHES B A. Electrophysiological Impact of Thiocyanate on Isolated Mouse Retinal Pigment Epithelial Cells [J]. American Journal of Physiology Cell Physiol, 2019, 316(6): c792–c804.

第九章　糖类检测技术（高碘酸－希夫染色）

一、概述

糖的分类较为复杂，单糖和双糖易溶于水，所以在固定液中易被溶解。多糖又分为淀粉、纤维素和糖原。黏多糖通常分为中性黏多糖和酸性黏多糖。糖蛋白是多糖和蛋白质结合的复合物。高碘酸－希夫染色（PAS 染色）是其常用的染色方法。

二、原理

高碘酸（又称过碘酸）是一种强氧化剂，它能氧化糖类及有关物质中的二醇基（CHOH-CHOH），使之变为二醛（CHO-CHO），二醛能与希夫试剂（Schiff Reagent）反应生成红色不溶性复合物。这个反应对二醇基有特异性。高碘酸的特点是不再进一步氧化已生成的醛基。

三、流程

（1）染液的制备。

①高碘酸氧化液：高碘酸 0.5 g，蒸馏水 100 mL。此液溶解后放入冰箱中待用。

②Schiff 染色液：碱性复红 1 g，1 mol/L 盐酸 20 mL，焦亚硫酸钠（偏重亚硫酸钠）2 g，双重蒸馏水 200 mL。先将 200 mL 双重蒸馏水煮沸，稍有火焰，加入 1 g 碱性复红，再煮沸 1 min，冷却至 50 ℃加入 20 mL 1 mol/L 盐酸，待 35 ℃时加入 2 g 焦亚硫酸钠。室温中 2 h 之后见稍带红色，5 h 之

后变为无色液体。棕色瓶内装好，放入冰箱中保存待用。

（2）石蜡组织切片，常规脱蜡至水。

（3）蒸馏水洗2次。

（4）高碘酸氧化液处理10～20 min。

（5）充分蒸馏水洗。

（6）Shciff液染色，染色10～20 min（如果室温在15 ℃以下，可在湿盒内加入温水而加快反应）。

（7）流水冲洗3 min（对于着色较深的切片可适当缩短时间）。

（8）用Mayer明矾 – 苏木精液染细胞核3～5 min。

（9）0.5% 盐酸乙醇液分化30 s，自来水浸洗2 min。

（10）无水乙醇脱水，二甲苯透明，中性树胶封固。

（11）结果判定：糖类物质呈红色，细胞核呈蓝色。

四、注意事项

（1）糖类固试剂使用时的吸管要清洁，当室温较低需加热时，要注意染色不能较深，防止影响染色效果。

（2）PAS反应组织切片一般在3 μm为宜，组织太厚或太薄均不利于观察细胞内空泡状结构。

五、技术应用

PAS染色是一种常用的组织化学染色方法。对于真菌病的诊断，PAS染色后，真菌与组织的结构清晰可辨。除了对病变组织中的真菌做培养外，真菌病理组织特殊染色可能更是一种有效诊断真菌病以及简单鉴别菌属的方法，因此PAS特殊染色对真菌病的诊断具有重要意义。

此外，PAS染色可显示糖原、中性黏液物质、肾小球基底膜、寄生虫。PAS染色可将组织中的黏多糖类物质染成樱桃红色，从而判定肿瘤细胞是否分泌糖原，并推断肿瘤细胞的起源及肿瘤细胞是否发生血管浸润。PAS也可使支气管黏膜的杯状细胞着色，但染色时温度不可高于37 ℃，否则染色失败。

PAS糖原染色还可用于鉴别细胞内的空泡变性，证明石蜡切片HE中所出现的细胞质内空泡是糖原被水溶性固定液溶解，还是脂肪被脂肪溶剂溶解；用于观察缺血缺氧早期的心肌坏死或梗死的糖原是否减少。肿瘤组织的肝细胞癌，横纹肌、平滑肌和软骨肉瘤，汗腺瘤和化学感受器等均有糖原的存在，可用 PAS 染色以辅助诊断。

参考文献：

[1] 陈锦，史炯，孟凡清，等. PAS 改良染色法及其在病理诊断中的应用 [J]. 现代肿瘤医学，2015, 23 (21)：3069-3071.

[2] 朱惠源，张建立，张国俊，等. PAS 染色法在哮喘大鼠模型杯状细胞染色中的应用 [J]. 临床与实验病理学杂志，2012, 28 (3)：348-349.

[3] 王珏，王莉，张健. 不同组织中 PAS 染色的特点 [J]. 郧阳医学院学报，2009, 28 (5)：505.

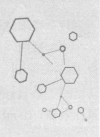

第十章 脂类检测技术

脂类种类多且结构复杂的特性，决定了其在生命体内功能的多样性和复杂性。脂类分子不由基因编码，独立于从基因到蛋白质的遗传信息系统之外，这决定了其在生命活动或疾病发生发展中的重要性。一些原来认为与脂类关系不大甚至不相关的生命现象和疾病可能与脂类及其代谢关系十分密切。近年来种种迹象表明，在分子生物学取得重大进展的基础上，脂类代谢研究将再次成为生命科学和医药学的前沿领域。

脂类是脂肪和类脂的总称。脂肪即甘油三酯（Triglyceride，TG），也称三脂酰甘油（Triacylglycerol，TAG）。类脂包括胆固醇及其酯、磷脂和糖脂等。

第一节 油红O染色方法

一、实验原理

油红O染料对脂肪变性、脂质沉积的组织器官有良好的溶脂及吸附作用，它具有操作简便、色彩鲜亮等特点，优于苏丹Ⅲ染液，被广泛运用于临床和科研病理工作中。针式滤膜过滤器原用于过滤色谱分析样品及流动相，对色谱柱的保护、防止进样阀和输液泵管系统被污染等具有较好的作用，并广泛应用于无菌实验、胶体分离及质量与微量分析。油红O染液中含醇类物质易挥发且杂质多，因此传统染色需要异丙醇漂洗分色，整个步骤历时较长且不易控制，对人体也有吸入性危害。

二、实验准备

（1）样本制片：高脂小鼠肝脏组织样本 15 例。

（2）试剂：油红 O 染液（购自珠海贝索公司，NO:614041）；苏木精（购自 Thermo 公司，NO:7211）；1% 盐酸乙醇；异丙醇；双蒸水；甘油明胶。

（3）器具：针式滤膜过滤器（Millipore 0.22 μm SLGP033RB）；5 mL 无菌注射器；10 mL EP 管；湿盒。

三、实验步骤

（一）传统油红 O 染色方法

（1）常规冷冻切片将高脂小鼠肝脏样本切片 6～8 μm 厚，贴于载玻片，立即置于 10% 中性福尔马林固定 3 min，双蒸水清洗。

（2）取油红 O 储备液与双蒸水按 3：2 混合后，装入洁净 EP 管静置 10 min。

（3）将切片放入 60% 异丙醇清洗后置于配制好的油红 O 染液 10 min。

（4）用 60% 异丙醇清洗多余染液，双蒸水清洗 3 次。

（5）苏木精复染 1 min，1% 盐酸乙醇分化，流水返蓝 3 min。

（6）甘油明胶封固。

（二）针式滤膜过滤器油红 O 染色法

（1）常规冷冻切片将高脂小鼠肝脏样本切片 6～8 μm 厚，贴于载玻片，立即置于 10% 中性福尔马林固定 3 min，双蒸水清洗。

（2）取油红 O 储备液与双蒸水换 1：1 混合，装入洁净 EP 管内备用，如图 10-1（a）所示。

（3）将切片从水中取出沥水后平铺于湿盒内，注意不要干片。

（4）用注射器吸取配制好的油红 O 染液，从针式滤膜过滤器（0.22 μm）上端接口处注入，过滤后的染液直接经过滤器下端均匀滴染在组织处，如图 10-1（b）所示，约 30 s 后放入双蒸水中清洗 1 次。

（5）苏木精复染 1 min，1% 盐酸乙醇分化，流水返蓝 3 min。

（6）甘油明胶封固。

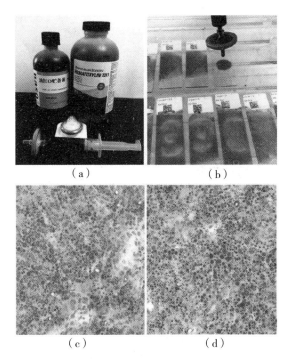

（a）油红O储备液、苏木精、针式滤膜过滤器0.22 μm、5 mL无菌注射器；（b）过滤后的油红O染液经针式滤膜过滤器下端直接滴于切片上；（c）传统油红O染色法：肝细胞脂滴颜色鲜亮，为红色；（d）针式滤膜过滤器油红O染色法：肝细胞脂滴颜色鲜亮，为红色

图10-1　油红染色制备过程

四、结果分析

　　肝脏组织形成脂肪样变时，细胞质内脂肪聚集为脂肪小体，进而融合成脂滴，以大小不等的空泡状、部分细胞核偏向细胞的一侧形式存在。油红O染料的脂溶作用和吸附作用将脂滴染成鲜红色，细胞核呈蓝色。传统油红O染色法静置使染液中的杂质颗粒沉淀、切片经60%异丙醇清洗、分色等环节增加制片的时间，且染色用时较长（从切片到染色整个过程约30 min），如图10-1（c）所示。而运用针式滤膜过滤器油红O染色法不但避免了沉淀、清洗、分色环节，而且缩短了染色时间（从切片到染色整个过程约10 min，最终能达到一致，从而大大降低了时间成本，提高了染色效率，如图10-（d）所示。

五、注意事项

油红染色时应避免试剂挥发过多，否则应形成背景沉淀。

六、方法学优势

针式滤膜过滤器油红O染色法与传统油红O染色法比较，具有以下优点：
（1）节约时间，提高效率。
（2）操作简捷，易于控制。
（3）安全可靠，环保经济。

七、实验运用

油红O等固定着色剂是定量测量脂质水平和定性观察脂质在组织中的分布的廉价可靠方法。利用油红O对秀丽隐杆线虫中性脂类沉积进行固定和染色，以区分整个动物的特定组织的脂质丰度。油红O染色用于鉴定胰腺星状细胞。油红O可对斑马鱼体内的脂质进行染色，可用于斑马鱼脂代谢研究。油红O染色能够较明显地区分白质及灰质，在一定程度上反映了白质的完整程度。断端坏死灶内油红O染色随脊髓损伤时间的延长逐渐明显，说明脂质在脊髓损伤过程中起着重要作用。

第二节　苏丹红Ⅲ Ⅳ联合法

一、实验原理

苏丹红染料在脂类物质中的溶解度大于其在溶剂中的溶解度，如果染料与含有脂类的试样接触，便有大量染料进入脂类物质的结构内，使这些结构呈红色。多用苏丹红染料、尼罗兰等溶于脂类的染料染色，使脂质呈色；也可用四氧化锇染色，脂肪酸或胆碱可使四氧化锇还原为二氧化锇而呈黑色。

二、实验准备

（1）原代细胞。

（2）试剂配制：苏丹Ⅲ 0.2 g，70% 酒精 50 mL，苏丹Ⅳ 0.5 g，丙酮 50 mL。

（3）脂类组织固定液：首选固定液是甲醛，它可较好地保存脂类物质。

三、实验步骤

（1）用经过甲醛固定的组织作冰冻切片，厚约 10 ～ 15 μm，切完后放入蒸馏水中，染色前放入 50% ～ 70% 酒精清洗。

（2）用苏丹Ⅲ和苏丹Ⅳ染液染 5 min。

（3）70% 酒精分化。

（4）水洗。

（5）苏木素浅染细胞核。

（6）水洗，必要时分化。

（7）蓝化，如为漂浮染色，此时应将切片附贴于载片。

（8）甘油明胶封固。

四、结果分析

脂类物质呈现橘红色或鲜红，核为蓝色。

五、注意事项

（1）苏丹Ⅲ和苏丹Ⅳ是偶氮类染料，不溶于水，配制时只能用酒精或丙酮当溶剂。

（2）进入染液前，切片要经过酒精清洗，但酒精浓度不能太高，这样染液可以减少沉淀。

（3）最好用漂浮染色法，这样可充分显示脂类物质。

第三节 苏丹黑 B 染色法

一、实验原理

苏丹黑 B 为重氮染料，能使中性脂肪呈蓝黑色，显示磷脂效果更好。当组织切片置于染料时，苏丹黑 B 离开染液而溶于组织内的脂滴中，使组织内的脂类着色。苏丹黑 B 可与大多数脂类高度结合，故在组织化学上常用此法作为脂类存在的依据。标本不采用含有乙醇的固定液（如需要固定可采用 10% 福尔马林），也不采用石蜡切片，需用冰冻切片或碳蜡切片。

二、实验准备

试剂配制：苏丹黑 B（sudan black B）0.5 g，70% 酒精 100 mL。取一个三角烧杯，装入酒精，再加入苏丹黑，在水浴中边加热边搅拌，直至沸腾达 2 ～ 3 min，取出待冷却后过滤，溶液保存于小磨砂瓶中。

三、实验步骤

（1）福尔马林固定的组织恒冷箱冰冻切片，附贴于载片上或收集于装有蒸馏水的小烧杯中，厚 5 ～ 10 μm。

（2）50% ～ 70% 酒精稍洗切片。

（3）苏丹黑 B 染液中染色 5 ～ 15 min。

（4）50% ～ 70% 酒精洗去多余染液。

（5）蒸馏水洗。

（6）0.1% 核固红染细胞核 10 min。

（7）自来水洗 10 min。

（8）擦去切片上多余的水分。

（9）甘油明胶或水性封片剂封固。

四、结果分析

脂类物质：黑色。细胞核：红色。

五、注意事项

（1）标本不宜采用含有乙醇的固定液，也不宜用石蜡切片，需用冰冻切片。

（2）在染色过程中，必须防止染料发生沉淀，故切片入染液时应密封，勿与流动空气相接触，避免溶液挥发时发生沉淀。

（3）冰冻切片较易着色，复染时应避免过染。

（4）苏丹染料容易褪色，应密闭保存。

（5）甘油明胶封固的样本保存时间不长。如需长期保存，可以在盖玻片与载玻片交界的边缘用中性树胶封闭。

六、实验运用

苏丹黑 B 染色法能显示中性粒细胞发育不良，能快速检测微藻脂质含量，能够对聚氨酯血管移植物孔隙度进行光镜评价。经过试验最终发现，苏丹黑 B 通常对各种脂类进行染色，经乙醇稀释后，成为水性 PU 移植物的极好染色剂。使用苏丹黑 B 染色法并在显微镜下直接观察，可以快速观察细胞中脂质生成定性状态。

第四节　漂浮染色法

一、实验准备

材料：冰冻切片，苏木素染料。

二、实验步骤

（1）选用固定好的组织，用恒冷切片或二氧化碳等冰冻切片均可，切片厚度为 $5 \sim 10~\mu m$，收集于小烧杯中，内装有蒸馏水。

（2）用玻璃弯钩，将切片钩出，于 50% ～ 70% 的酒精中稍洗。

（3）将切片钩入染液（上述三种方法中的任一种染液中）浸染 5 ～ 10 min。

（4）于 50% ～ 70% 酒精中洗去多余染液。

（5）于苏木素染液中染 2 min。

（6）水洗 5～10 min。

（7）挑选完整的切片，浸入 50%～70% 酒精中，然后放入水中，此时切片由于酒精中的张力，能平整地裱于水的表面，取出载玻片，将切片捞于载玻片上，擦干周边的水分，用甘油明胶或水性封固剂封固切片。

三、结果分析

根据选用的方法显示出各自的结果。

四、注意事项

（1）上述介绍的几种方法是目前应用最为广泛的方法，这些方法手续简便，容易操作，效果很好。

（2）凡用作脂类染色的组织，都不能用含有酒精的固定液作固定，必须用福尔马林或福尔马林钙等固定。

（3）凡用作脂类染色的切片，都不能用石蜡切片，只能用各种冰冻切片。

（4）做脂类染色时，最好用漂浮染色技术，因该技术能使切片更加充分染色，而且漂浮的切片对脂类的保存更好。

（5）在漂浮染色时，当切片从 70% 酒精移入水中，由于酒精的关系，切片会浮于水面并发生打转。如此，切片会因发生碰撞而出现破裂现象，从而影响完整性。预防的方法：用玻璃钩钩住切片，慢慢地小心放入水中，不使其浮出水面；当切片上含有的酒精散去后，切片则会沉入水中或沉入染液中。

（6）切片封固时，不能烤干或令其自然风干，应在湿片的情况下封片。

（7）如果切片出现过多的气泡，不能强行将其压出，应将切片放入水中，退去盖片，再行封片，如果将气泡强行压出，则有可能出现脂滴移位的危险。

（8）染色时间不应千篇一律，应视各种组织含有的脂类物质来确定染色时间。

（9）染液遇水易发生沉淀，染色时应该尽量减少切片中水分的含量，进入染液时切片应尽量擦干水。

（10）配制好的染液应密封保存，减少与空气的接触，防止因氧化或挥发而发生沉淀。

第五节 Schultz 法

一、实验准备

试剂配制：醋酸－硫酸混合液、冰醋酸 10 mL、浓硫酸 10 mL。取一容器，盛入冰块或冰水，将冰醋酸装于小瓶后置入冰块中，再加入硫酸，混合并静置数分钟后取出即可。

二、实验步骤

（1）组织固定于 10% 福尔马林 2 d。

（2）冲洗组织，冰冻切片 10～20 μm。

（3）切片用蒸馏水稍洗。

（4）2.5% 铁明矾水溶液氧化切片 2 d 或更长。

（5）蒸馏水洗。

（6）将切片捞于载玻片上，擦干四周水分，但勿令切片干燥。

（7）滴入反应液于切片上并随之盖上盖玻片。

三、结果分析

胆固醇和胆固醇酯呈绿色反应，当反应时间延长至 30 min 时，反应物则转变为棕褐色。

四、注意事项

（1）胆固醇和胆固醇酯显示好坏取决于切片氧化的程度，本法用的 2.5% 的铁明矾氧化 2 d 或更长，如果在 2 d 里的氧化效果不好，则可再延长氧化时间。

（2）皮尔斯主张 2.5% 的铁明矾用 0.2 mol/L 醋酸盐缓冲液来配制，且于 37 ℃处理 7 d。

（3）配制醋酸和硫酸混合液，纯度要求较高，应用分析纯以上，如纯度较低，杂质含量较高，混合后会产生大量的气泡，影响观察。

五、实验运用

家兔实验性胃溃疡期间对肾上腺皮质组织进行化学观察，在胃溃疡手术后早期，束状带和网状带充满嗜苏丹黑 B 脂类小滴，用 Schultz 氏法显示胆固醇小滴，随后脂类和胆固醇小滴减少。

脂类临床意义：

胶质母细胞瘤细胞的增殖和生长可能导致血液中胆固醇的摄取，进而导致血清胆固醇水平下降。本研究表明术前血清低密度脂蛋白（LDL）胆固醇水平是胶质母细胞患者临床预后的独立预后因素。术前血清 LDL 胆固醇水平能为胶质母细胞瘤患者提供有价值的预后信息，可应用于临床。越来越多的证据表明，脂质代谢与癌症预后密切相关。许多研究报道，术前血清总胆固醇水平与肿瘤预后相关，如透明细胞肾癌、非小细胞肺癌和食管鳞癌。

研究人员发现，LDL-C 的变异性是心血管事件和死亡率的预测因子，可施予他汀类药物治疗。这些发现最近在同一人群中被重复用于测定低密度脂蛋白胆固醇（LDL-C）和甘油三酯的变异性，并显示出了 LDL-C 和甘油三酯的变异性都与偶发糖尿病有关的证据。既往心肌梗死（MI）患者进行积极降脂试验后，对终末点增量下降的特设分析显示，LDL-C 的变化与血管事件和全因死亡率之间存在相似的结果。最近一项对 350 多万没有心肌梗死和中风史的韩国国民健康保险系统（NHIS）队列人群的大规模调查显示，总胆固醇（TC）变异性增加了，与心肌梗死、中风和全因死亡率增加呈线性相关。

参考文献：

[1] 陈菲, 李丽, 牛钰清, 等. 介绍一种新型高效的油红 O 染色法 [J]. 临床与实验病理学杂志, 2018, 34(7): 808–809.

[2] 崔叶青, 李嘉, 刘爽, 等. 油红 O 染色鉴定胰腺星状细胞 [J]. 中国组织化学与细胞化学杂志, 2010, 19(5): 522–523.

[3] 陈侃, 王长谦, 范虞琪, 等. 油红 O 染色在斑马鱼体内脂质染色中的应用 [J]. 中国组织化学与细胞化学杂志, 2016, 25(4): 358–360.

[4] 张舵, 寨旭, 贺西京. 油红 O 染色在大鼠脊髓损伤中的应用 [J]. 中国骨伤, 2015, 28(8): 738–742.

[5] BAIN B J. Neutrophil dysplasia demonstrated on Sudan black B staining. American

Journal of Hematology. 2010, 85(9): 707–707.

[6]   LIN R R, XING B P, CAI W X, et al. Rapid detection of microalgal lipid content through Sudan black B staining [J]. Journal of Oceanography in Taiwan Strait, 2011, 6(7): 724–732.

[7]   SOLDANI G, LOSI P, MILIONI C, et al. Light microscopy evaluation of polyurethane vascular grafts porosity by Sudan Black B staining [J]. Journal of Microscopy, 2010, 206(2): 139–145.

[8]   THAKUR M S, PRAPULLA S G, KARANTH N G. Microscopic observation of Sudan Black B staining to monitor lipid production by microbes [J]. Journal of Chemical Technology & Biotechnology, 2010, 42(2): 129–134.

[9]   石爱荣, 杨宝林, 郭文媛, 等. 家兔实验性胃溃疡期间对肾上腺皮质的组织化学观察 [J]. 解剖学报, 1982 (3): 90–96, 123.

[10] LIANG R, LI J, LI M, et al. Clinical significance of pre–surgical serum lipid levels in patients with glioblastoma [J]. Oncotarget, 2017, 8(49): 85940–85948.

[11] OHNO Y, NAKASHIMA J, NAKAGAMI Y, et al. Clinical implications of preoperative serum total cholesterol in patients with clear cell renal cell carcinoma [J]. Urology, 2014, 83(1): 154–158.

[12] CHEN P, HAN L, WANG C, et al. Preoperative serum lipids as prognostic predictors in esophageal squamous cell carcinoma patients with esophagectomy [J]. Oncotarget, 2017, 8(25): 41605–41619.

[13] BANGALORE S, BREAZNA A, DEMICCO D A, et al. Visit–to–visit low–density lipoprotein cholesterol variability and risk of cardiovascular outcomes: insights from the TNT trial [J]. Journal of the American College of Cardiology, 2015, 65(15): 1539–1548.

[14] WATERS D D, BANGALORE S, FAYYAD R, et al. Visit–to–visit variability of lipid measurements as predictors of cardiovascular events [J]. Journal of clinical lipidology, 2017, 12(2): 356–366.

[15] BANGALORE S, FAYYAD R, MESSERLI H F , et al. Relation of variability of low–density lipoprotein cholesterol and blood pressure to events in patients with previous myocardial infarction from the IDEAL trial [J]. The American journal of cardiology, 2017, 119(3): 379–387.

[16] KIM K M, KYUNGDO H, KIM HUN–SUNG. Cholesterol variability and the risk of mortality, myocardial infarction, and stroke: a nationwide population–based study [J]. European heart journal, 2017, 38(48): 3560–3566.

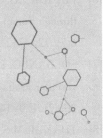

第十一章 组学技术

第一节 蛋白质分离纯化技术

蛋白质分离纯化是从混合物之中分离纯化出所需要的目的蛋白质的方法。蛋白质分离纯化技术包括以下几个方面。

一、常用技术

（一）沉淀法

沉淀法也称溶解度法。其纯化生命大分子物质的基本原理是根据各种物质的结构差异性来改变溶液的某些性质，进而使有效成分的溶解度发生变化。

1. 盐析法

盐析法的依据是蛋白质在稀盐溶液中，溶解度会随盐浓度的增高而上升，但当盐浓度增高到一定数值时，水活度降低，进而导致蛋白质分子表面电荷逐渐被中和，水化膜逐渐被破坏，最终引起蛋白质分子间互相凝聚并从溶液中析出。

2. 有机溶剂沉淀法

有机溶剂能降低蛋白质溶解度的原因有两个：一是与盐溶液一样具有脱水作用；二是有机溶剂的介电常数比水小，导致溶剂的极性减小。

3. 蛋白质沉淀剂

蛋白质沉淀剂仅对一类或一种蛋白质沉淀起作用，常见的有碱性蛋白质、凝集素和重金属等。

4. 聚乙二醇沉淀作用

聚乙二醇和右旋糖酐硫酸钠等水溶性非离子型聚合物可使蛋白质发生沉淀作用。

5. 选择性沉淀法

根据各种蛋白质在不同物理化学因子作用下稳定性不同的特点，用适当的选择性沉淀法就可使杂蛋白变性沉淀，欲分离的有效成分则留在溶液中，从而达到纯化有效成分的目的。

（二）吸附层析

1. 吸附柱层析

吸附柱层析是以固体吸附剂为固定相，以有机溶剂或缓冲液为流动相构成柱的一种层析方法。

2. 薄层层析

薄层层析是以涂布于玻板或涤纶片等载体上的基质为固定相，以液体为流动相的一种层析方法。这种层析方法是把吸附剂等物质涂布于载体上形成薄层，然后按纸层析操作进行展层。

3. 聚酰胺薄膜层析

聚酰胺对极性物质的吸附作用是由于它能和被分离物之间形成氢键。这种氢键的强弱就决定了被分离物与聚酰胺薄膜之间吸附能力的大小。层析时，展层剂与被分离物在聚酰胺膜表面竞争形成氢键。因此，选择适当的展层剂使分离物在聚酰胺膜表面发生吸附、解吸附、再吸附、再解吸附的连续过程，就能导致分离物被分离。

（三）离子交换层析

离子交换层析是在以离子交换剂为固定相，以液体为流动相的系统中进行的。离子交换剂是由基质、电荷基团和反离子构成的。离子交换剂与水溶液中离子或离子化合物的反应主要以离子交换的方式，或借助离子交换剂上电荷基团对溶液中离子或离子化合物的吸附作用进行。

（四）凝胶过滤

凝胶过滤又叫分子筛层析，其原因是凝胶具有网状结构，小分子物质能进入其内部，而大分子物质被排除在外部。当一混合溶液通过凝胶过滤层析柱时，溶液中的物质就按不同分子量筛分开了。

（五）亲和层析

亲和层析的原理与众所周知的抗原—抗体、激素—受体和酶—底物等特异性反应的机理类似，每对反应物之间都有一定的亲和力。正如在酶与底物的反应中，只有特异的底物（S）才能和一定的酶（E）结合，产生复合物（E-S）一样，在亲和层析中，只有特异的配体才能和一定的生命大分子之间具有亲和力，并产生复合物。亲和层析与酶—底物反应不同的是，前者进行反应时，配体（类似底物）是固相存在；后者进行反应时，底物呈液相存在。实质上，亲和层析是把具有识别能力的配体 L（对酶的配体可以是类似底物、抑制剂或辅基等）以共价键的方式固化到含有活化基团的基质 M（如活化琼脂糖等）上，制成亲和吸附剂 M-L，或者叫固相载体。固化后的配体仍保持束缚特异物质的能力。因此，当把固相载体装入小层析柱（几毫升到几十毫升柱床体积）后，让欲分离的样品液通过该柱，这时样品中对配体有亲和力的物质 S 就可借助静电引力、范德瓦尔力以及结构互补效应等作用吸附到固相载体上，无亲和力或非特异吸附的物质则被起始缓冲液洗涤出来，并形成第一个层析峰。然后，恰当地改变起始缓冲液的 pH 值，或增加离子强度，或加入抑制剂等因子，即可把物质 S 从固相载体上解离下来，并形成第 M 个层析峰。显然，通过这一操作程序就可把有效成分与杂质分离开。如果样品液中存在两个以上的物质与固相载体具有亲和力（其大小有差异），采用选择性缓冲液进行洗脱，也可以将它们分离开。用过的固相载体经再生处理后，可以重复使用。

上面介绍的亲和层析法亦称特异性配体亲和层析法。除此之外，还有一种亲和层析法，叫通用性配体亲和层析法。将这两种亲和层析法进行比较，前者的配体一般为复杂的生命大分子物质（如抗体、受体和酶的类似底物等），它具有较强的吸附选择性和较大的结合力；后者的配体则一般为简单的小分子物质（如金属、染料以及氨基酸等），它成本低廉，具有较高的吸附容量，通过改善吸附和脱附条件可提高层析的分辨率。

（六）聚焦层析

聚焦层析也是一种柱层析。因此，它和另外的层析一样，具有流动相，其流动相为多缓冲剂，固定相为多缓冲交换剂。聚焦层析原理可以从 pH 梯度溶液的形成、蛋白质的行为和聚焦效应三方面来阐述。

1.pH 梯度溶液的形成

在离子交换层析中，pH 梯度溶液的形成是靠梯度混合仪实现的。例如，当使用阴离子交换剂进行层析时，制备 pH 由高到低呈线性变化的梯度溶液的方法是，在梯度仪的混合室中装高 pH 溶液，而在另一室装低 pH 极限溶液，然后打开层析柱的下端出口，让洗脱液连续不断地流过柱体。这时，从柱的上部到下部溶液的 pH 值是由高到低变化的。在聚焦层析中，当洗脱液流进多缓冲交换剂时，由于交换剂带有具有缓冲能力的电荷基团，pH 梯度溶液可以自动形成。例如，当柱中装阴离子交换剂 PBE94（作固定相）时，先用起始缓冲液平衡到 pH=9，再用 pH=6 的多缓冲剂物质（作流动相）的淋洗液通过柱体，这时多缓冲剂中酸性最强的组分与碱性阴离子结合发生中和反应。随着淋洗液的不断加入，柱内每点的 pH 从高到低逐渐下降。照此处理一段时间，从层析柱顶部到底部就形成了 pH=6～9 的梯度。聚焦层析柱中的 pH 梯度溶液是在淋洗过程中自动形成的，但是随着淋洗的进行，pH 梯度会逐渐向下迁移，底部流出液的 pH 由 9 逐渐降至 6，并最后恒定于此值，这时层析柱的 pH 梯度也就消失了。

2. 蛋白质的行为

蛋白质所带电荷取决于它的等电点（PI）和层析柱中的 pH 值。当柱中的 pH 低于蛋白质的 PI 时，蛋白质带正电荷，且不与阴离子交换剂结合。而随着洗脱剂向前移动，固定相中的 pH 是随着淋洗时间的延长而变化的。当蛋白质移动至环境 pH 高于其 PI 时，蛋白质由带正电荷变为带负电荷，并与阴离子交换剂结合。由于洗脱剂的通过，蛋白质周围的环境 pH 再次低于 PI 时，它又带正电荷，并从交换剂解吸下来。随着洗脱液向柱底的迁移，上述过程将反复进行，于是各种蛋白质就在各自的等电点被洗下来，从而达到了分离的目的。不同蛋白质具有不同的等电点，它们在被离子交换剂结合以前，移动的距离是不同的，洗脱出来的先后次序是按等电点排列的。

3. 聚焦效应

蛋白质按其等电点在 pH 梯度环境中进行排列的过程叫聚焦效应。pH 梯度的形成是聚焦效应的先决条件。如果一种蛋白质是加到已形成 pH 梯度的层析柱上，由于洗脱液的连续流动，它将迅速地迁移到与它等电点相同的 pH 处。从此位置开始，其蛋白质将以缓慢的速度进行吸附、解吸附，直到达到等电点的 pH 值时被洗出。若在此蛋白质样品被洗出前，再加入第二份同种蛋白质样品，后者将在洗脱液的作用下以同样的速度向前移动，而不被固定相吸附，直到其迁移至近似本身等电点的环境处（第一个作品的缓慢迁移处）。然后，两份样品以同样的速度迁移，最后同时从柱底洗出。事实上，在聚焦层析过程中，一种样品分次加入时，只要先加入者尚未洗出，并且有一定的时间进行聚焦，剩余样品还可再加到柱上，其聚焦过程都能顺利完成，得到的结果也是满意的。

（七）气相色谱

多种组分的混合样品进入色谱仪的气化室气化后呈气态。当载气流入时，气化的物质被带入色谱柱内，在固定相和流动相中不断地进行分配。在理想状态下，溶质于气 – 液两相间的分配可用分配系数 K_g 描述。当分配系数小时，溶质在柱中的停留时间就短，即滞留因子（R_f）大，所以它先从色谱柱流出而进入鉴定器，经放大系统放大后，输出讯号便在记录仪中自动记录下来，这时呈现的图形为色谱图，亦称色谱峰；分配系数越大，溶质在柱中的停留时间就越长。由于不同物质有不同的分配系数，将一混合样品通过气 – 液色谱柱时，其所含组分就可得到分离。

气相色谱柱效率高、分辨率强的重要原因是，理论塔板数（N）大。毛细管气相色谱的 N 可达 $10^5 \sim 10^6$。增加理论塔板数和降低样品组分的不同分子在展层中扩展程度（速率理论），就可明显地提高柱效。以下将讨论塔板理论和速率理论对柱效的影响。

1. 塔板理论

塔板理论是将色谱假设为一个蒸馏塔，塔内存在许多块塔板，样品各组分在每块塔板的液相和气相间进行分配，在柱内塔板间高度 H（即理论塔板高度）一定时，在有效范围内，柱子越长，N 也就越大，样品各组分分配次数也就越多，分辨率自然提高；当柱长一定时，塔板理论高度 H 越小，就越能增加样品各组分的分配次数，进而提高其分辨率。因此，$N=L/H$ 在线性分配和忽略塔板间纵向扩散的条件下，根据样品组分的保留时间 t_r、峰宽 W 或半峰高宽度 $2\Delta X_i$，Martin 导出了计算 N 的公式，样品组分峰宽度值越小，理论塔板数就越高。实际上，进行色谱分析时，峰宽度值的大小是衡量分辨率高低的一个尺度。

2. 速率理论

根据塔板理论，在 H（塔板理论高度）一定时，增加柱长可以提高柱效。但是，柱子过长，将会延长分析时间，降低检测的灵敏度。所以，实践中应设法降低 H，提高柱效。

速率理论主要是分析同一样品的不同分子在色谱柱中迁移速度差异所引起色谱峰的扩张程度。而涡流扩散、纵向分子扩散和质量传递（包括流动相传质和固定相传质）等因子与速率理论值（H）的密切关系可用公式 $H=A+B/U+C$ 表示。

涡流扩散（A）是由于样品组分随着流动相的移动通过固定相颗粒不均匀的色谱柱时，引起同一组分的不同分子在流动相中形成不规则的"涡流"，致使色谱峰变宽、柱效降低。如果固定相颗粒均匀、直径小，则可降低"涡流"现象发生。

纵向扩散（B/U）亦称分子扩散项。纵向扩散与样品分子在色谱柱中的流畅程度（有无阻碍）、流动相的速度（U）等因子有关。因此，降低溶质在流动相中的扩散系数和缩短溶质在流动相中的停留时间，均可降低纵向扩散。

传质阻力（C）是溶质分子在气相与气液界面进行交换所受的阻力，以及在进入固定相液膜传递的差异性。传质阻力分别与固定相颗粒直径的平方和固定相液膜厚度成正比。

（八）高效液相色谱

高效液相色谱按其固定相的性质可分为高效凝胶色谱、疏水性高效液相色谱、反相高效液相色谱、高效离子交换液相色谱、高效亲和液相色谱及高效聚焦液相色谱等类型。用不同类型的高效液相色谱分离或分析各种化合物的原理基本上与相对应的普通液相层析的原理相似。其不同之处是高效液相色谱灵敏、快速、分辨率高、重复性好，且须在色谱仪中进行。

高效液相色谱仪主要有进样系统、输液系统、分离系统、检测系统和数据处理系统五种，下面将分别叙述其各自的组成与特点。

1. 进样系统

进样系统一般采用隔膜注射进样器或高压进样器完成进样操作，进样量是恒定的。这对提高分析样品的重复性是有益的。

2. 输液系统

输液系统包括高压泵、流动相贮存器和梯度仪三部分。高压泵的一般压强为 $(1.47 \sim 4.4) \times 10^7$ Pa，流速可调且稳定，当高压流动相通过层析柱时，可降低样品在柱中的扩散效应，并加快其在柱中的移动速度，这对提高分辨率、回收样品、保持样品的生物活性等都是有利的。流动相贮存和梯度仪，可使流动相随固定相和样品的性质而改变，包括改变洗脱液的极性、离子强度、pH 值，或改用竞争性抑制剂或变性剂等。这就可使各种物质（即使仅有一个基团的差别或是同分异构体）都能获得有效分离。

3. 分离系统

分离系统包括色谱柱、连接管和恒温器等。色谱柱一般长度为 $10 \sim 50$ cm（需要两根连用时，可在两根之间加一连接管），内径为 $2 \sim 5$ mm，由优质不锈钢或厚壁玻璃管或钛合金等材料制成，柱内装有直径为 $5 \sim 10$ μm 粒度的固定相（由基质和固定液构成）。固定相中的基质是由机械强度高的树脂或硅胶构成的，它们都有惰性（如硅胶表面的硅酸基团基本已除去）、多孔性和比表面积大的特点，加之其表面经过机械涂渍（与气相色谱中固定相的制备一样），或者用化学法偶联各种基团（如磷酸基、季胺基、羟甲基、苯基、氨基或各种长度碳链的烷基等）或配体的有机化合物，因此这类固定相对结构不同的物质有良好的选择性。例如，在多孔性硅胶表面偶联豌豆凝集素（PSA）后，就可以把成纤维细胞中的一种糖蛋白分离出来。

另外，固定相基质粒小，柱床极易达到均匀、致密状态，极易降低涡流扩散效应。基质粒度小，微孔浅，样品在微孔区内传质短。这些对缩小谱带宽度、提高分辨率是有益的。根据柱效理论分析，基质粒度越小，塔板理论数 N 就越大。这也进一步证明了基质粒度小，会提高分辨率的道理。

再者，高效液相色谱的恒温器可使温度从室温调到 60 ℃，通过改善传质速度，缩短分析时间，就可增加层析柱的效率。

4. 检测系统

高效液相色谱常用的检测器有紫外检测器、示差折光检测器和荧光检测器三种。

（1）紫外检测器

紫外检测器适用于对紫外光（或可见光）有吸收性能样品的检测。其特点有以下几点：使用面广（如蛋白质、核酸、氨基酸、核苷酸、多肽、激素等均可使用）；灵敏度高；线性范围宽；对温度和流速变化不敏感；可检测梯度溶液洗脱的样品。

（2）示差折光检测器

凡具有与流动相折光率不同的样品组分，均可使用示差折光检测器检测。目前，糖类化合物的检测大多使用此检测系统。这一系统通用性强、操作简单，但灵敏度低，流动相的变化会引起折光率的变化，因此它既不适用于痕量分析，又不适用于梯度洗脱样品的检测。

（3）荧光检测器

凡具有荧光的物质，在一定条件下，其发射光的荧光强度与物质的浓度成正比。因此，这一检测器只适用于具有荧光的有机化合物（如多环芳烃、氨基酸、胺类、维生素和某些蛋白质等）的测定，其灵敏度很高，痕量分析和梯度洗脱作品的检测均可采用。

5.数据处理系统

数据处理系统可对测试数据进行采集、贮存、显示、打印和处理等操作，使样品的分离、制备或鉴定工作正确开展。

二、特点

（1）处理过程为单纯物理过程，无任何相变。设备操作温度低，避免了传统工艺的种种弊端。

（2）系统采用先进的膜分离技术，工艺简单，运行稳定可靠，处理效率高。

（3）可以对生产废水中的有用物质进行提纯回用，实现经济、环保双赢。

（4）设备投资少，运行费用低。

三、应用范围

（1）化学物质的分离、提纯、浓缩。

（2）染料、染料中间体的浓缩及脱盐。

（3）超细粉体生产过程中的产品回收。

（4）生产废水中有用物质的提纯、回用。

（5）海洋生物提取物的浓缩、提纯。

（4）氨基酸、蛋白质的浓缩、提纯。

第二节　蛋白质组学技术

蛋白质组学（proteomics）指应用各种技术手段来研究蛋白质组的一门新兴科学，其目的是从整体角度分析细胞内动态变化的蛋白质组成成分、表达水平与修饰状态，了解蛋白质之间的相互作用与联系，揭示蛋白质功能与细胞生命活动规律。蛋白质组学包括细胞器蛋白质组学和表达蛋白质组学，前者通过纯化细胞器或用质谱仪鉴定蛋白质复合物组成来确定蛋白质在亚细胞结构中的位置，后者则把细胞、组织中的所有蛋白质建立定量表达图谱或扫描 EST 图。蛋白质组学研究方法主要有两种，即基于胶（Gel-based）的方法和基于质谱（MS-based）的方法。

一、双向凝胶电泳技术

（一）原理

双向凝胶电泳（Two-dimensional gel electrop horesis，2-DE）技术，是一种等电聚焦电泳与 SDS-PAGE 相结合、分辨率更高的蛋白质电泳检测技术。第一向根据蛋白质等电点（PI）的不同，用等电聚焦电泳分离蛋白质；第二向利用 SDS-PAGE（Sodium dodecyl sulpHate-polyacrylamide gel clcctroresis）按蛋白质分子质量的大小对蛋白质进行分离。由于这两个参数互不相关，在最后的凝胶上可获得分辨率很高的蛋白质二维谱图。该方法可在胶片上分离出成千上万种蛋白质多肽，适用于组织与细胞中大规模的蛋白质分离，对研究蛋白质的理化性质如等电点和分子量、蛋白质的分离纯化、蛋白质表达差异的查找、质谱相结合的手段进行特定蛋白的鉴定等都非常有效，因而是蛋白质组学研究的经典技术手段。

（二）流程

双向凝胶电泳技术的具体流程如图 11-1 所示。

图 11-1

（三）方法

1. 样品的制备

蛋白质样品制备：组织、细胞、细菌样品加匀浆缓冲液，机械或超声波冰浴匀浆破碎，然后 4 ℃、13.000 g 离心 15 min，取上清液作为样品。

2. 样品预处理

常用的样品预处理方法：用逐渐增强的增溶液连续提取；亚细胞分级分离；选择性地分离丰度最大的蛋白质组分；色谱技术分离，如凝胶过滤、离子交换或亲和色谱等。

3. 水化上样

（1）从冰箱中取出 IPG 胶条，室温下放置 10 min

（2）沿着水化槽的边缘从左向右加入样品（槽两端各 1 cm 不加样品），中间样品液一定要连贯，不要产生水泡，否则会影响胶条中蛋白质的分布。

（3）用镊子轻轻撕去 IPG 胶条的保护层（碱性端胶脆弱，应该小心操作）。

（4）将 IPG 胶条胶面朝下轻轻置于水化盘中样品液上（不要将样品液弄到胶条背面，因为这些溶液不会被胶条吸收，还会使胶条下面产生气泡，如果有气泡，则来回移动胶条，直到赶走气泡）。

（5）放置 40 min，直到大部分的样品被胶条吸收，慢慢加入矿物油，防止胶条水化过程中液体蒸发。

（6）将等电聚焦仪放于 -20 ℃，水化 11 ～ 15 h。

4. 等电聚焦

（1）将电极置于聚焦盘的正负极上，加去离子水 5 ～ 8 μL。

（2）取出水化好的胶条，将矿物油沥干，胶面朝下，将其置于润湿好的滤纸片上，去除表面的不溶物。

（3）将 IPG 胶条面朝下置于聚焦盘中，胶条的正极对应聚焦盘的正极，确保胶条与电极紧密接触。

（4）在每根胶条上滴 2 ～ 3 mL 的矿物油。

（5）对好正负极，盖好盖子。设置等电聚焦程序。

（6）聚焦结束的胶条，立即进行平衡，第二向 SDS-PAGE 电泳保存于 -20 ℃，电泳前 10 min 时取出。

5. SDS-PAGE 电泳

（1）配制 12% 的丙烯酰胺凝胶。

（2）配制胶条平衡缓冲液。

（3）准备厚的滤纸，聚焦好的胶条胶面朝上放在干的厚滤纸上，将另一份厚滤纸用 Millio 水浸湿，吸取多余水分，然后直接置于胶条上，轻轻吸干胶条上的矿物油及多余样品，这样可以减少凝胶染色时出现的纵条纹。

（4）将胶条转移至样品水化盘中，加入 6 mL（17 cm IPG）平衡缓冲液 1，在水平摇床上摇晃 15 min。

（5）配制胶条平衡缓冲液 2，第一次平衡技术后，滤纸上离去多余的液体，放在平衡缓冲液 2 中，继续在水平摇床上缓慢摇晃 15 min。

（6）用滤纸吸去 SDS-PAGE 胶上方玻璃板间多余的液体，将第二向凝胶放在桌面上，凝胶的顶部面对自己。

（7）琼脂糖液体加热溶解，在 100 mL 量筒中加入 TGS 电泳缓冲液。

（8）第二次平衡结束，取出胶条，用滤纸吸去多余的平衡液，用镊子夹住胶条一端，使胶面完全浸入电泳缓冲液中，漂洗几次。

（9）将胶条背面朝向玻璃板，轻轻放在长玻板上，加入琼脂糖封胶液。

（10）注意不要在胶条下产生气泡，将胶条和聚丙烯酰胺凝胶面完全接触；放置几分钟，待琼脂糖凝固。

（11）打开二向电泳制冷仪，调温度至 15 ℃。

（12）将凝胶电泳转移至电泳槽中，加入电泳缓冲液，接通电源，一开始低电流，待样品完全走出 IPG 胶条，浓缩成一条线后，加大电流，溴酚蓝指示剂到达底部边缘时停止电泳，进行染色观察。

（四）结果分析

用图像扫描仪、激光光密度计、电荷耦合装置将染色的蛋白图谱数字化，经过计算机处理，给出所有蛋白质点的准确位置和强度并进行对比。

（五）注意事项

蛋白质双向电泳分离技术是多步骤、多试剂的实践性很强的实验技术，受样品制备、浓度测定、上样方式、上样量、试剂配制、实验细节、染色方法等多个因素影响。样品制备是双向电泳成功的关键步骤，其具体方法依据研究目的不同而略有差异，需要考虑的因素包括蛋白质的等电点范围、电荷数、相对分子质量；样品的溶解性和疏水性；蛋白质变性和还原；蛋白质相互作用去除；核酸及其他干扰分子去除；高丰度或不相关蛋白质去除；等等。要防止样品在聚焦时发生蛋白聚集、沉淀和样品制备过程中发生提取后化学修饰。为了得到较好的分辨率、最大数量的蛋白点、少的条纹和弱背景，应考虑到 pH 梯度的宽窄、分离距离和样品蛋白的复杂程度。实验细节是另外一个成功的关键，双向电泳操作人员在实验过程中要严格控制每一步骤，认真检查每个试剂，这样才能获得高质量、高重复性的电泳图谱。

（六）技术运用

蛋白质组学可用于研究与生命科学有关的许多领域，如基础医学、临床医学、生物医学及医药工业等。研究蛋白质组学有助于发现疾病的生物标志分子，在疾病的鉴别诊断、治疗、疫苗研制、药效分析及新药开发等领域有着广阔的发展前景。目前，许多研究者利用双向电泳对人体的各种组织、器官、细胞进行了研究，为疾病的诊治及了解发病机制提供了新的手段。例如，在肿瘤的研究中，寻找与肿瘤发生、发展和抗药性有关的蛋白。中国科学家已发现利用表面加强激光解吸电离蛋白芯片技术进行双向电泳和质谱分析，鉴定了来自同一患者的两个头颈部鳞状细胞癌细胞系 UMSCCIOA 和 UMSCCIOB 中差异表达的蛋白。Melle 等利用蛋白芯片技术对显微切割的正常咽上皮和肿瘤组织之间蛋白表达的差异进行了研究。他们对 57 例头颈部肿瘤及邻近粘膜（44 例）的冰冻切片进行了激光显微切割，通过双向电泳和 MS 分析，发现膜联蛋白在肿瘤中的表达明显升高（$P=0.00029$）。之后又通过免疫组化进一步证实了膜联蛋白在肿瘤中的表达。Srisomsap 等利用双向电泳研究了甲状腺组织（包括正常甲状腺、多结节性甲状腺肿、弥散性增生、滤泡性腺瘤、滤泡性癌和乳头状癌）的蛋白表达模式。对特定蛋白通过 ESI-MS 和蛋白测序进行了鉴定。结果发现了一个最显著的蛋白——组织蛋白酶 B（CB），它在不同的甲状腺疾病中的表达不同。利用双向电泳技术建立和优化了人血清蛋白质图谱，为进一步开展疾病的血清蛋白质组学研究奠定了基础。

二、Western 免疫印迹技术

（一）概述

Western 免疫印迹（Western Blot）是将蛋白质转移到膜上，然后利用抗体进行检测的方法。对于已知表达蛋白，可用相应抗体作为一抗进行检测；对于新基因的表达产物，可通过融合部分的抗体检测。

Western Blot 采用的是聚丙烯酰胺凝胶电泳，被检测物是蛋白质，"探针"是抗体，"显色"用标记的二抗。经过 PAGE 分离的蛋白质样品，转移到固相载体（如硝酸纤维素薄膜）上，固相载体以非共价键形式吸附蛋白质，且能保持电泳分离的多肽类型及其生物学活性不变。以固相载体上的蛋白质或多肽作为抗原，与对应的抗体发生免疫反应，再与酶或同位素标记的第二抗体发生反应，经过底物显色或放射自显影以检测电泳分离的特异性目的基因表达的蛋白成分。该技术也广泛应用于检测蛋白水平的表达。

（二）原理

蛋白质印迹法（即 Western Blot）是将蛋白质混合样品经 SDS-PAGE 后，分离为不同条带，其中含有能与特异性抗体（或 McAb）相应的待检测的蛋白质（抗原蛋白），将 PAGE 胶上的蛋白条带转移到 PVDF 膜上的过程称为 blotting，以利于随后的检测能够顺利进行，随后将 PVDF 膜与抗血清一起孵育，使第一抗体与待检的抗原决定簇结合（特异大蛋白条带），再与酶标的第二抗体反应，即检测样品的待测抗原并可对其定量。

（三）流程

1.仪器及材料

蛋白质电泳系统、蛋白质半干转移槽、硝酸纤维素膜、杂交箱、台式离心机、滤纸等。

2.试剂

SDS-PAGE 试剂：见前一节。

匀浆缓冲液：Tris-HCl、SDS、β - 巯基乙醇、ddH_2O。

转膜缓冲液：Tris base、甘氨酸。

封闭液：5%脱脂奶粉、TBST。

抗体稀释液：0.5% BSA 、TBST。

终止缓冲液：Tris、EDTA。

蛋白质印迹法实验流程如图 11-2 所示。

图 11-2 蛋白质印迹法实验流程图

（四）方法

1. 蛋白质样品制备

组织、细胞、细菌样品加匀浆缓冲液，机械或超声波冰浴匀浆破碎。然后 4 ℃、13 000 g 离心 15 min，取上清液作为样品。

2. 电泳

制备电泳凝胶，进行 SDS-PAGE。

3. 转膜

蛋白质经 SDS-PAGE 分离后，必须从凝胶中转移到固相支持物上，固相支持物具有牢固结合蛋白又不影响蛋白质 Ag 活性的特点，而且支持物本身还有免疫反应惰性等特点，常用的支持物有硝酸纤维膜（NC 膜）或 PVDF 膜。蛋白质从凝胶向膜转移的过程普遍采用电转印法，分为半干式电转印和湿式点转印两种模式。

（1）半干式电转印

Tris/ 甘氨酸 –SDS-PAGE 结束后，取出凝胶，在 Tris/ 甘氨酸缓冲液中漂洗数秒。取凝胶方法：用刀片将两玻璃板分开，将多余的凝胶划去，上部以浓缩胶为准全部弃去，下部以分子量标准最小分子带下一点全部划去，取一 10 mL 注射器注满转印缓冲液，插入玻璃板与凝胶之间注水，利用水的压力将两者自然分开，边推边进，反复多次注水，直至凝胶从玻璃板上滑落下来。将 NC 膜和滤纸切出与凝胶一样大小，置转移缓冲液中湿润 5 ～ 10 min。按照以下顺序放置滤纸、凝胶和 NC 膜到半干槽中。

每层之间的气泡要全部去除。可以用 10 mL 吸管轻轻在上一层滚动去除气泡，然后用一绝缘的塑料片将中间挖空，其范围与凝胶一样大小或略小一点，以防电流直接从没有凝胶处通过造成短路，盖好阳极电极板。

（2）湿式电转印

Tris/ 甘氨酸 –SDS–PAGE 结束后，取出凝胶，在 Tris/ 甘氨酸缓冲液中漂洗数秒。取出凝胶方法同半干式电转印。

打开电转印夹，每侧垫上一块专用的用转印液浸泡透的海绵垫，再各放一块转印液浸透的滤纸，滤纸与海绵垫大小相同或与 NC 膜、凝胶大小相同均可，将凝胶平放在阴极侧滤纸上，最后将 NC 膜平放在凝胶上，去除气泡，夹好电转印夹。

电泳槽加满电转印液，插入电转印夹，将电泳槽放入冰箱内（电转印液之前要放入冰箱内预冷），连接好电极，接通电流，转印夹的 NC 膜应对电泳槽的正极。

① PVDF 膜的准备，裁 5 cm×9 cm 的 PVDF 膜，甲醇浸透 2 ～ 5 min，Transfer buffer 浸透 30 min。

②三明治装置中的海绵垫、滤纸用 Transfer buffer 浸透。

③起胶，去浓缩胶，将胶卸下，按照阴极—海绵—滤纸—凝胶—PVDF 膜—滤纸—海绵—阳极的顺序安放好三明治的转运槽。

④注意膜、滤纸、胶大小相当，尤其滤纸不能过大，防止短路，黑色的转运板对阴极，白色的转运板对阳极。

⑤ 45 ～ 50 V 转膜过夜，14 ～ 16 h，4 ℃或在冰盒中转膜。

注：从转膜完毕后所有的步骤，一定要注意膜的保湿，避免膜的干燥。

⑥转膜完毕，取出膜，同时将凝胶用考马斯亮蓝染色观察转移效果及初步比较各孔蛋白质上样量。

4. 免疫反应

（1）洗转印膜：室温漂洗 3 次 ×10 min，以尽量洗去转印膜上的 SDS，防止影响后面的抗体合。

（2）封闭：加入足量封闭液，平稳摇动，室温 2 h。

（3）弃封闭液，用 1×TBS–T，pH 7.6 洗液，室温漂洗 3 次 ×10 min。

（4）一抗按合适稀释比例用一抗稀释液稀释，加入杂交瓶内，4 ℃缓慢摇动杂交 12 h 以上。

（5）移去一抗孵育液，用足量洗液震荡洗涤 3 次 ×10 min。

（6）将碱性磷酸酶偶联的二抗用封闭液按 1 : 5000 稀释，加入杂交瓶内，室温震荡孵育 1 h。移去二抗孵育液，用足量洗液震荡洗涤 3 次 × 10 min。

（7）洗膜 1 × TBST 清洗 3 次 × 10 ～ 15 min，洗膜要充分，可适当增加洗涤次数。

（8）显色：在一个刚好能放置结合有抗体的膜的小盘中加入 10 mL 碱性磷酸酶缓冲溶液，加入 66 μL 的 NBT 溶液和 33 μL 的 BCIP，使终浓度为 0.3 mg/mL 和 0.15 mg/mL，将膜放在盘中温和摇动 2 ～ 3 min，至适宜强度的紫褐色条带出现。

（9）终止反应：移去显色液体，加入终止缓冲液。

（五）注意事项

（1）当进行接触滤纸、凝胶和膜的操作时，应戴手套，因为手上的油脂会阻断转移。

（2）配胶时注意一定要将玻璃板洗净，最后用 ddH$_2$O 冲洗，将与胶接触的一面向下倾斜置于干净的纸巾上晾干。

（3）一抗、二抗的稀释度、作用时间和温度对不同的蛋白质要经过预实验确定最佳条件。

（六）应用前景

蛋白质印迹法已经广泛应用于科学界，现在被认为是生理学领域的主要技术。这一点在骨骼肌生理学中尤为明显（如解决运动适应的机制）。蛋白质印迹法在研究支持能量代谢、蛋白质代谢和慢性生理适应的调节分子事件方面有着广泛的应用。例如，蛋白质印迹法可用于研究蛋白质的丰度、激酶活性、细胞定位、蛋白质相互作用或翻译后修饰的监测（如包括裂解、磷酸化、泛素化、糖基化、甲基化和类泛素化）。蛋白质印迹法在生物化学研究的许多领域中经常使用，在骨骼肌和运动生理学上的应用正在增加，其是帮助人们更好地理解运动和营养在健康、衰老和疾病中调节转录和翻译的分子途径。

1. 抗体的检测

抗体是许多研究级和临床级检测中使用的基本试剂。抗体广泛应用于流式细胞术、免疫组化（IHC）、酶联免疫吸附试验（ELISA）、免疫沉淀和蛋白质微阵列等。抗体的验证，特别是生物标志物的发现是转化研究的一个重要组成部分。在临床研究中，应用任何生物标志物之前，检测试剂（抗体）的特异性和确认蛋白质生物标志物的特性是至关重要的，如果没有这些检测则可能会导致意想不到的和／或误导的结果。抗体验证是对单个抗体进行敏感性和特异性彻底检测的过程。虽然存在大量的商业抗体，但在临床转化研究中，在面对多种复杂的生物样本，而不是纯化的重组蛋白样本时，必须先证明抗体的特异性。最简单的迭代中，一个复杂的生物样品在进行 Western blot 时，抗体特异性表现为一个预期分子量的单一条带。在临床或临床研究应用中使用的抗体至少应经过标准的 Western blot 程序验证，在该程序中，应使用已知含有和／或不含目标蛋白的溶解产物作为抗体探针进行检测。

2. 家兔脑黏液瘤感染诊断中的应用

脑孢子虫是一种入侵哺乳动物细胞与真菌相关的单细胞微生物，哺乳动物细胞是其孢子生长的地方。脑孢子虫感染是家兔的一个重要问题，其血清学比率估计为 37% ～ 68%。它可能是原虫病的活动性疾病亚临床或临床的急性体征或慢性表达。肾脏被认为是主要的靶组织，肉芽肿性脑炎引起的神经症状会随后出现。然而，除了增生性葡萄膜炎，没有临床症状被认为是病理学足以排除包括细菌感染或损伤在内的鉴别诊断。粪便中的葡萄球菌孢子脱落是间歇性的，因此它们的检测是不可靠的。目前的血清学技术包括酶联免疫吸附剂 SSAY（Elisa）和免疫荧光抗体试验（IFAT）。

在实验和自然感染的研究中，血清学测试显示与组织病理学损伤有很好的相关性。然而，由于抗体持续数年，包括免疫球蛋白 M（IgM）在内，通常可在暴露后 18 周内检测到，因此很难区分最近或过去的脑孢子虫感染。最近，有专家提出将 Creactive protein（CRP）检测与 ELISA 检测相结合，以提高其检测当前感染的特异性。除了诊断葡萄膜炎外，聚合酶链反应（PCR）还没有得到常规应用，初步证据表明其敏感性较低。特定的诊断可能很难获得，因此致命的成果和先进的疾病频繁：据一些研究报道，兔子的抗脑孢子虫得到有效治疗的概率只有 50%，而结果实际上取决于受影响的器官，因为葡萄膜炎和脑炎在全球可能被认为是可治愈的（超过慢性肾功能衰竭）。定量蛋白质印迹法与 ELISA 均能较好地排除假阳性，但前者的诊断性能稍好，敏感性较好。虽然抗体检测已成为兔体内脑孢子虫的首选诊断工具，但常规血清学检测的一些局限性，使其无法可靠、满意地应用于临床环境。以前的研究发现，在常规测试中，IgG 模式与临床病程无关，表明所观察到的变异可能受到脑孢子虫暴露负担和免疫反应个体间差异的影响。此外，免疫球蛋白测定不足以区分感染活动期。常规血清学测试，如 ELISA 或 IFAT 化验，不能提供准确可靠的方法研究免疫反应。通过蛋白质印迹法定量检测 IgG 和 IgM，可以更精确地分析免疫反应，从而获得更可靠的诊断。定量蛋白质印迹法虽然耗费时间和精力，标准化程度较低，但有较高的敏感性。定量蛋白质印迹法可在兽医诊断实验室中应用，以提高脑孢子虫感染的临床诊断准确性。此外，这一工具可能有助于进一步了解体液免疫反应的发展和功能。

三、蛋白质定量实验技术

考马斯亮蓝蛋白质浓度分析法具体如下。

（一）实验方法原理

蛋白质分子中的芳香族氨基酸酪氨酸、苯丙氨酸和色氨酸残基，其化学结构中的共轭双键，具有吸收紫外光的特性，吸收高峰在 280 nm 处，蛋白质溶液的吸光度（A280）与蛋白质含量成正比，可为样品进行蛋白质定量测定。该方法简便、灵敏、快速，样品用量少且可回收，低浓度的盐类也不干扰测定，但测定的准确度比 Lowry 法低，这是由于对于测定那些与标准蛋白质中酪氨酸和色氨酸残基含量差异较大的蛋白质时有一定的差距。若样品中含有嘌呤、嘧啶等吸收紫外光的物质，则会出现较大的误差。

（二）实验准备

（1）材料：蛋白质样品。
（2）试剂：考马斯亮蓝 G250、乙醇、磷酸。
（3）仪器紫：外分光光度计。
（4）准备 100 ～ 1500 μg/mL 的标准品，溶于 Bradford 法相兼容缓冲液中。对于较稀的样品，可以通过增加样品在试剂体积中的比例而扩大灵敏度（microBradfordassay：1 ～ 25 μg/mL）。如果样品与染料的比值太高，则可能会增加反应混合物的 pH 值而导致反应背景较高。

（三）实验步骤

（1）将标准品和待测样品加入一次性的比色皿中（应该使用一次性的塑料比色皿或微孔板，因为染料会黏附到各种材料容器的表面）。

（2）Bradford 试剂预热至室温。将 1 mL 染料溶液加入 25 μL 蛋白质样品中，混匀，室温孵育 10 min。

（3）检测 450 nm 和 595 nm 处的吸光度（可以使用 570 ～ 610 nm 的基于滤光器的仪器，对检测性能不会有明显的降低）。

（4）对 595 nm 处的数据作图，或为提高在低反应值处的精度，对 595 nm/450 nm 作图。标准反应曲线可以拟合为一个多项式反应，由此可以估算出待测样品的浓度值。

（四）注意事项

（1）测定液必须澄清，否则会造成测定结果存在误差。

（2）由于蛋白质的紫外吸收高峰常因 pH 的改变而变化，应用紫外吸收法时要注意溶液的 pH，最好与制定标准曲线时的 pH 一致。

（五）应用

Bradford 试剂由考马斯亮蓝 G250 染料、甲醇和磷酸组成，传统上用于蛋白质定量测定。这种试剂在 Bradford 实验中的使用依赖考马斯亮蓝 G250 染料与蛋白质的结合。然而，染料与一小群氨基酸精氨酸、组氨酸、赖氨酸、苯丙氨酸、酪氨酸和色氨酸反应的能力使其成为指纹图谱分析的一种可行的化学分析方法，以确定指纹图谱的生物性别。指纹的内容是由多种激素控制机制产生的，因此是性别、年龄、种族或健康状况等物理特性的功能。最近，我们已经证明，指纹有可能产生更多的信息，因为他们是生物性的样品，类似于其他体液，如血液。使用新方法分析指纹是为了确定发起人的生物制剂性。这涉及酶和化学分析，重点检测 23 种氨基酸、20 种天然氨基酸和 3 种非天然氨基酸，其中氨基酸的总浓度与指纹发端者的生物性别相关，而女性的指纹发端浓度较高。这里描述的 Bradford 实验，是专门针对大量的氨基酸。在先前的研究证明中，在不影响反应的强度或区分两个属性的能力的情况下，只针对单个氨基酸，以此区分女性指纹和男性指纹。

第三节 基因组学技术

基因组学是一门对生命有机体全基因组进行序列分析和功能研究的新兴学科。换言之，基因组学是以分子生物学技术、电子计算机技术和信息网络技术为手段，以生物体内基因组的全部基因为研究对象，从整体水平上探索全基因组在生命活动的作用及其内在规律和内外环境影响机制的科学。从全基因组的整体水平而不是单个基因水平，研究生命这个具有自身组织和自装配特性的复杂系统，认识生命活动的规律，更接近生物的本质和全貌。基因组研究应该包括两方面的内容：以全基因组测序为目标的结构基因组学和以基因功能鉴定为目标的功能基因组学。其又被称为后基因组研究，是系统生物学的重要方法。

一、真核细胞 DNA 的制备与定量技术

（一）概述

制备基因组 DNA 是进行基因结构和功能研究的重要步骤，通常要求得到的片段的长度不小于 $100 \sim 200\,kb$。在 DNA 提取过程中应尽量避免使 DNA 断裂和降解的各种因素，以保证 DNA 的完整性，为后续的实验打下基础。一般真核细胞基因组 DNA 有 $10^7 \sim 10^9\,bp$，可以从新鲜组织、培养细胞或低温保存的组织细胞中提取，通常是采用在 EDTA 及 SDS 等试剂存在下用蛋白酶 K 消化细胞，随后用酚抽提而实现的。这一方法获得的 DNA 不仅经酶切后可用于 Southern 分析，还可用于 PCR 的模板、文库构建等实验。根据材料来源不同，采取不同的材料处理方法，而后的 DNA 提取方法大体类似。但是，都应考虑以下两个原则：防止和抑制 DNase 对 DNA 的降解；尽量减少对溶液中 DNA 的机械剪切破坏。

（二）试剂准备

TE：10 mmol Tris–HCl（pH 7.8）；1 mmol EDTA（pH 8.0）。
TBS：25 mmol Tris–HCl（pH 7.4）；200 mmol NaCl；5 mmol KCl。
裂解缓冲液：250 mmol SDS；使用前加入蛋白酶 K 至 100 mg/mL。

20% SDS。

2 mg/mL 蛋白酶 K。

Tris 饱和酚（pH 8.0）、酚 / 氯仿（酚：氯仿 =1：1）、氯仿。

无水乙醇、75% 乙醇。

（三）操作步骤

材料处理如下。

（1）取组织块 0.3 ～ 0.5 cm³，剪碎，加 TE 0.5 mL，转移到匀浆器中匀浆。

（2）将匀浆液转移到 1.5 mL 离心管中。

（3）加 20% SDS 25 mL，蛋白酶 K（2 mg/mL）25 mL，混匀。

（4）60 ℃水浴 1 ～ 3 h。

培养细胞处理如下。

（1）将培养细胞悬浮后，用 TBS 洗涤一次。

（2）离心 4000 g×5 min，去除上清液。

（3）加 10 倍体积的裂解缓冲液。

（4）50 ～ 55 ℃水浴 1 ～ 2 h。

（四）DNA 提取

（1）加等体积饱和酚至上述样品处理液中，温和、充分混匀 3 min。

（2）离心 5000 g×10 min，取上层水相到另一 1.5 mL 离心管。

（3）加等体积饱和酚，混匀，离心 5 000 g×10 min，取上层水相到另一管中。

（4）加等体积酚 / 氯仿，轻轻混匀，离心 5000 g×10 min，取上层水相到另一管中。如果水相仍不澄清，可重复此步骤数次。

（5）加等体积氯仿，轻轻混匀，离心 5000 g×10 min，取上层水相到另一管中。

（6）加 1/10 体积的 3M 醋酸钠（pH 5.2）和 2.5 倍体积的无水乙醇，轻轻倒置混匀。

（7）待絮状物出现后，离心 5000 g×5 min，弃上清液。

（8）沉淀用 75% 乙醇洗涤，离心 5000 g×3 min，弃上清液。

（9）室温下挥发乙醇，待沉淀将近透明后加 50 ～ 100 mL TE 溶解过夜。

（五）DNA定量和电泳检测

DNA定量：DNA在260 nm处有最大的吸收峰，蛋白质在280 nm处有最大的吸收峰，盐和小分子则集中在230 nm处。因此，可以用260 nm波长来分光测定DNA浓度，OD值为1相当于大约50 μg/mL双链DNA。如光经为1 cm光径，用H_2O稀释DNA样品n倍并以H_2O为空白对照，根据此时读出的OD_{260}值即可计算出样品稀释前浓度：DNA（mg/mL）=50×OD_{260}读数×稀释倍数/1000。

DNA纯品的OD_{260}/OD_{280}为1.8，故根据OD_{260}/OD_{280}的值可以估计DNA的纯度。若比值较高说明含有RNA，比值较低说明有残余蛋白质存在。OD_{230}/OD_{260}的比值应在0.4～0.5之间，若比值较高则说明有残余的盐存在。

电泳检测：取1 μg基因组DNA用0.8%琼脂糖凝胶上电泳，以检测DNA的完整性，或多个样品的浓度是否相同。电泳结束后在点样孔附近应有单一的高分子量条带。

（六）注意事项

（1）所有用品均需要高温高压，以灭活残余的DNA酶。
（2）所有试剂均用高压灭菌的双蒸水配制。
（3）用大口滴管或吸头操作，以尽量减少打断DNA的可能性。
（4）用上述方法提取的DNA纯度可以满足一般实验（如Southern杂交、PCR等）目的。如要求更高，则可进行DNA纯化。

二、质粒DNA的碱裂解法提取与纯化技术

细菌质粒是一类双链、闭环的DNA，大小范围从1 kb至200 kb以上不等。各种质粒都是存在于细胞质中、独立于细胞染色体外的自主复制的遗传成分，通常情况下可持续稳定地处于染色体外的游离状态，但在一定条件下也会可逆地整合到寄主染色体上，随着染色体的复制而复制，并通过细胞分裂传递给后代。

质粒已成为目前最常用的基因克隆的载体分子，重要的条件是可获得大量纯化的质粒DNA分子。目前，已有许多方法可用于质粒DNA的提取，本实验采用碱裂解法提取质粒DNA。

碱裂解法是一种应用最为广泛的制备质粒DNA的方法，其基本原理为

当菌体在 NaOH 和 SDS 溶液中裂解时，蛋白质与 DNA 发生变性，当加入中和液后，质粒 DNA 分子能够迅速复性，呈溶解状态，离心时留在上清中；蛋白质与染色体 DNA 不变性而呈絮状，离心时可沉淀下来。纯化质粒 DNA 的方法通常是利用了质粒 DNA 相对较小及共价闭环两个性质。例如，氯化铯 – 溴化乙啶梯度平衡离心、离子交换层析、凝胶过滤层析、聚乙二醇分级沉淀等方法，但这些方法所需费用相对昂贵。

对于小量制备的质粒 DNA，经过苯酚、氯仿抽提，RNA 酶消化和乙醇沉淀等简单步骤去除残余蛋白质和 RNA，所得纯化的质粒 DNA 已可满足细菌转化、DNA 片段的分离和酶切、常规亚克隆及探针标记等要求，故常用于分子生物学实验室中。

三、聚合酶链式反应技术

（一）概述

聚合酶链式反应（Polymerase Chain Reaction，PCR）是一种用于放大扩增特定的 DNA 片段的分子生物学技术，它被视为生物体外的特殊 DNA 复制。是以 cDNA 为模板，利用变性、退火和延伸多步骤、多循环来扩增目的 DNA 片段。在该反应过程中，目的 DNA 产量呈指数增长，使一些极为微量的 DNA 样品检测成为可能，具有反应特异性强、灵敏度高、简单快捷、对样品纯度要求低等特点。

（二）原理

DNA 的半保留复制是生物进化和传代的重要途径。双链 DNA 在多种酶的作用下可以变性解链成单链，在 DNA 聚合酶与启动子的参与下，根据碱基互补配对原则复制成同样的两分子拷贝。在实验中发现，DNA 在高温时也可以发生变性解链，当温度降低后又可以复性成为双链。因此，通过温度变化控制 DNA 的变性和复性，并设计引物作启动子，加入 DNA 聚合酶、dNTP 就可以完成特定基因的体外复制。

类似于 DNA 的天然复制过程，其特异性依赖靶序列两端互补的寡核苷酸引物。PCR 由变性、退火（复性）、延伸三个基本反应步骤构成：①模板 DNA 的变性：模板 DNA 经加热至 90 ～ 95 ℃一定时间后，使模板 DNA 双链或经 PCR 扩增形成的双链 DNA 解离，使之成为单链，以便它与引物结合，为下轮反应做准备；②模板 DNA 与引物的退火（复性）：模板 DNA 经加热变性成单链后，温度降至 50～60 ℃，引物与模板 DNA 单链的互补序列配对结合；③引物的延伸：DNA 模板引物结合物在 DNA 聚合酶的作用下，温度至 70～75 ℃，以 dNTP 为反应原料，靶序列为模板，按碱基配对与半保留复制原理、合成一条新的与模板 DNA 链互补的半保留复制链重复循环变性、退火、延伸三个过程，就可获得更多的"半保留复制链"，这种新链又可成为下次循环的模板。每完成一个循环需 2～4 min，2～3 h 就能将待扩目的基因扩增放大几百万倍。

（三）准备

（1）仪器：PCR 仪、离心机、电泳仪等。
（2）材料：DNA 模板、对应目的基因的特异引物。
试剂如下：
（1）10×PCR buffer
（2）2 mo/L dNTP mix：含 dATP、dCTP、dGTP、dTTP 各 2 mmol/L。
（3）Taq 酶。

（四）PCR 反应条件的选择

PCR 反应条件为温度、时间和循环次数。
（1）温度与时间的设置：基于 PCR 原理三步骤而设置变性、退火、延伸三个温度点。在标准反应中采用三温度点法，双链 DNA 在 90～95 ℃变性，再迅速冷却至 40～60 ℃，引物退火并结合到靶序列上，然后快速升温至 70～75 ℃，在 Taq DNA 聚合酶的作用下，使引物链沿模板延伸。
（2）引物的复性温度可通过以下公式帮助选择合适的温度：T_m 值（解链温度）$=4(G+C)+2(A+T)$；复性温度 $=T_m$ 值 $-(5～10 ℃)$。在 T_m 值允许范围内，选择较高的复性温度可大大减少引物和模板间的非特异性结合，提高 PCR 反应的特异性。
（3）复性时间一般为 30～60 s，足以使引物与模板之间完全结合。现在有些 PCR 因为扩增区很短，即使 Taq 酶活性不是最佳也能在很短的时间内复制完成，因此可以改为两步法，即退火和延伸同时在 60～65 ℃间进行，以减少一次升降温过程，提高了反应速度。

（五）循环参数

1. 预变性

模板 DNA 完全变性对 PCR 能否成功至关重要，一般 95 ℃加热 3～5 min。

2. 引物退火

退火温度一般需要凭实验（经验）决定。退火温度对 PCR 的特异性有较大影响。

3. 引物延伸

引物延伸一般在 72 ℃（Taq 酶最适温度）进行。延伸时间随扩增片段长短及所使用 Taq 酶的扩增效率而定。

4. 循环中的变性步骤

循环中一般 95 ℃，30 s 足以使各种靶 DNA 序列完全变性；变性时间过长损害酶活性，过短则靶序列变性不彻底，易造成扩增失败。

（六）循环数

大多数 PCR 含 25～35 个循环，过多易产生非特异扩增。

（七）最后延伸

在最后一个循环后，反应在 72 ℃维持 5～15 min，使引物延伸完全，并使单链产物退火成双链。

（八）实验步骤

标准的 PCR 过程分为以下三步。

（1）DNA 变性（90～96 ℃）：双链 DNA 模板在热作用下，氢键断裂，形成单链 DNA。

（2）退火（复性）（40～65 ℃）：系统温度降低，引物与 DNA 模板结合，形成局部双链。

（3）延伸（68～75 ℃）：在 Taq 酶（72 ℃左右最佳的活性）的作用下，以 dNTP 为原料，从引物的 5' 端→3' 端延伸，合成与模板互补的 DNA 链。

每一循环经过变性、退火和延伸，DNA 含量即增加一倍。

在冰浴中，将以下各成分加入一无菌 0.5 mL 离心管中：

10×PCR buffe 5 μL。

dNTP mix（2.5 mmoL/L）4 μL。

引物 1（10 pmoL/L）2 μL。

引物 2（l0 pmoL/L）2 μL。

Taq 酶（2 U/μL）1 μL。

DNA 模板（50 ng/μL～1μg/μL）1 μL。

加 ddH2O 至 50 μL。

视 PCR 仪有无热盖，不加或添加石蜡油。

调整好反应程序。将上述混合液稍加离心，立即置 PCR 仪上，执行扩增。一般在 93 ℃预变性 3～5 min，进入循环扩增阶段：93 ℃ 40 s → 58 ℃ 30 s → 72 ℃ 60 s，循环 30～35 次，最后在 72 ℃保温 7 min。

结束反应，PCR 产物放置于 4 ℃待电泳检测或 20 ℃长期保存。

PCR 产物的琼脂糖凝胶电泳检测：如在反应管中加有石蜡油，需用 100 μL 氯仿进行抽提反应混合液，以除去石蜡油；否则，直接取 5～10 μL 电泳检测。

（九）注意事项

尽管扩增序列的残留污染大部分是假阳性反应的原因，但样品间的交叉污染也是原因之一。因此，不仅在进行扩增反应时要谨慎认真，在样品的收集、抽提和扩增的所有环节都应该注意：

（1）戴一次性手套，若不小心溅上反应液，应立即更换手套。

（2）使用一次性吸头，严禁与 PCR 产物分析室的吸头混用，吸头不要长时间暴露于空气中，避免气溶胶的污染。

（3）避免反应液飞溅，打开反应管时为避免此种情况，开盖前稍离心收集液体于管底。若不小心溅到手套或桌面上，应立刻更换手套并用稀酸擦拭桌面。

（4）对于操作多份样品，在制备反应混合液时，先将 dNTP、缓冲液、引物和酶混合好，然后分装，这样即可以减少操作，避免污染，又可以增加反应的精确度。

（5）最后加入反应模板，加入后盖紧反应管。

（6）操作时设立阴阳性对照和空白对照，即可验证 PCR 反应的可靠性，又可以协助判断扩增系统的可信性。

（7）尽可能用可替换或可高压处理的加样器，由于加样器最容易受产物气溶胶或标本 DNA 的污染，最好使用可替换或高压处理的加样器。如没有这种特殊的加样器，那么至少在 PCR 操作过程中，加样器应该专用，不能交叉使用，尤其是 PCR 产物分析所用加样器不能拿到其两个区。

（8）重复实验，验证结果，慎下结论。

（十）应用

1. 实时荧光定量 PCR

通过对 PCR 扩增反应中每个循环产物荧光信号的实时检测，来实现对起始模板的定量及定性分析。在实时荧光定量 PCR 反应中，引入一种荧光化学物质，随着 PCR 反应的进行，PCR 反应产物不断累计，荧光信号强度也等比例增加。每经过一个循环，就会收集一个荧光强度信号，这样就可以通过荧光强度变化来监测产物量的变化，从而得到一条荧光扩增曲线图。一般而言，荧光扩增曲线可分为 3 个阶段：荧光背景信号阶段、荧光信号指数扩增阶段和平台期。在荧光背景信号阶段，扩增的荧光信号被荧光背景信号所掩盖，无法判断产物量的变化。而在平台期，扩增产物已不再呈指数级的增加。PCR 的终产物量与起始模板量之间无线性关系，所以根据最终的 PCR 产物量不能计算出起始 DNA 拷贝数。只有在荧光信号指数扩增阶段，PCR 产物量的对数值与起始模板量之间存在线性关系，因此可以选择在这个阶段进行定量分析。该技术不但能够实现对 DNA 模板的定量，而且具有灵敏度高、特异性和可靠性更强、能实现多重反应、自动化程度高、无污染性、实时性和准确性等特点，目前已广泛应用于分子生物学研究和医学研究等领域。

2. 数字 PCR

数字 PCR 即 Digital PCR（dPCR），是一种核酸分子绝对定量技术。相较于 qPCR，数字 PCR 可让你直接数出 DNA 分子的个数，是对起始样品的绝对定量。数字 PCR 实验过程中应用的引物和探针均可直接套用 qPCR，但是数字 PCR 的"单分子模板 PCR 扩增"技术使其灵敏性和准确性明显高于 qPCR。数字 PCR 的过程至少要包括三个环节，即标本的离散、PCR 扩增、荧光信号的收集及数据分析。标本离散指将含有模板的 PCR 体系分散成数百个或数百万个独立的反应体系，使每个反应体系中包含一个或不包含或包含多个核酸模板，进而对单独的反应体系进行 PCR 扩增，扩增结束后依次读取每个反应体系的荧光信号确定阴性还是阳性进而进行统计学分析，直接计算出原始标本中的模板拷贝数，如果单个反应体系包括两个或更多的核酸模板，则能够通过泊松分布进行校正。总而言之，数字 PCR 的原理非常简单，它无需依靠标准曲线就能实现对标本的绝对定量检测，此外对数字 PCR 结果判读时不需要任何阈值，仅判读为有或无两种状态。

3. 多重 PCR

PCR 一般由一对引物扩增产生一个核酸片段，以此手段诊断疾病的效率较低。为提高效率，常采用多重 PCR 技术。多重 PCR 反应原理与普通 PCR 反应原理与试剂基本相同，通过模板 DNA 与引物之间的变性、退火和延伸三个步骤为一个循环，每次循环产生的 DNA 片段为下次循环的模板。该技术是在一个反应体系中加入多对引物，同时扩增出多个核酸片段，由于每对引物扩增的片段长度不同，可用电泳加以鉴别。多重 PCR 与单重 PCR 最大的不同就是多对引物，各引物之间的浓度搭配影响最大，其次是由于扩增多个目的 DNA，因此在 Mg^{2+}、dNTP 的用量上都需要做一些调整。多重 PCR 主要用于多种病原微生物的同时检测或病原微生物、遗传病及癌基因的分型鉴定。

4. 巢式 PCR

巢式 PCR 是一种变异的聚合酶链反应（PCR），使用两对（而非一对）PCR 引物扩增完整的片段。第一对 PCR 引物扩增片段和普通 PCR 相似。第二对引物称为巢式引物（因为他们在第一次 PCR 扩增片段的内部）结合在第一次 PCR 产物内部，使第二次 PCR 扩增片段短于第一次扩增。巢式 PCR 的好处在于，如果第一次扩增产生了错误片段，则第二次能在错误片段上进行引物配对并扩增的概率极低。因此，巢式 PCR 的扩增具有特异性。如图 11-3 所示。

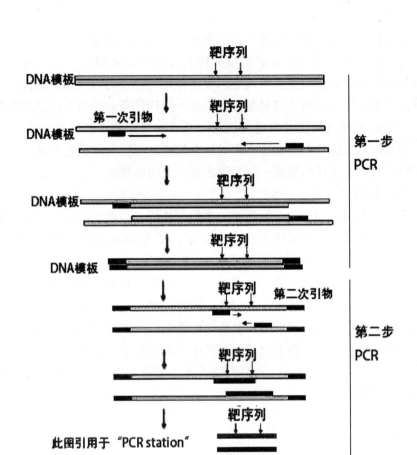

图 11-3　巢式 PCR 的扩增过程图

5. 逆转录 PCR

RT- PCR（Reverse Transcription-Polymerase Chain Reaction）即逆转录 PCR，是将 RNA 的转录（RT）和 cDNA 的聚合酶链式扩增（PCR）相结合的技术。首先，经反转录酶的作用从 RNA 合成 cDNA，再以 cDNA 为模板，扩增合成目的片段。RT-PCR 技术灵敏而且用途广泛，可用于检测细胞中的基因表达水平，细胞中 RNA 病毒的含量和直接克隆特定基因的 cDNA 序列。作为模板的 RNA 可以是总 RNA、mRNA 或体外转录的 RNA 产物。如图 11-4、图 11-5 所示。

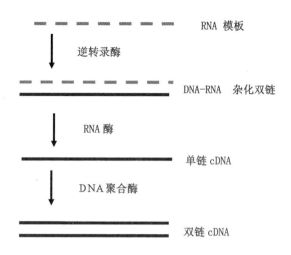

图 11-4 逆转录反应过程示意图

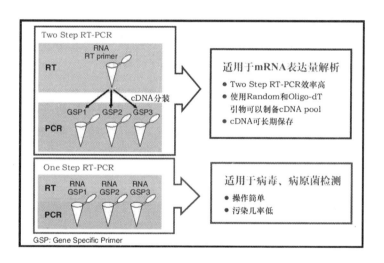

图 11-5 Two Step RT-PCR 反应和 One Step RT-PCR 反应图例

6. 重组 PCR（recombinant PCR）

将两个不相邻的 DNA 片段重组在一起的 PCR 称为重组 PCR。该技术主要应用于 DNA 片段的任何位置引入点突变、插入、缺失及两个不相邻片段的连接。其基本原理是将突变碱基、插入或缺失片段、一种物质的几个基因片段的部分碱基设计在引物中，先分段对模板进行扩增，除去多余的引物后，将产物混合，再用一对引物对其进行 PCR 扩增。所得到的产物是一重组合的 DNA。

7. 不对称 PCR（asymmetric PCR）

不对称 PCR 是采用两条不同浓度的引物，即非限制引物（高浓度引物）与限制性引物（低浓度引物），二者之比为（50 ～ 100）∶ 1。在 PCR 最初的 10 ～ 15 个循环中，扩增产物主要是双链 DNA（dsDNA）；第 15 个循环以后，限制性引物已被耗尽，非限制性引物介导的 PCR 就会产生大量的单链 DNA（ssDNA）。尽管此时单链 DNA 仅以线性速率递增，但其浓度已能满足双脱氧链终止法测定 DNA 序列的要求。

8. 原位 PCR（in situ PCR）

原位 PCR 技术是 PCR 技术和原位杂交技术结合的产物，其基本过程是，先用合适的固定剂（通常为甲醛固定剂，如中性甲醛）对组织或细胞进行固定，然后用蛋白酶对细胞进行通透处理，以确保 PCR 试剂进入细胞并同靶序列接触，最后于 Eppendorf 管中或载玻片对 DNA 和 RNA 进行细胞内原位扩增。完成后进行产物分析并用显微镜观察结果。

第四节　糖组学技术

糖组学侧重于糖链组成及其功能研究，具体内容包括研究糖与糖之间、糖与蛋白质之间、糖与核酸之间的联系和相互作用。糖组学对糖组（主要针对糖蛋白）进行全面的分析研究，包括结构和功能两方面，可分为结构糖组学和功能糖组学两个分支。

一、糖芯片技术

（一）原理

糖芯片技术的原理主要是将多个不同结构的糖分子通过共价或非共价作用固定在化学修饰后的基质上，与芯片上糖探针有特异作用的样品分子会被吸附，其他无特异作用的分子则在清洗液的冲洗下被洗掉，再利用荧光染色等检测方法就可以将那些有特异作用的分子简单、快速地筛选出来，以实现对待测样品糖蛋白等或糖分子探针本身进行测试和分析。

（二）实验前准备

1. 对照

阴性对照：清洗缓冲液；阳性对照 1：生物素化的甘露糖；阳性对照 2：Human IgG；阳性对照 3：Mouse IgG；阳性对照 4：Rabbit IgG。

2. 需要的材料和缓冲液

有芯片微阵列的载玻片、16 或 8 子阵列的生物芯片分析用围栏；封闭缓冲液：1× 浓度 PBST（含有 1% BSA）；分析缓冲液：糖芯片分析缓冲液，1× 浓度；清洗缓冲液：20 mmol Tris-HCl，pH 为 7.6 的，150 mmol NaCl，0.05% Tween20（TBST）。

3. 芯片材料准备

打开包装之前，让包装在室温下放置约 20 min。打开包装取出要使用的基片后，将未使用的载玻片密封在里面装有干燥剂的可重复使用的小袋中，并重新在 –20 ℃下冷藏。避免与基片表面接触，以尽量减少表面污染和磨损。若需要移取基片，请戴上手套再接触基片的边缘。

4. 分析样品准备

将需要测试的样品用分析缓冲液稀释到需要的分析浓度，请确保每个样品都是均匀和彻底地混合。建议的蛋白样品浓度范围是 50 μg/mL 至 0.1 μg/mL。有些试验可能需要建立更宽的溶度范围，以达到最高的结合信号和最低的荧光背景。这可以通过在同一芯片载玻片上的子阵列分析不同稀释度的样品来实现。对于 16 子阵列的芯片，建议使用 100 μL 样品量；而对于 8 子阵列的芯片，建议使用 200 μL 的样品量。如果样品很珍贵和稀少，也可以用最小体积 60 μL（16 子阵列）和 80 μL（8 子阵列）来进行分析。但是，最小体积样品量会增加分析过程中的样品蒸发，导致样品在子阵列表面上的不均匀分布，从而导致分析信号的变化。

（三）实验流程

1. 封闭过程

（1）打开芯片包装之前，让包装在室温下放置约 20 min。打开包装取出要使用的芯片后，将未使用的芯片密封在里面装有干燥剂的可重复使用的小袋中，并重新在 –20 ℃下冷藏。

（2）在芯片上装上分析用围栏。向每个子阵列中添加封闭缓冲液。对于

16 子阵列的芯片，我们建议使用 100 μL 缓冲液；而对于 8 子阵列的芯片，建议使用 200 μL 的缓冲液。

（3）用胶膜将子阵列封住，以防止封闭液蒸发，在旋转摇床（60 r/min)上孵育 30 min。

2.结合试验过程

（1）除非样本是细菌或细胞，均相样品应在离心机上离心以避免增加芯片的颗粒。

（2）小心将吸管移到子阵列的角上，从每个子阵列中取出封闭缓冲液，操作过程中应避免接触微阵列芯片表面。

（3）立即将分析样品加入各个子阵列中。对于 16 子阵列的芯片，建议使用 100 μL 的样品量；而对于 8 子阵列的芯片，建议使用 200 μL 的样品量。样品液要覆盖整个子阵列区域，并且要避免在样品液中留下气泡。

（4）用胶膜密封微阵列芯片，防止样品液蒸发。如果样品是荧光标签，用铝箔纸盖住它在黑暗中孵育 1～3 h（60 r/min 摇床上）。如果样品可以很容易地聚合，应使旋转摇床摇动在 100 r/min 或更高的速度，以防止蛋白质聚集。较长的孵育时间可能增加结合信号，特别是对弱结合样品（如果样本是直接荧光标记的，请直接到第六部分）。

3.清洗过程

（1）小心将吸管移到子阵列的角上，从每个子阵列中取出样品，操作过程中应避免接触微阵列芯片表面。

（2）在每个子阵列中加入清洗缓冲液。建议使用 100 μL的缓冲液；而对于 8 子阵列的芯片，建议使用 200 μL 的缓冲液。用胶膜封住子阵列，在摇床上孵育 5 min（60 r/min）。用吸管除去清洗缓冲液并重复此步骤（如果样本是生物素标记的，请直接到第五部分）。

4.用生物素标记的二抗检测信号过程

（1）除非样本是细菌或细胞，均相样品在离心机上离心以避免增加芯片的颗粒。

（2）完全移除清洗缓冲液后立即加入生物素标记的二抗样品。建议使用 100 μL 的样品量；而对于 8 子阵列的芯片，建议使用 200 μL 的样品量。样品液要覆盖整个子阵列区域，并且要避免在样品液中留下气泡。用胶膜密封子阵列并在摇床上孵育芯片 1 h（60 r/min）。孵育后请重复清洗部分样品。

5. 荧光染色

（1）离心荧光标记的亲和素以避免颗粒进入芯片表面。

（2）完全移除清洗缓冲液后立即加入荧光标记的亲和素。建议使用 100 μL 的样品量；而对于 8 子阵列的芯片，建议使用 200 μL 的样品量。样品液要覆盖整个子阵列区域，并且要避免在样品液中留下气泡。用胶膜密封子阵列并用锡箔纸包住芯片避光，然后在摇床上孵育芯片 0.5 h（60 r/min）。

6. 最终清洗和干燥过程如下。

（1）小心将吸管移到子阵列的角上，从每个子阵列中取出样品，操作过程中应避免接触微阵列芯片表面。

（2）向每个子阵列中加入清洗缓冲液。建议使用 100 μL的缓冲液；而对于 8 子阵列的芯片，建议使用 200 μL的缓冲液。立即用吸管除去清洗缓冲液并重复此步骤。

（3）完全移除清洗缓冲液后解除芯片分析围栏，然后将载玻片浸没在清洗缓冲液中并在摇床上孵育芯片 10 min（60 r/min）。

（4）将载玻片浸没在去离子水中并在摇床上孵育芯片 2 min（60 r/min）。

（5）数据扫描前让芯片在干净无灰尘的环境中干燥。

7. 数据读取和分析过程

在荧光标记的波长下扫描芯片。调整激光功率和 PMT，以获得尽可能高的信号，但信号不饱和。用微阵列芯片分析软件分析数据。如果有特定的约束力，信号强度应显著高于背景信号（没有打印点的区域）。比较信号强度的标准方法是量化中值信号的亮度数据，减去背景强度。

8. 对照信号的解释

（1）阴性对照（清洗缓冲液）：阴性对照应产生接近背景强度的信号。

微阵列标记：阵列标记应显示强烈的荧光信号，其目的主要是帮助判断子阵列中点的位置。

（2）生物素化的甘露糖（阳性对照 1）：这一阳性对照会直接结合到荧光标记的亲和素上。如果样品已经荧光标记，该阳性对照就不会有信号了。

（3）IgG（阳性对照 2-4）：IgG 是一种在血液中发现的抗体，是体液免疫的主要成分。如果糖结合或二级抗体样本是人类、兔子或老鼠的抗 IgG，那么它应该结合到各自的 IgG 对照。

二、注意事项

（1）要在干净、干燥的封闭环境中处理微阵列芯片。戴上手套，避免触摸芯片表面。

（2）避免在试验期间，特别是长孵育时间试验，使芯片表面干掉。确保胶膜密封完好。

三、应用前景

首先，利用金（Au）纳米粒子的局域表面等离子体共振（LSPR）技术，研制了光学纤维型糖芯片。光纤的端面外首次氨酰化然后浓缩含有二硫酚酸基的 α 类脂。其次，金纳米颗粒通过金—硫共价键固定在端部。再次，利用糖链配体偶联物将糖分子偶联到金纳米颗粒上，得到纤维型糖芯片，分析糖分子与蛋白质的相互作用。对碳水化合物结合蛋白的特异性、敏感性和定量结合效力与传统 SPR 传感器相同。在本分析中，与传统的 SPR 传感器（100 L）相比，只需要很小的样本量（约 10 L），这说明纤维型糖芯片和 LSPR 适用于非纯小块蛋白。

第五节　脂质组学技术

脂质是自然界中存在的一大类极易溶解于有机溶剂，在化学成分及结构上非均一的化合物，主要包括脂肪酸及其天然发生的衍生物（如酯或胺），以及与其生物合成和功能相关的化合物。脂质的重要生物功能及其与疾病的关系，加上基因组学、蛋白质组学和代谢组学的发展催生了脂质组学这一新的研究领域。脂质组学是对生物体、组织或细胞中的脂质以及与其相互作用的分子进行全面系统的分析、鉴定，了解脂质的结构和功能，进而揭示脂质代谢与细胞、器官乃至机体的生理、病理过程之间的关系的一门学科。脂质组学已经被广泛运用于药物研发、分子生理学、分子病理学、功能基因组学、营养学以及环境与健康等重要领域。

脂质组学研究对象主要包括以下八种：

脂肪酸类；甘油脂类；甘油磷脂类；鞘脂类；固醇脂类；孕烯醇酮脂类；糖脂类；多聚乙烯类。

一、技术原理

脂质代谢物结构较为复杂，按极性可分为极性脂类（如甘油磷脂、鞘脂）和非极性脂类（如甘油酯、胆固醇）。基于不同的头部结构、碳链长度、双键数量等导致的极性差异，不同的脂质类别可在色谱上被分离，进而达到减小离子抑制效应、增强质谱分析的效果。不同脂质在质谱中会表现出规律性的碎裂模式，采用子离子、中性丢失等扫描方式，通过各种脂质在正、负离子模式下所具有的特征性信号，来实现对脂质亚类、各脂肪酸支链长度、不饱和度等结构进行确证。同时，根据不同样品中脂质信号在质谱中的响应强度，可实现对脂质的表达水平进行定量比较分析。

二、适用于脂质组学分析的平台

适用于脂质组学分析的平台，如表 11-1 所示。

表11-1　Lc-MS/MS与GC-MS平台比较

	LC-MS/MS	GC-MS
检测范围	8 大脂质类	<500 Da 的脂类，不适合分析磷脂、鞘脂等热不稳定脂类
结果比较	广谱、数据信息丰富	脂肪酸类的分析效果较理想； 非挥发性脂类衍生处理会导致丢失支链位点信息

三、技术线路

脂质组学的技术路线，如图 11-6 所示。

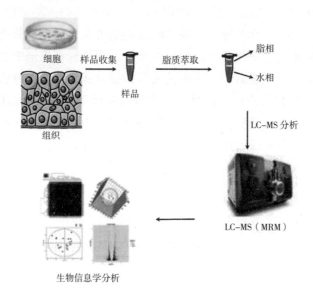

图 11-6　LC-MS 分析流程图

四、应用

（一）药物代谢研究

药物代谢与药物动力学研究技术上的最新重大进展是 LC-MS/MS 的使用、电喷雾（ESI）和大气压化学电离（APCI）以及大气压光电离（APPI）是其主要的离子源，由于具有高灵敏度（ng/mL ～ pg/mL）、高选择性（检测特定的碎片离子）、高效率（每天可检测几百个生物样品和对药物结构的广泛适用性），对液态样品和混合样品的分离能力高，可通过二级离子碎片寻找原型药物并推导其结构，LC-ESI-MS、MS 已广泛地应用于药物代谢研究中一期生物转化反应和二期结合反应产物的鉴定、复杂生物样品的自动化分析以及代谢物结构阐述等，已在世界上大型制药企业中取代 HPLC 而占据了主导地位，其测试的样品量占总量的 70% 以上。

（二）天然产物和天然药物的研究

目前，中药开发研究有两条途径。一条途径是从单一植物中提取一种有效成分（单体化合物）或提取物开发成新药；另一条途径则是中药复方制剂的开发研究。采用现代多种仪器联用新技术，特别是高效液相色谱 - 串联质谱（HPLC–MS/MS），可对其十几种甚至几十种化学成分进行指纹图谱分离鉴定。再从指纹图谱中选择四五种指标成分（有效成分或特征成分）进行定量，可以确定简化的指纹图谱和指标成分，其既是最合理的中药复方质量控制的方法，又是研究中药复杂体系，尤其是复方的有力工具。国内外很多学者已对复方丹参、清开灵、泻心汤、人参或党参制剂等中药中的主要成分进行了分析。

（三）临床诊断和疾病生物标志物的分析

欧美等目前已广泛采用 HPLC–MS 法用于临床诊断以及疾病生物标志物的研究、检测，具有专一性好、灵敏度高、成本低、分析快速、经济效益可观等特点。目前，可进行新生儿遗传疾病筛选（PKU、MCAD 等四十种）、新生儿性激素变异的检测、男女激素的监测、老年痴呆症的早期诊断、抗排异药物的检测、磷酸脂的检测、血红蛋白变异检测、糖化血红蛋白（糖尿病早期检测）、某些心脏病、癌症疾病筛查（如乳腺癌等）、药物剂量监测、药物相互作用监测、地区性突发性中毒病人的毒物检测等。

（四）残留、法医学和环境样品测定

专家指出，中国加入 WTO 后，食品工业最大的问题就是"安全壁垒"，这将给中国的进出口和国内企业带来极大的威胁。美国食品与药品管理局（FDA）、欧盟、日本、韩国等主要贸易国和地区公布了在进口动物源性食品中禁止使用的药物名单，提高了最高限量标准。这就要求中国要加强农、畜、水产品中的农药、兽药等残留的控制和检测。

同样，随着人类对生存环境的倍加关注，要求对环境中各种污染物、有害或有毒物及法庭科学中毒物、滥用药物等进行更加严格的监控。而配以 ESI、APCI 和 APPI 离子化技术的 LC–MS/MS 以分析速度快、灵敏度高、特异性好等特点广泛应用于残留和毒物分析。目前已成功地进行了数百种农药、兽药、抗生素、兴奋剂类残留和毒物、磺胺类、硝基呋喃类、毒品、多环芳烃等化合物的检测。

第六节　代谢组学技术

代谢组学（Metabolomics 或 Metabonomics）旨在研究生物体或组织甚至单个细胞的全部小分子代谢物成分及其动态变化。它是代谢系统生物学中非常重要的一个环节，而且距表型最接近，代谢组学研究能更全面地揭示基因的功能，为生物技术的应用提供科学依据。代谢组学是继基因组学和蛋白质组学之后新近发展起来的一门学科，是系统生物学的重要组成部分。基因组学和蛋白质组学分别从基因和蛋白质层面探寻生命的活动，而实际上细胞内许多生命活动是与代谢物的变化紧密相关的，如细胞信号、能量传递等都是受代谢物调控的。代谢组学正是研究代谢物（特定条件下细胞内所有代谢物的集合）的一门学科。

代谢物的分离和检测是代谢组学分析技术的两个核心组成部分。分离技术主要采用各种色谱分离方法，如气相色谱（Gas ChromatograpHy，GC）、液相色谱（Liquid ChromatograpHy，LC）及毛细管电泳（Capillary ElectropHoresis，CE）等方法，而检测技术目前主要是使用质谱（Mass Spectrometer，MS）、核磁共振（Nuchear Magnetic Resonance，NMR）等手段。

一、非靶标代谢组学

非靶标代谢组学平台介绍如表 11-2 所示。

表11-2　非靶标代谢组学平台介绍

检测平台		平台优点	分析内容
GC-MS	GC-TOF-MS，Pegasus（LECo，USA）	1. 便宜、重复性高 2. 高灵敏度，精于定性、定量	基础对比分析：PCA、OPLS-DA；个性化数据分析：代谢通路、聚类、ROC；高级数据分析：关联分析、O2PLS、预测、定制分析；搜库分析
LC-MS	UHPLC-OTOF-MS，AB Triple TOFe6600，(AB Sciex)	1. 样本类型覆盖面广 2. 多种色谱柱可供选择 3. 高灵敏度，精于定性、定量	
NMR	VARIAN 600M NMR	1. 样本无损分析 2. 单样本成本低 3. 无偏见样本分析（氢谱、炭谱、磷谱） 4 NMR 二维谱可以对未知物鉴定	

（一）GC-MS 代谢组学

气相色谱－质谱联用技术，以气相色谱作为分离系统，以质谱作为检测系统。使用运载气推动分析物，通过涂渍的溶融石英毛细管，基于分析物在气相和毛细管内涂层之间的不同分配实现分离，再通过电子轰击方式分析得到代谢物成分谱，进而与标准谱库进行比对找到代谢化合物。该技术大量应用于植物代谢组学、植物次生代谢、中药药效成分分析、中草药代谢物普查、农业种质和病虫害检测、微生物代谢与发酵、疾病生物标志物筛查、心脑血管疾病诊断与发病机制、癌症早期诊断、药理毒理学、环境卫生监测、食品药品安全监测等领域。

分析流程如图 11-7 所示。

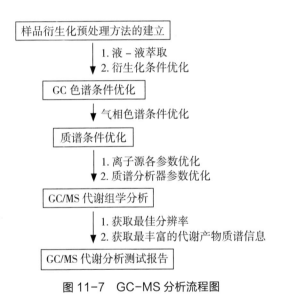

图 11-7　GC-MS 分析流程图

（二）LC-MS 代谢组学

液相色谱－质谱联用技术，以液相色谱作为分离系统，以质谱作为检测系统。样品在质谱部分和流动相分离，被离子化后，经质谱的质量分析器将离子碎片按质量分开，经检测器得到化合物谱图。大量应用于植物代谢组学、植物次生代谢、中药药效成分分析、中草药代谢物普查、农业种质和病虫害检测、微生物代谢与发酵、疾病生物标志物筛查、心脑血管疾病诊断与发病机制、癌症早期诊断、药理毒理学、环境卫生监测、食品药品安全监测等领域。分析流程如图 11-8 所示。

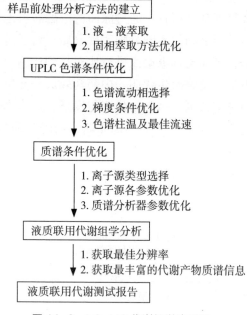

图 11-8　LC-MS 代谢组学流程图

（三）NMR 代谢组学

核磁共振技术是代谢组学重要的研究内容，其通过外加静磁场作为核磁不为零的核，核自旋能级发生塞曼分裂，共振吸收某一特定频率的射频辐射的物理过程，通过检测化学位移、峰的裂分和偶合常数、峰的面积等数据进而得到代谢化合物信息。可应用于植物代谢组学、植物次生代谢、中药药效成分分析、中草药代谢物普查、农业种质和病虫害检测、微生物代谢与发酵、疾病诊断与发病机制、药理毒理学等领域。

分析流程如图 11-9 所示。

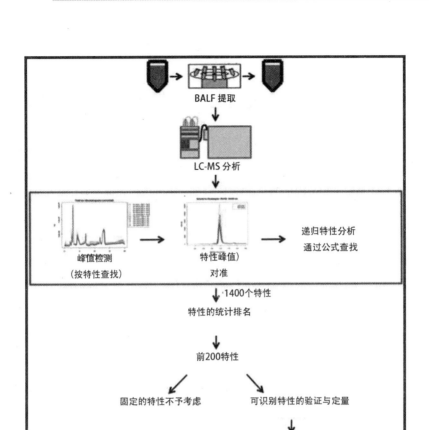

图 11-9　NMR 代谢组学流程图

二、靶标代谢组学

靶标代谢组学实验可以验证已筛选的生物标记物，而此类实验通常只能对大量样品中数量有限的化合物进行绝对定量。为满足广大科研工作者对目标代谢物精确定量分析的需求，现已开发靶标代谢组学平台，利用 LC-MS/MS 三重四级杆 MRM 技术方法对各种生物医学样品中的代谢小分子进行绝对定性定量，同时可以实现氨基酸、维生素、血药浓度等项目的医学检测。

参考文献：

[1] 芦方茹，马云，徐永杰，等 . 基于双向电泳技术的家畜蛋白质组学研究进展 [J] 家畜生态学报，2014, 35(1)：1-4.

[2] 谭伟，黄莉，谢芝勋 . 蛋白质组学研究方法及应用的研究进展 [J]. 中国畜牧兽医，2014, 41(9)：40-46.

[3] GUILLAUME, DESOUBEAUX, ANA, et al. Application of Western blot analysis for the diagnosis of EncepHalitozoon cuniculi infection in rabbits: example of a quantitative approach[J]. Parasitology research, 2017, 116(2): 743-750.

[4] BRUNELL E, LE AM, HUYNH C, et al. Coomassie brilliant Blue G-250 dye: an application for forensic fingerprint analysis[J]. Analytical chemistry, 2017, 89(7): 4314.

[5] 邱方洲，申辛欣，冯志山，等 . 数字 PCR 在病毒检测中的应用及发展趋势 [J]. 中华实验和临床病毒学杂志，2018, 32(6): 664-668.

[6] 薛彦峰，王秀奎，侯信，等 . 糖芯片研究 [J]. 化学进展，2008, 20(1): 148-154.

[7] WAKAO M, WATANABE S, KURAHASHI Y, et al. Optical fiber-type sugar chip using localized surface plasmon Resonance[J]. Analytical Chemistry, 2016, 89(2): 1086-1091.